水利水电施工建设

与项目管理

主 编　陈　忠　董国明　朱晓啸

吉林科学技术出版社

图书在版编目（CIP）数据

水利水电施工建设与项目管理 / 陈忠，董国明，朱
晓啸主编 . -- 长春 : 吉林科学技术出版社，2022.5
　　ISBN 978-7-5578-9281-4

　　Ⅰ . ①水… Ⅱ . ①陈… ②董… ③朱… Ⅲ . ①水利水
电工程—工程施工②水利水电工程—工程项目管理Ⅳ .
① TV

中国版本图书馆 CIP 数据核字 (2022) 第 072982 号

水利水电施工建设与项目管理

主　　编　陈　忠　董国明　朱晓啸
出 版 人　宛　霞
责任编辑　李玉铃
封面设计　梁　凉
制　　版　梁　凉
幅面尺寸　185mm×260mm　　1/16
字　　数　350 千字
页　　数　306
印　　张　19.125
印　　数　1-1500 册
版　　次　2022 年 5 月第 1 版
印　　次　2022 年 5 月第 1 次印刷

出　　版　吉林科学技术出版社
发　　行　吉林科学技术出版社
地　　址　长春市净月区福祉大路 5788 号
邮　　编　130118
发行部电话 / 传真　0431-81629529　81629530　81629531
　　　　　　　　　　　 81629532　81629533　81629534
储运部电话　0431-86059116
编辑部电话　0431-81629518
印　　刷　廊坊市印艺阁数字科技有限公司

书　　号　ISBN 978-7-5578-9281-4
定　　价　78.00 元

前　言 Preface

　　水利水电工程项目是我国经济社会发展的重要基础产业和基础设施。近年来，国家对水利项目投资的不断增长，给水利水电施工企业带来了新的发展机遇。作为国家基础设施建设的重要组成部分，水利水电工程建设在于为人们提供重要的基本生活保障以及为人们提供良好的生活环境。

　　本书着眼于水利水电工程施工技术与控制、管理的发展前沿，系统地阐述了水利水电工程施工的基本理论及技术方法，特别是对水利水电的施工项目组织、管理、过程控制等相关内容做了详细介绍。目的是为了较系统、全面地介绍在水利水电工程建设中施工控制的知识，以及该领域国际国内一些比较新的热点研究课题和创新技术，使相关专业人员在理论和实际工程应用方面得到较有价值的信息。

　　本书站在水利工程与生态环境发展与应用的角度上，对水利工程施工过程中的一系列问题进行了系统的剖析，并提出了部分具有建设性的建议和意见，对于水利工程的发展与推进具有非常重要的现实意义和理论价值。

　　本书共十章，由德州黄河河务局陈忠担任第一主编，负责第八章、第九章内容编写，计10.5万字；董国明担任第二主编，负责第一章、第四章内容编写，计7万字；朱晓啸担任第三主编，负责第二章、第十章内容编写，计5万字；刘晓担任第一副主编，负责第七章内容编写，计4.5万字；陈晨担任第二副主编，负责第三章、第六章第二节至第三节内容编写，计4万字；唐兴成担任第三副主编，负责第五章、第六章第一节内容编写，计4万字。

　　由于时间、水平有限，书中难免有疏漏之处，恳请广大读者批评指正。

目 录 Contents

第一章　水利水电建设发展

Chapter 1

第一节　水利水电工程基本建设概述及程序

一、基本建设概述

（一）基本建设的概念

基本建设是国家为了扩大再生产而进行的增加固定资产的建设工作。基本建设是发展社会生产、增强国民经济实力的物质基础，是改善和提高人民群众物质生活水平和文化水平的重要手段，是实现社会扩大再生产的必要条件。

基本建设是指国民经济各部门利用国家预算拨款、自筹资金、国内外基本建设贷款以及其他专项基金而进行的以扩大生产能力或增加工程效益为主要目的的新建、扩建、改建、技术改造、更新和恢复工程及其有关工作。例如，建造工厂、矿山、铁路、港口、发电站、水库、学校、医院、商店、住宅，购置机器设备、车辆、船舶等活动，以及与之紧密相连的征用土地、房屋拆迁、移民安置、勘测设计、人员培训等工作。基本建设就是指固定资产的建设，即建筑、安装和购置固定资产的活动以及与之相关的工作。基本建设是通过对建筑产品的施工、拆迁或整修等活动形成固定资产的经济过程，是以建筑产品为过程的产出物。

基本建设不仅需要消耗大量的劳动力、建筑材料、施工机械设备及资金，还需要多个具有独立责任的单位共同参与，需要对时间和资源进行合理有效的安排，是一项复杂的系统工程。在基本建设活动中，以建筑安装工程为主体的工程建设是实现基本建设的关键。

（二）基本建设的主要内容

基本建设包括以下几方面的工作。

1.建筑安装工程

建筑安装工程是基本建设的重要组成部分，是通过勘测、设计、施工等生产活动创造建筑产品的过程。这部分工作包括建筑工程和设备安装工程两个部分。建筑工程包括各种建筑物和房屋的修建、金属结构的安装、安装设备的基础建造等工作。设备安装工程包括生产、动力、起重、运输、输配电等需要安装的各种机电设备的装配、安装、试车等工作。

2.设备及工器具的购置

设备及工器具的购置是建设单位为建设项目需要向制造业采购或自制达到标准（使用年限一年以上和单件价值在规定限额以上）的机电设备、工具、器具等的购置工作。

3.其他基本建设工作

其他基本建设工作指不属于上述两项的基本建设工作，如勘测、设计、科学试验、淹没及迁移赔偿、水库清理、施工队伍转移、生产准备等工作。

（三）基本建设项目的分类

基本建设工程项目一般是指具有一个计划任务书和一个总体设计进行施工，由一个或几个单项工程组成，经济上实行统一核算，行政上有独立组织形式的工程建设实体。在工业建设中，一般是以一个企业或联合企业为建设项目，如独立的工厂、矿山、水库、水电站、港口、引水工程、医院、学校等。企事业单位按照规定，用基本建设投资单纯购置设备、工具、器具，如车、船、飞机、勘探设备、施工机械等，虽然属于基本建设范围，但不作为基本建设项目。凡属于一个总体设计中的主体工程和相应的附属配套工程、综合利用工程、环境保护工程、供水供电工程以及水库的干渠配套工程等，都只作为一个建设项目。基本建设项目可以按不同标准进行分类，常见的有以下几种分类方法。

1.按性质划分

基本建设项目按其建设性质不同，可划分成基本建设项目和更新改造项目两大类。一个建设项目只有一种性质，在项目按总体设计全部建成之前，其建设性质是始终不变的。

（1）基本建设项目

基本建设项目是投资建设用于进行以扩大生产能力或增加工程效益为主要目的的新建、扩建工程及有关工作。具体包括以下几个方面：

①新建项目。新建项目指以技术、经济和社会发展为目的，从无到有的建设项目，亦即原来没有、现在新开始建设的项目。有的建设项目并非从无到有，但其原有基础薄弱，经过扩大建设规模，新增加的固定资产价值超过原有固定资产价值的3倍以上，也可称为新建项目。

②扩建项目。扩建项目指企业为扩大生产能力或新增效益而增建的生产车间或工程项目，以及事业和行政单位增建业务用房等。

③恢复项目。恢复项目指原有企业、事业和行政单位，因自然灾害或战争，使原有固定资产全部或部分报废，需要进行投资重建来恢复生产能力和业务工作条件、生活福利设施等的建设项目。

④迁建项目。迁建项目指企事业单位由于改变生产布局或环境保护、安全生产以及其他特别需要，迁往外地的建设项目。

（2）更新改造项目

更新改造项目是指建设资金用于对企事业单位原有设施进行技术改造或固定资产更新，以及相应配套的辅助性生产、生活福利等工程和有关工作。更新改造项目包括挖潜工程、节能工程、安全工程、环境工程。更新改造项目应根据专款专用、少搞土建、不搞外延等原则进行。更新改造项目以提高原有企业劳动生产效率、改进产品质量或改变产品方向为目的，而对原有设备或工程进行改造。为了提高综合生产能力，增加的一些附属或辅助车间和非生产性工程，也属于改建项目。

2.按用途划分

基本建设项目还可按用途划分为生产性建设项目和非生产性建设项目。

（1）生产性建设项目

生产性建设项目指直接用于物质生产或满足物质生产需要的建设项目，如工业、建筑业、农业、水利、气象、运输、邮电、商业、物资供应、地质资源勘探等建设项目，主要包括以下四个方面：工业建设，包括工业、国防和能源建设；农业建设，包括农、林、牧、水利建设；基础设施，包括交通、邮电、通信建设、地质普查、勘探建设、建筑业建设等；商业建设，包括商业、饮食营销、仓储、综合技术服务事业的建设等。

（2）非生产性建设项目

非生产性建设项目指只用于满足人民物质和文化生活需要的建设项目，如在住宅、文教、卫生、科研、公用事业、机关和社会团体等方面的建设项目。

非生产性建设项目包括用于满足人民物质和文化、福利需要的建设和非物质生产部门的建设，主要包括以下几个方面：办公用房，如各级国家党政机关、社会团体、企业管理机关的办公用房；居住建筑、住宅、公寓、别墅等；公共建筑、科学、教育、文化艺术、广播电视、卫生、体育、社会福利事业、公用事业、咨询服务、金融、保险等建设；其他建设，不属于上述各类的其他非生产性建设等。

3.按规模或投资大小划分

基本建设项目按建设规模或投资大小分为大型项目、中型项目和小型项目。国家对工业建设项目和非工业建设项目均规定有划分大、中、小型的标准，各部委对所属专业建设项目也有相应的划分标准。例如，水利水电建设项目就有对水库、水电站、堤防等划分为大、中、小型的标准。划分项目等级的原则是：

（1）按批准的可行性研究报告（或初步设计）所确定的总设计能力或投资总额的大小，依据国家颁布的《基本建设项目大中小型划分标准》进行分类。

（2）凡生产单一产品的项目，一般按产品的设计生产能力划分；生产多种产品的项目，一般按照其主要产品的设计生产能力划分；产品分类较多，不易分清主次，难以按产品的设计能力划分时，可按投资额划分。

（3）对国民经济和社会发展具有特殊意义的某些项目，虽然设计能力或全部投资不够大、中型项目标准，经国家批准已列入大、中型计划或国家重点建设工程的项目，也按大、中型项目管理。

（4）更新改造项目一般只按投资额分为限额以上和限额以下项目，不再按生产能力或其他标准划分。

4.按隶属关系划分

基本建设项目按隶属关系可分为国务院各部门直属项目、地方投资国家补助项目、地方项目和企事业单位自筹建设项目。1997年10月国务院印发的《水利产业政策》把水利工程建设项目划分为中央项目和地方项目两大类。

5.按建设阶段划分

基本建设项目按建设阶段可分为预备项目、筹建项目、施工项目、建成投产项目、收尾项目和竣工项目等。

预备项目（或探讨项目），是指按照中长期投资计划拟建而又未立项的建设项目，只作为初步可行性研究或提出设想方案供参考，不进行建设的实际准备工作。

筹建项目（或前期工作项目），是指经批准立项，正在进行前期准备工作而尚未开始施工的项目。

施工项目，是指本年度计划内进行建筑或安装施工活动的项目，包括新开工项目和续建项目。

建成投产项目，是指年内按设计文件规定建成主体工程和相应配套辅助设施，形成生产能力或发挥工程效益，经验收合格并正式投入生产或交付使用的建设项目，包括全部投产项目、部分投产项目和建成投产单项工程。

收尾项目，是指以前年度已经全部建成投产，但尚有少量不影响正常生产使用的辅助工程或非生产性工程，在本年度继续施工的项目。

竣工项目，是指已经全部建成，工程施工结束并通过验收的项目。

国家根据不同时期国民经济发展的目标、结构调整任务和其他一些需要，对以上各类建设项目指定不同的调控和管理政策、法规、办法。因此，系统地了解上述建设项目各种分类对建设项目的管理具有重要意义。

二、基本建设程序

工程建设一般要经过规划、设计、施工等阶段以及试运转和验收等过程，才能正式投入生产。工程建成投产以后，还需要进行观测、维修和改进。整个工程建设过程是由一系列紧密联系的过程组成的，这些过程既有顺序联系，又有平行搭接关系，在每个过程以及过程与过程之间又由一系列紧密相连的工作环节构成一个有机整体，由此构成了反映基本建设内在规律的基本建设程序，简称基建程序。

基建程序中的工作环节，多具有环环相扣、紧密相连的性质。其中任意一个中间环节的开展，至少要以一个先行环节为条件，即只有当它的先行环节已经结束或已进展到相当程度时，才有可能转入这个环节。基建程序中的各个环节，往往涉及好几个工作单位，需要各个单位的协调和配合；否则，稍有脱节，就会带来牵动全局的影响。基建程序是在工程建设实践中逐步形成的，它与基本建设管理体制密切相关。

水利工程建设程序一般分为：项目建设书、可行性研究报告、初步设计、施工准备（包括招标设计）、建设实施、生产准备、竣工验收、后评价等阶段。根据《水利基本建设投资计划管理暂行办法》，水利基本建设项目的实施必须首先通过基本建设程序立项。水利基本建设项目的立项报告要根据党和国家的方针政策、已批准的江河流域综合治理规划、专业规划和水利发展中长期规划，由水利行政主管部门提出，通过基本建设程序申请立项。

（一）水利工程建设项目的分类

根据《水利基本建设投资计划管理暂行办法》的规定，水利基本建设项目的类型按以下标准进行划分。

水利基本建设项目按其功能和作用分为公益性、准公益性和经营性。公益性项目是指具有防洪、排涝、抗旱和水资源管理等社会公益性管理和服务功能，自身无法得到相应经济回报的水利项目，如堤防工程、河道整治工程、蓄滞洪区安全建设工程、除涝、水土保持、生态建设、水资源保护、贫苦地区人畜饮水、防汛通信、水文设施等。准公益性项目是指既有社会效益又有经济效益的水利项目，其中大部分是以社会效益为主，如综合利用的水利枢纽（水库）工程、大型灌区节水改造工程等。经营性项目是指以经济效益为主的水利项目，如城市供水、水力发电、水库养殖、水上旅游及水利综合经营等。

水利基本建设项目按其对社会和国民经济发展的影响分为中央水利基本建设项目（简称中央项目）和地方水利基本建设项目（简称地方项目）。中央项目是指对国民经济全局、社会稳定和生态环境有重大影响的防洪、水资源配置、水土保持、生态建设、水资源保护等项目，或中央认为负有直接建设责任的项目。地方项目是指局部受益的防洪除涝、城市防洪、灌溉排水、河道整治、供水、水土保持、水资源保护、中小型水电站建设等项目。

（二）管理体制及职责

我国目前的基本建设管理体制大体是：对于大中型工程项目，国家通过计划部门及各部委主管基本建设的司（局）控制基本建设项目的投资方向；国家通过建设银行管理基本建设投资的拨款和贷款；各部委通过工程项目的建设单位统筹管理工程的勘测、设计、科研、施工、设备材料订货、验收以及筹备生产运行管理等各项工作；参与基本建设活动的勘测、设计、施工、科研和设备材料生产等单位，按合同协议与建设单位建立联系或相互之间建立联系。

《中华人民共和国水法》对我国水资源管理体制做出了明确规定："国家对水资源实行流域管理与行政区域管理相结合的管理体制。国务院水行政主管部门负责全国水资源的统一管理和监督工作。国务院水行政主管部门在国家确定的重要江河、湖泊设立的流域管理机构，在所管辖的范围内行使法律、行政法规规定的和国务院水行政主管部门授予的水资源管理和监督职责。县级以上地方人民政府水行政主管部门按照规定的权限，负责本行政区域内水资源的统一管理和监督工作。国务院有关部门按照职责分工，负责水资源开发、利用、节约和保护的有关工作。县级以上地方人民政府有关部门按照职责分工，负责本行政区域内水资源开发、利用、节约和保护的有关工作。"

《水利工程建设项目管理规定（试行）》进一步明确：水利工程建设项目管理实行统一管理、分级管理和目标管理，逐步建立水利部、流域机构和地方水行政主管部门以及建设项目法人分级、分层次管理的管理体系。水利工程建设项目管理要严格按建设程序进行，实行全过程的管理、监督、服务。水利工程建设要推行项目法人责任制，招标投标制和建设监理制，积极推行项目管理。

水利部是国务院水行政主管部门，对全国水利工程建设实行宏观管理；水利部建管司是水利部主管水利建设的综合管理部门。在水利工程建设项目管理方面，其主要管理职责有以下几个方面：贯彻执行国家的方针政策，研究制定水利工程建设的政策法规，并组织实施；对全国水利工程建设项目进行行业管理；组织和协调部属重点水利工程的建设；积极推行水利建设管理体制的改革，培育和完善水利建设市场；指导或参与省属重点大中型工程、中央参与投资的地方大中型工程建设的项目管理。流域机构是水利部的派出机构，对其所在流域行使水行政主管部门的职责，负责本流域水利工程建设的行业管理。

省（自治区、直辖市）水利（水电）厅（局）是本地区的水行政主管部门，负责本地区水利工程建设的行业管理。水利工程项目法人对建设项目的立项、筹资、建设、生产经营、还本付息以及资产保值增值的全过程负责，并承担投资风险。代表项目法人对建设项目进行管理的建设单位是项目建设的直接组织者和实施者，负责按项目的建设规模、投资总额、建设工期、工程质量实行项目建设的全过程管理，对国家或投资各方负责。

（三）各阶段的工作要求

根据《水利工程建设项目管理规定（试行）》和《水利基本建设投资计划管理暂行办法》的规定，其要求如下。

1. 项目建议书阶段

项目建议书应根据国民经济和社会发展规划、流域综合规划、区域综合规划、专业规划，按照国家产业政策和国家有关投资建设方针进行编制，是对拟进行建设项目提出的初步说明。

项目建议书应按照《水利水电工程项目建议书编制暂行规定》编制。

项目建议书的编制一般委托有相应资格的工程咨询或设计单位承担。

2. 可行性研究报告阶段

根据批准的项目建议书，可行性研究报告应对项目进行方案比较，对技术上是否可行和经济上是否合理进行充分的科学分析和论证。经过批准的可行性研究报告是项目决策和进行初步设计的依据。

可行性研究报告应按照《水利水电工程可行性研究报告编制规程》编制。

可行性研究报告的编制一般委托有相应资格的工程咨询或设计单位承担。可行性研究报告经批准后，不得随意修改或变更；在主要内容上有重要变动时，应经过原批准机关复审同意。

3. 初步设计阶段

初步设计是根据批准的可行性研究报告和必要而准确的勘察设计资料，对设计对象进行通盘研究，进一步阐明拟建工程在技术上的可行性和经济上的合理性，确定项目的各项基本技术参数，编制项目的总概算。其中，概算静态总投资原则上不得突破已批准的可行性研究报告估算的静态总投资。由于工程项目基本条件发生变化，引起工程规模、工程标准、设计方案、工程量的改变，其概算静态总投资超过可行性研究报告相应估算的静态总投资在15%以下时，要对工程变化内容和增加投资提出专题分析报告；超过15%以上（含15%）时，必须重新编制可行性研究报告并按原程序报批。

初步设计报告应按照《水利水电工程初步设计报告编制规程》编制。初步设计报告经批准后，主要内容不得随意修改或变更，并作为项目建设实施的技术文件基础。在工程项目建设标准和概算投资范围内，依据批准的初步设计原则，一般非重大设计变更、生产性子项目之间的调整由主管部门批准。在主要内容上有重要变动或修改（包括工程项目设计变更、子项目调整、建设标准调整、概算调整）等，应按程序上报原批准机关复审同意。

初步设计任务应选择有项目相应资质的设计单位承担。

4. 施工准备阶段（包括招标设计）

施工准备阶段是指建设项目的主体工程开工前，必须完成的各项准备工作。其中，招标设计是指为施工以及设备材料招标而进行的设计工作。

5. 建设实施阶段

建设实施阶段是指主体工程的建设实施，项目法人按照批准的建设文件，组织工程建设，保证项目建设目标的实现。

6.生产准备（运行准备）阶段

生产准备（运行准备）指在工程建设项目投入运行前所进行的准备工作，完成生产准备（运行准备）是工程由建设转入生产（运行）的必要条件。项目法人应按照建管结合和项目法人责任制的要求，适时做好有关生产准备（运行准备）工作。

生产准备（运行准备）应根据不同类型的工程要求确定，一般包括以下几方面的主要工作内容：（1）生产（运行）组织准备。建立生产（运行）经营的管理机构及相应管理制度。（2）招收和培训人员。按照生产（运行）的要求，配套生产（运行）管理人员，并通过多种形式的培训，提高人员的素质，使之能满足生产（运行）要求。生产（运行）管理人员要尽早介入工程的施工建设，参加设备的安装调试工作，熟悉有关情况，掌握生产（运行）技术，为顺利衔接基本建设和生产（运行）阶段做好准备。（3）生产（运行）技术准备。其主要包括技术资料的汇总、生产（运行）技术方案的制定、岗位操作规程制定和新技术准备。（4）生产（运行）物资准备。其主要是落实生产（运行）所需的材料、工器具、备品备件和其他协作配合条件的准备。（5）正常的生活福利设施准备。

7.竣工验收

竣工验收是工程完成建设目标的标志，是全面考核建设成果、检验设计和工程质量的重要步骤。竣工验收合格的工程建设项目即可以从基本建设转入生产（运行）。竣工验收按照《水利水电建设工程验收规程》进行。

8.评价

工程建设项目竣工验收后，一般经过1～2年生产（运行）后，要进行一次系统的项目后评价，主要内容包括：影响评价——对项目投入生产（运行）后对各方面的影响进行评价；经济效益评价——对项目投资、国民经济效益、财务效益、技术进步和规模效益、可行性研究深度等进行评价；过程评价——对项目的立项、勘察设计、施工、建设管理、生产（运行）等全过程进行评价。

项目后评价一般按三个层次组织实施，即项目法人的自我评价、项目行业的评价和计划部门（或主要投资方）的评价。

项目后评价工作必须遵循客观公正、科学的原则，做到分析合理、评价公正。

第二节 水利水电工程类型

一、蓄水工程

（一）蓄水枢纽

1.蓄水枢纽的作用

在天然情况下，河流来水在各年间及一年内都有较大的变化，它与人们用水在时间和水量分配上往往存在着矛盾，解决这种矛盾的主要措施是兴建水库。水库在来水多时把水蓄起来，然后根据各部门用水要求适时适量地供水；在汛期还可以起到削减洪峰、减除灾害的作用。这种把来水按用水要求在时间和数量上重新分配的过程，叫作水库的调节。

水库不仅可以使水量在时间上重新分配，满足灌溉、防洪的要求，还可以利用大量的蓄水和抬高的水位来满足发电、航运以及水产等其他用水部门的需要。因此，兴建水库是综合利用水资源的有效措施。

要形成具有一定库容的水库，就需要在河流的适当地点修建拦河坝来阻拦水流，抬高上游的水位。同时，相应地还要修建一些其他建筑物，它们各自具有不同的作用，在运行中又彼此相互配合，形成一个以坝为主体的若干水工建筑物组成的综合体，称为蓄水枢纽或水库枢纽。蓄水枢纽利用上述水库的径流调节作用，达到防洪、发电、灌溉、航运和供水、渔业及旅游等综合利用的目的。

2.蓄水枢纽的组成建筑物

为满足综合利用的要求，蓄水枢纽一般由以下四种类型的水工建筑物组成：

（1）挡水建筑物。它用以拦截水流，抬高水位，形成水库，如各种类型的拦河坝等。

（2）泄水建筑物。它用以宣泄水库不能容纳的多余洪水，以保证工程的安全，如各种溢洪道、溢流坝、泄洪隧洞和泄水管道等。

（3）输水建筑物。它是为发电、灌溉和供水的需要，从水库向下游输水用的建筑物，如引水隧洞、引水管道等。

（4）专门建筑物。它是专门为某一种水利事业服务而修建的建筑物，如水电站、船闸、筏道、鱼道等过坝建筑物。

上述前三种建筑物是组成蓄水枢纽必不可少的一般性水工建筑物；第四种建筑物则是根据枢纽任务要求而设置的专门性水工建筑物。例如：枢纽有发电任务，就要修建水电站；有通航要求，就要修建船闸或升船机等。

（二）拦河坝

1.拦河坝的类型

拦河坝是蓄水枢纽的挡水建筑物。按其结构特点可分为重力坝、拱坝、支墩坝和土石坝。按泄水条件分为溢流坝和非溢流坝。按筑坝材料可分为当地材料坝（如土坝、堆石坝、土石混合坝、浆砌石坝）和非当地材料坝（如混凝土坝、钢筋混凝土坝、橡胶坝等）。

拦河坝按施工方法分：对于混凝土坝，有常规方法浇筑的混凝土坝、碾压混凝土坝和预制混凝土块体装配而成的坝；对于土石坝，有碾压土石坝、水力冲填坝、水中填土坝和定向爆破堆石坝等。

2.重力坝

重力坝在水压力作用下，主要依靠坝体重力所产生的抗滑力来维持稳定。筑坝材料为混凝土或浆砌块石。坝体基本剖面呈三角形，坝底宽与坝高之比一般在0.7～0.9。为适应地基变形、温度变化和混凝土的施工浇筑能力，沿坝轴线每隔一定距离（如15～20m）常设有横缝，将坝体分成若干独立坝段；为减少渗流对坝体稳定和应力的不利影响，在靠近坝体上游面设排水管，在靠近坝踵的坝基内设防渗帷幕，帷幕后设坝基排水孔。

与其他坝型相比较，重力坝的主要优点有：结构受力条件较明确，安全可靠，其失效概率较土石坝和支墩坝为低；能较好地适应各种地形、地质条件，对地基要求高于土石坝，低于拱坝，一般来说，具有足够强度的岩基均可满足要求；便于布置泄洪、导流和引水发电等建筑物；结构简单，便于机械化施工。

重力坝的主要缺点有：体积大，水泥用量较多；坝体应力较低，材料的强度不能充分发挥；坝底面积大，受扬压力的影响较大；大体积混凝土施工期的温度控制措施较为复杂。

3.拱坝及支墩坝

拱坝在平面上呈凸向上游的拱形，在铅直面上有时也呈弯曲形状。整个坝体是一个空间壳体结构，可近似看成由拱梁系统组成。坝体承受的水平向荷载，一部分通过拱作用传至两岸岩体，另一部分通过竖向梁的作用传到坝底基岩。坝体稳定主要依靠两岸拱座的反力作用来维持，这与重力坝主要依靠自重维持稳定有本质区别，也是拱坝的主要特点。

4.土石坝

土石坝是主要利用当地土石料填筑而成的一种挡水坝，故又称当地材料坝。土石坝之所以被广泛采用，是因为这种坝型具有以下的优点：就地取材，可节省大量水泥、钢材和木材；适应地基变形的能力强，对地基要求比混凝土坝低；施工技术较简单，工序少，便于机械化快速施工；结构简单，工作可靠，便于管理、维修、加高和扩建。

土石坝也存在着一些缺点。例如：坝顶一般不能溢流，需另设溢洪道；施工导流不如混凝土坝方便；当采用黏性土料填筑时受气候条件的影响较大。土石坝坝体主要由土料、砂砾、石碴、石料等散粒体构成，为使其安全有效地工作，在设计施工和运行中必须满足以下的要求：坝体和坝基在各种可能工作条件下都必须稳定；经过坝体和坝基的渗流既不能造成水库水量的过多损失，又不应引起坝体和坝基的渗透变形破坏；不允许洪水漫顶过坝造成事故；应防止波浪淘刷、暴雨冲刷和冰冻等的破坏作用；要避免发生危害性的裂缝。

（三）溢洪道

1.作用及其分类

溢洪道为蓄水枢纽必备的泄水建筑物，用以排泄水库不能容纳的多余来水量，保证枢纽挡水建筑物及其他有关建筑物安全运行。溢洪道可以与挡水建筑物相结合，建于河床中，称为河床溢洪道（或坝身溢洪道），如混凝土溢流重力坝、泄水拱坝等；也可以另建于坝外河岸上，称为河岸溢洪道（或坝外溢洪道）。条件许可时采用前者可使枢纽布置紧凑，造价经济；但由于坝型（如土石坝）、地形以及其他技术经济原因，很多情况下又必须或宜于采用后者。有些泄洪流量很大的水利枢纽还可能兼用河床溢洪道和河岸溢洪道。

河岸溢洪道的类型很多，从流态的区别可分为以下几种类型：（1）正槽溢洪道。过堰水流方向与堰下泄槽纵轴线方向一致。（2）侧槽溢洪道。溢流堰轴线与泄槽进口段轴线接近平行，即水流过堰后，在很短的距离内转弯约90度，再经泄槽或斜井泄入下游。（3）井式溢洪道。水流从平面上呈环形的溢流堰四周向心汇入，再经竖井、隧洞泄往下游的一种形式，适用于岸坡陡峻、地质条件良好的情况。（4）虹吸溢洪道。利用虹吸作用，使水流经翻越堰顶的虹吸管泄向下游的一种型式，可以与混凝土坝结合在一起，也可以单独建在河岸上，但由于构造复杂，工作可靠性差，所以只适用于水位变化不大而需随时间调节的中小型水库工程。

2.正槽溢洪道

正槽溢洪道结构简单，施工方便，工作可靠，因此在工程中被广泛采用，特别是拦河坝为土石坝的水库几乎少不了它。典型的正槽溢洪道，从上游到下游依次由引水渠段、控制堰段、泄槽段、消能段和尾水渠段等部分组成。但不是每座溢洪道都有引水渠和尾水渠部分。例如：溢流堰若能直接面临水库，就无须设引水渠；经过消能后的水流能直接与下游原河道衔接，则也无须设尾水渠。

3.侧槽溢洪道

当两岸山坡陡峻，采用前述正槽溢洪道导致巨大的开挖工程量甚至很难布置时，采用侧槽溢洪道可能是经济合理的方案。侧槽溢洪道的主要特点是：溢流堰轴线大致沿上游水库岸边等高线布置，水流过堰后，即泄入与溢流堰大致平行的侧槽内，然后进入泄水槽流向下游。侧槽溢洪道由溢流堰、侧槽、泄水槽、消能设施和尾水渠等部分组成。这种溢洪道除侧槽外，其余部分的有关问题和正槽溢洪道基本相同。

由于溢流堰大致沿等高线布置，所以有条件采用较长的溢流堰前缘长度，以使溢流水头小而能宣泄较大的流量。其缺点是：水流过堰进入侧槽后形成横向漩滚，流量沿程增加，漩滚强度不断加剧，紊动和撞击也很强烈，流态非常复杂，与泄水槽的水面衔接也不平顺。另外，如果山坡很陡，在侧槽后开挖成开敞式泄水槽确有困难时，也可在侧槽后设置封闭式泄水斜洞，其后再接纵坡较大的平洞和出口消能设施。

（四）泄水隧洞

1.泄水隧洞的类型

泄水隧洞是指蓄水枢纽中穿越山岩建成的封闭式泄水道，按其进口高低可分为表孔和深孔两种类型，只要求在较高水位泄洪，并要求泄量随水位的增长而较快增长时，或需排除表面污物时，常采用表孔隧洞。表孔隧洞与一般的河岸式溢洪道类似，其进口水流属于堰流，超泄流量大，结构简单，运行方便可靠。当要求根据洪水预报用泄水隧洞调节水库水位时，或水库有放空、排砂的要求时，就应采用深孔隧洞。深孔隧洞的结构较复杂，超泄能力不如表孔隧洞大，对闸门要求较高。

按其过水时洞身流态区别，又可分为有压洞和无压洞两种。前者正常运用时洞内满流，以测压管水头计算的洞顶内水压力大于零，水力计算按有压管流进行；后者正常运用时洞身横断面不完全充水，存在与大气接触的自由水面，水力计算按明渠流进行，故亦称明流隧洞。有时一条泄水隧洞也可分前、后两段，设计并建成前段为有压洞，后段为无压洞。但在隧洞的同一段内，除水头较低的施工导流隧洞外，要避免出现时而有压、时而无压的明满流交替流态。

2.工作特点

泄水隧洞是地下建筑物，其设计、建造和运行条件与承担类似任务的水工建筑物相比，有不少特点。从结构、荷载等方面说，岩层中开挖隧洞后，破坏了原来的地应力平衡，引起围岩新的变形，甚至会导致岩石崩坍，故一般要对围岩衬砌支护。岩体既可能对衬砌结构施加山岩压力，在衬砌受内水压力作用而有指向围岩变形趋势时，岩体又可能产生协助衬砌工作的弹性抗力。围岩愈坚强完整，则前者愈小而后者愈大。衬砌还会受其周围地下水活动所引起外水压力的作用。显然，泄水隧洞沿线应力争有良好的工程地质和水文地质条件。

从水力特性方面看，承受内水压力的有压隧洞如衬砌漏水，压力水渗入围岩裂隙，将形成附加的渗透压力，构成围岩失稳的因素；无压隧洞较高流速引起的自掺气现象要求设置有足够供气能力的通气设备，以维持稳定无压流态；高速水流情况下的隧洞，在解决可能出现的空蚀、冲击波、闸门振动以及消能防冲问题时要特别注意体形设计，并常须进行必要的水工模型试验研究。从施工方面看，隧洞开挖，衬砌工作面小，洞线较长，工序多，干扰性大，所以工期往往较长，尤其是兼做施工导流用的隧洞，其施工进度往往控制整个工程的工期。因此，改善施工条件，增加工作面，加快开挖、衬砌支护进度，提高施工质量，也是建造泄水隧洞的重要课题。

（五）施工导流

在河流上修建各种水工建筑物，如土石坝、混凝土坝、水闸、水电站厂房等，需要对建筑物的基础进行处理，而大面积的基础处理和水工建筑物的施工很难在流水中进行。因此，必须采用临时性的挡水围堰把建筑物基坑的全部或一部分从河床中围护起来，然后把水抽干后进行施工；还必须给河水一条通道，如修建隧洞、明渠或预留部分河床等，使河水通过这些事先准备好的泄水通道流向下游，保证工程施工在不受河水干扰的情况下顺利进行。此外，还必须考虑施工期的水运、下游给水、度汛以及施工后期临时泄水建筑物的封堵和围堰的拆除等。所有这些就是我们通常讲的施工导流问题。

施工导流是水利工程施工组织的重要问题之一，情况复杂，影响因素很多，如水文条件，地形、地质条件，施工期间的灌溉、通航、漂木、供水等要求，枢纽中建筑物的组成和布置，以及施工方法、施工场地和物资供应条件等。施工导流方案关系到整个工程施工进度，影响到施工方法的选择和施工场地布置，影响到工程的造价，甚至影响到水工建筑物的型式选择和枢纽布置。所以，在进行蓄水枢纽设计时，必须同时考虑并提出各阶段的导流方案作为工程设计论证的一部分重要内容。

施工导流方案的主要设计内容包括：确定各个施工阶段的导流方式和导流标准；确定各个施工阶段基坑围护的措施；设计导流的临时性挡水和泄水建筑物；选择截流时段，制定截流措施；论证水库蓄水、坝体拦洪、工程发挥效益等技术措施。施工导流方式一般可分为河床外导流和河床范围内导流两大类。前者用围堰拦断河床，迫使河水经由预先修建的泄水道（如隧洞、明渠、涵管、渡槽等）下泄；后者先用围堰保护第一期基坑并进行部分建筑物的施工，河水经由被围堰束窄后的剩余河床通过，然后再围护第二期基坑进行其他建筑物的施工，这时河水经由第一期工程中预留的泄水道（如混凝土坝的底孔、缺口，土石坝的涵管等）下泄。习惯上又称第一类导流为一次拦断河床法，或全段围堰法；第二类导流称为分期施工法，或分段围堰法。必须指出：隧洞、涵管和明渠导流，并不只适用于全段围堰法导流，在分段围堰法中也可采用。例如，采用隧洞导流时，河床可用围堰一次拦断使主体建筑物在围堰保护下一期施工。如果主体建筑物分期施工，则隧洞也可以作为分期导流的后期施工导流方式。底孔和坝体预留缺口导流，同样并不只是适用于分段围堰法导流，在全段围堰法施工中的后期导流时，也常有应用。

二、引（输）水工程

（一）引水枢纽

1.作用和类型

通常所称的引水枢纽（取水枢纽）系指从河道取水的水利枢纽，其作用是获取符合水量及水质要求的河水，以满足灌溉、发电、工业及生活用水的需要。引水枢纽分为无坝引水和有坝引水两大类。当河道枯水期的水位和流量能满足取水要求时，可直接在河岸修建引水枢纽，称为无坝引水枢纽；当不能满足上述要求时则须修建雍水坝（或拦河闸），用来抬高水位以满足上述要求，这种具有雍水坝闸的引水枢纽称为有坝引水枢纽。

2.无坝引水枢纽的布置

无坝引水枢纽的水工建筑物有进水闸、冲砂闸、沉沙池及上下游整治建筑物等。有的河流又有航运、漂木、渔业等要求时，还要考虑设置船闸、筏道和鱼道等。无坝引水枢纽按引水口数目分为一首制和多首制两种。

（二）沉沙池

在多泥沙河流上，虽然在取水口设有防沙设施，但是泥沙不可能全部挡在渠首以外，加之水流中又挟带有悬移质泥沙，因此还需对进入渠首的泥沙进行处理，在进水闸适当地方修建沉沙池。沉沙池断面大于引水渠的断面，水流进入沉沙池后，由于断面扩大，流速减小（一般为0.20～0.35m/s），水流挟沙能力大为降低，水流中泥沙便逐渐沉淀下来。通常粗颗粒泥沙首先沉淀在沉沙池的进口处，逐渐形成三角洲。

随着时间延长，三角洲还能向池长方向延伸、增厚。较细颗粒的泥沙则由三角洲的前端沉入池底，形成异重流；当异重流运行至沉沙池尾端即停止前进。一般在池末设冲砂廊道，对沉沙池内泥沙按时冲洗。

（三）渠道

渠道是人工开挖或填筑的水道，按其作用可分为灌溉渠道、排水渠道、航运渠道、发电渠道以及综合利用渠道。为了综合利用水资源和充分发挥渠道的效用，应力求兴建综合利用渠道。渠道是输水建筑物，渠内为无压的明渠流。常见的渠道系统，渠道数量由少到多，位置由高到低，各渠道输水能力由大到小。例如，以自流灌溉渠系为例。一般从取水渠首的进水闸后开始，首先是引水干渠，其次是通至各灌区地片的支渠、斗渠，最后是分布于田间的农渠、毛渠等。

应该指出，一个渠道系统还要有很多配套建筑物（渠系建筑物）联合运行，才能有效工作。例如，控制水位和调节流量的节制闸，保证渠道安全的泄水闸，渠道和河流、谷沟、道路相交时的渡槽、倒虹吸等交叉建筑物，渠道通过有集中落差地段的陡坡跌水等落差建筑物等。

（四）渠系建筑物

1.分类与选型

修建在渠道上的水工建筑物称为渠系建筑物。按其种类分为水闸、涵洞、隧洞、渡槽、倒虹吸、跌水与陡坡、沉沙池、排沙闸等。按其作用又可分为三大类：配水建筑物，如节制闸、分水闸、量水堰、测流槽等；交叉建筑物，如涵洞、倒虹吸、渡槽等；连接建筑物，如跌水、陡坡等。

当需要控制渠道流量时，应选用配水建筑物；当渠道与沟谷、河流交叉时，应选用交叉建筑物；当渠道经过陡坡地段水位急剧下降时，应选用连接建筑物；当渠道穿过山岭时，应选用隧洞；当泥沙问题较严重时，应选用沉沙池、排沙闸；当为了避免渠水漫溢或洪水冲毁渠道时，应选用泄洪闸或退水闸等建筑物。

2.涵洞

当渠道与溪谷、道路相互交叉时，在填方渠道或交通道路下面，为输送渠水或排泄溪水而设置的建筑物称为涵洞，它由进口、洞身、出口三部分组成。根据过涵水流形态不同，涵洞可以分为无压和有压或半有压的。有压涵洞多采用钢筋混凝土管或铸铁管，适用于内水压力较大、上面填方较厚的情况。无压涵洞有箱形、盖板式和拱形等。

箱形涵洞多为四面封闭的钢筋混凝土结构，工作条件好，适应地基不均匀沉陷性能强，适用于无压或低压涵洞；如流量较大，可采用双孔或多孔。盖板式涵洞是用砖石做成两道侧墙，上面用石料或混凝土盖板封顶，施工简单，适用于土压力不大、跨度在1m左右的情况。拱形涵洞由顶拱、侧墙、底板组成，可以采用混凝土或浆砌石建成，受力条件好，适用于填土厚度和跨度较大的无压涵洞。拱形涵洞也可做成多孔连拱式。我国四川、新疆等地采用干砌砂卵石拱形涵洞已有悠久的历史，积累了丰富的经验。

3.输水隧洞

渠道通过山梁时，若采用盘山明渠，则渠线太长或工程困难。若挖切山梁，上石方工程量又很大。因此，常采用开凿隧洞的方案。这种隧洞实际上是穿过山梁的一段地下渠道，与明渠水流一样，隧洞中的水流具有一个和大气接触的"自由水面"，因此这种输水隧洞称为"无压隧洞"。

4.渡槽

渡槽是输送渠水跨越山冲、谷口、河流、渠道及交通道路等的交叉建筑物，除输水外，还可供排水导流之用。

5.倒虹吸管

当渠道与河流、山谷、道路交叉，而彼此高程相差不大时，常埋设地下输水管把渠水引过去，这种输水方式，好像是一个倒放的虹吸管，故称为倒虹吸管。

6.跌水和陡坡

当渠道经过天然陡坡或坡度过陡的地段时，为了避免大填方或深挖方，一般根据地形将高度差适当集中，并修建落差建筑物，以连接上、下游渠道，这种建筑物称落差建筑物。跌水、陡坡是其中应用最广的落差建筑物。跌水与陡坡的主要区别在于水流特征不同：水流呈自由抛投状态自跌水口流出，最后落在消力池内的叫跌水；水流自跌水口流出后即受陡坡约束而沿槽身下泄的叫陡坡。

三、提水工程

（一）提水工程规划

提水工程，即泵站工程，是利用机电提水设备增加水流能量，通过配套建筑物将水由低处提升至高处，以满足兴利除害要求的综合性系统工程。提水工程被广泛地应用于农田灌溉排水、市政供排水、工业生产用水及跨流域调水等许多方面。各种泵站的用途虽然不同，但其组成建筑物基本相同，一般有进水建筑物[包括取水建筑物、引水建筑物、前池、进水池、进水管（流）道等]、泵房、出水建筑物[出水池或压力箱涵、出水管（流）道]、交通及附属建筑物等；电力泵站还设有变电站。

取水建筑物建于水源岸边或水中，结构型式有取水头部、进水闸、进水涵洞等。其作用是取水、防沙、防洪、调节流量、控制水位以及检修时截断水流。引水建筑物有引水涵管、明渠或河道等，其作用是自水源引水至前池，并创造良好的水流状态。前池是引水建筑物与进水池的联结段，其作用是平稳水流，避免强烈的回流和漩涡出现。进水池的作用是供水泵进水管（流道）或水泵直接进水。进水管（流）道包括进水管道、进水流道（大型泵站），其作用是从进水池平顺引水，供给水泵。泵房是安装主机组、辅助设备及电气设备的建筑物，它为机组运行和工作人员提供良好的工作环境。主机组包括水泵、传动设备及动力机，是泵站的核心。主机组将外来能量转换为所提升水体的能量。出水管（流）道包括出水管道（又称压力水管）、出水流道，其作用是将水泵抽出的水压向出水建筑物。出水建筑物的主要作用是承纳出水管道的来流，消除管口出流余能，使之平顺地流入输水管渠或容泄区，并设有防止停机倒流设备。变电站是以电力为能源的泵站不可缺少的降电压工程。交通建筑物包括道路、栈桥、工作桥、船闸、码头等。附属建筑物包括办公用房、修配厂、仓库、宿舍等。

（二）泵房

泵房是安装主机组辅助设备、电气设备及其他设备的建筑物，是整个泵站工程的主体，为机电设备及运行管理人员提供必要的工作条件。因此，合理地设计泵房，对节约工程投资、延长机电设备使用寿命、保证安全和经济运行有着很重要的意义。

（三）进、出水建筑物

1.取水建筑物

用涵管从水源中取水的建筑物，称为取水头部。其结构形式较多，有重力式、沉井式、桩架式、悬臂式、底槽式及隧洞式等。各种取水头部有其不同的特点及适用条件，选择时应考虑水质、河床与地形、上下游建筑物、冰凌、工程地质条件、施工条件等因素。自水源岸部取水的建筑物有进水涵、闸、开敞式取水口等。在多泥沙河道中取水，要选择有利位置，引取含沙量少的表层水，并采用导流设施将含沙量大的底层水导走，同时在引渠适当地点设置沉沙池。

2.引水建筑物

当泵房远离水源时，应设置引水建筑物，有明渠、压力涵管等形式。其中，引水明渠以其结构简单、工程投资少、水流条件好得以普遍采用。引渠的设计方法与一般输水渠道相同，即按均匀流设计，按不冲不淤条件校核。

四、发电工程

（一）水能规划

1.水电开发方式

地球的表面约有3/4为水域所覆盖。大量的水从水面蒸发，又以降水形式落在地表的不同海拔高程处。这种自然界重复再生、循环不息的水体，从山区和高原汇成河川，奔腾而下，携带着可供利用的能量。在天然状态下，这种能量损耗在克服水流外部与内部的种种摩擦力、水流与河床的相互作用、输移泥沙、冲刷河槽以及水流内部不规则运动分子间的相互作用上。

如在一较短的河段上有集中的水位落差，就可以有效地利用水流能量。当有天然瀑布时，水流能量的利用可大为简化，然而这样的条件十分罕见；要利用分布在一段长距离的河川上的落差，则需用人工方法将落差集中，可以采用不同的途径来实现这样的集中。

（1）坝式开发。在适宜开发的地址建筑水坝，迫使水位壅高以集中落差，即形成水头。同时，水坝上游蓄水成库，起着调节作用，可在丰水期储备水量以最充分地利用水能。

（2）引水式开发。从天然河道经过纵比降很小的人工引水道引水。这样，引水道末端的水位就高出了河道的水位，从而获得集中落差，这一水位差即可形成水电站的水头。

（3）混合式开发。同时用坝和引水建筑物形成水头。

不论按上述哪一种开发方式建成的水电站，均需借助设置在水电站厂房中的水轮机、发电机及各种辅助设备使水能转换成电能。

2.水电站的组成建筑物

水电站一般由下列七类建筑物组成：（1）挡水建筑物。用于截断河流，集中落差，形成水库，一般为坝和闸。（2）泄水建筑物。用以下泄多余的洪水，或放水以供下游使用，或放水以降低水库水位，如溢洪道、泄洪隧洞、放水底孔等。（3）水电站进水建筑物。用以按水电站发电要求将水引进引水道。（4）水电站引水建筑物。用以将发电用水由进水建筑物输送给水轮发电机组，并将发电用过的水流排向下游。后者有时称为尾水建筑物。根据自然条件和水电站类型的不同，引水建筑物可以采用明渠、隧洞、管道等。有时引水建筑物中还包括渡槽、涵洞、倒虹吸、桥梁等交叉建筑物。（5）水电站稳压建筑物。当水电站负荷变化时，用以平稳引水建筑物中流量及压力的变化，如有压引水式水电站中的调压室及无压引水式水电站中的压力前池等。（6）发电、变压和配电建筑物。其包括安装水轮发电机组及其控制辅助设备的厂房、安装变压器的变压器场及安装高压开关的开关站，它们常集中在一起，统称为厂房枢纽。（7）其他建筑物。例如，过船、过木、过鱼、拦砂、冲砂等建筑物。

（二）水力机械和电气设备

为了实现水电站的主要功能——发电，必须安装各种水力机械和电气设备，而这些设备也同时决定着水电站的运行效率和可靠性。因此，选择主要设备和辅助设备的型号和参数，在保证运行方便的条件下考虑设备的特性和相互关系、解决设备的组成和布局问题是水电站厂房设计的一个极其重要的阶段。

（三）水电站建筑物

1.厂房

（1）厂房内的设备

水电站厂房是为安置机电设备服务的。为了安全可靠地完成变水能为电能并向电网或用户供电的任务，水电站厂房内配置了一系列的机械、电气设备，可归纳为五大系统。

①水力系统。水力系统，即水轮机及其进、出水设备，包括钢管、水轮机前蝴蝶阀（或球阀）、蜗壳、水轮机、尾水管及尾水闸门等。

②电流系统。电流系统，即所谓电气一次回路系统，包括发电机、发电机引出线、母线、发电机电压配电设备、主变压器、高压开关站及配电设备等。

③机械控制设备系统。机械控制设备系统包括：水轮机的调速设备，蝴蝶阀的控制设备，减压阀或其他闸门、拦污栅等操作控制设备。

④电气控制设备系统。电气控制设备系统，即所谓电气二次回路系统，包括机房盘、励磁设备、中央控制室、各种控制及操作设备。

⑤辅助设备系统。辅助设备系统，即为设备安装、检修、维护运行所必需的各种电气及机械辅助设备。

（2）厂房

厂房是装置水轮机及其他附属设备和辅助生产设施的建筑物，通常由主厂房和副厂房组成，小型水电站也可不设副厂房。主厂房又分为主机间和安装间。主机间装置水轮机、发电机及其附属设备，安装间是机组安装和检修时摆放、组装和修理主要部件的场地。副厂房包括专门布置各种电气控制设备、配电装置、电厂公用设施的车间以及生产管理工作间。主厂房、副厂房连同附近的其他构筑物及设施，如主变压器场及高压开关站，统称厂区，是水电站的运行、管理中心。按厂房结构及布置特点，水电站厂房分为地面式厂房、地下式厂房、坝内式厂房和溢流式厂房。地面式厂房建于地面，按其位置不同，又可分为河床式厂房、坝后式厂房、岸边式厂房。地下式厂房位于地下洞室中。也有半地下式厂房，其厂房的上部露出地面。坝内式厂房位于坝体空腔内。溢流式厂房常位于溢流坝坝趾，坝上溢出水流流经或跃过厂房顶，泄入尾水渠。

（3）水电站主厂房的分层

水电站主厂房在高度方向常分为数层，从上而下可以有装配场层、发电机层、水轮机层、蝶阀层、蜗壳层、尾水管层。按照一般习惯，发电机层以上称上部结构及主机房，发电机层以下统称为下部结构，而水轮机层以下则称下部块体结构。

2.前池

压力前池是引水渠道和压力水管之间的连接建筑物。压力前池的用途是把引水道的无压部分和有压部分或水轮机压力管连接起来，把水量均匀地分配给每一条水管。在运行和事故情况下，均应保证能单独开启和关闭任一压力水管。压力前池应能在水电站出力变化和发生事故的情况下，宣泄多余的水量，抑制涌浪，改善机组运行条件；在水电站停机时供给下游用户所必需的流量。

此外，压力前池应有防止漂浮物、冰凌及泥沙等进入水轮机引水管的设施。压力前池由下列主要建筑物和构件组成：进水设施；前室，其作用为使水流平缓地流近进水设施；

泄水建筑物的首部结构（虹吸管、溢流堰等）；泄水和排水设施；冲沙设施；放水底孔，用以放空压力前池和引水道（冲沙设施和放水底孔在多数情况下可合并使用）。如果压力前池还担负有灌溉或供水的任务，池上还应布置相应的取水建筑物。压力前池布置在较陡的岸坡上或接近岸坡。在压力前池的地基中和绕过挡水墙易形成渗径很短的、危害性较大的渗流，引起地基的管涌、滑坡、压力前池建筑物不均匀沉陷，甚至使建筑物遭到破坏。为此，应采用各种防渗措施，如建筑物内表面的衬砌、地基土壤的人工加固、深齿墙、板桩齿墙，灌浆帷幕等。

3.压力管道

压力管道是从水库或引水道末端的压力前池或调压室将水以有压状态引入水轮机的输水管，它是集中了水电站全部或大部分水头的输水管。压力管道的特点是：坡度陡；承受电站的最大水头，且受水锤的动水压力；靠近厂房。因此，压力管道的安全性和经济性受到特别的重视，对材料、设计方法和工艺等有着不同于一般水工建筑物的特殊要求。

第三节　水利水电建设的发展与成就

一、水利的战略地位与贡献

（一）水利建设有力地支撑和保障了国民经济可持续发展

水利不仅提高了江河的防洪能力，改善了农业的生产条件和农民的生活条件，改善了农村的生存和居住环境，而且为工业发展和城镇化水平的提升提供了水源和环境的改善。实践表明，新中国成立几十年来，中国经济得以高速增长，水利建设为支撑国民经济发展和保障粮食安全与社会安定，以及生态与环境的改善都发挥了巨大作用并做出了巨大的贡献。

事实表明，对世界上著名的水旱灾害频繁的中国来说，兴修水利，除害兴利，在国民经济中具有极其重要的战略地位，它不仅是中国综合国力的重要组成部分，而且是中国未来经济社会可持续发展和构建社会主义和谐社会重要的物质基础、人类社会文明进步的一个重要标志。水与粮食、石油是我国三大战略资源。

进入21世纪以后，水利部门认真贯彻落实中央提出的科学发展观，建设社会主义新农村，建设资源节约型、环境友好型社会，构建社会主义和谐社会的战略目标和党中央、国务院提出的水利发展方针，全方位为经济社会发展服务，水利基础设施在抗御水旱灾害、保障工农业生产和人民生命财产、保障经济社会可持续发展、改善生态与环境、维护社会稳定等方面都具有不可替代的战略地位。

（二）防洪抗旱减灾体系有效地减轻了水旱灾害

我国是一个水旱灾害频繁的国家。新中国成立后，按照"蓄泄兼筹"和"除害与兴利相结合"的方针，对大江大河进行了大规模的治理，整体防洪能力明显提高。在抗御特大洪水方面，水利基础设施发挥了重要作用。在抗御干旱缺水灾害方面，水利基础设施提供了安全保障条件。由于我国特殊的自然地理条件和大规模的人类活动，导致了我国"水多"的同时存在严重的"干旱缺水"和"水环境恶化"等问题。水利事业的发展，提高了农业抗御干旱灾害的综合能力，促进了农业生产的发展，在改善农村生活条件和生态与环境和繁荣农村经济等方面起了重要的保障作用。经过几十年的大规模水利建设，已初步建成的防洪抗旱减灾体系有效地减轻了水旱灾害所造成的人民生命和财产的损失。

（三）城市水利发展提高了城市的战略地位和工业化水平

我国是发展中国家，又是以农民为主体的农业大国，工业发展还处于中期阶段，城市化水平还比较低。改革开放以来，城市水利发展支撑和保障了我国工业的快速发展和城市化水平的快速提升。

（四）农田水利建设和节水灌溉提升了农业综合生产能力

我国是世界上的灌溉农业大国。新中国成立几十年来，经过几代人的艰苦努力，我国已初步建成了较为完善的水资源开发利用和粮食生产安全保障体系，从根本上改变了农业靠天吃饭的局面。特别是近十几年来农田水利事业的快速发展，为实现我国粮食供需基本平衡做出了巨大贡献。水资源的开发利用和保障体系建设，尤其是农田水利基础设施建设和节水灌溉进一步提升了农业综合生产能力，保障了粮食生产的稳定和安全。

（五）牧区水利建设促进了农牧业生产和生态与环境的改善

我国是世界上第二草原大国。全国牧区总土地面积442.36万平方千米，占国土面积的46.1%，可利用草地面积225.2万平方千米（合33.78亿亩），主要分布在我国中西部高原丘陵山地，自然条件恶劣，高原面积约占63%，丘陵山地面积占23%，形成了草甸草原、典型草原、荒漠草原、草原化荒漠和荒漠等不同地带性的草原生态景观。由于牧区主要分布在干旱、半干旱地区和青藏高原高寒地带，生态与环境十分脆弱，在历史上基本上没有水利设施，长期处于依水草而居、逐水草而牧的原始状态。

随着畜牧业生产水平的不断提高和牧区经济社会的发展，经过几十年的努力，以建设供水井解决牧民人畜饮用水、开发缺水草场和无水草场为重点，建成了蓄、引、提水等各类牧区水利工程42万多处。通过牧区水利基础设施建设，不仅发展了牧区灌溉，解决了部分牧区生活、生产用水问题，而且推动了无水草场的利用和保护，促进了牧业生产发展，还推动了牧民生产生活方式由游牧向定居的过渡，并为发挥大自然的自我修复能力提供了基础条件。

（六）水土保持生态建设改善了农村生活和农业生产条件

党中央、国务院高度重视水土保持生态建设工作，水土流失防治工作取得了明显成效。通过水土保持和流域综合治理，在改善农业生产条件和生态与环境建设方面取得了显著的生态效益、经济和社会效益。我国在继续实施长江和黄河上中游水土保持重点防治工程的同时，又相继实施了黄土高原地区水土保持淤地坝试点、东北黑土区等水土流失重点防治工程，塔里木河、黑河、首都水资源专项治理工程顺利推进，均取得明显的治理成效。同时，各级地方政府和广大干部群众发扬自力更生精神，积极治山治水，水土流失防治工作取得了重大进展，通过采取的一系列措施，修复生态，保护环境。例如：对水土流失较严重的生态脆弱区，实施退耕还林（草）、封山育林、禁牧等措施，每年治理水土流失面积达5万多平方千米；对塔里木河下游、黑河下游等生态严重退化地区，实施生态调水工程等，其日趋恶化的生态环境得到了修复和改善，地下水得到补给和保护，水土保持与生态建设工作已初见成效。

水土保持和生态建设，不仅改善了农村生活环境和农业生产条件，为保障粮食生产安全奠定了基础，而且水土流失得到有效控制，植被覆盖率明显增加，生态与环境状况明显好转，为巩固退耕还林成果、实现水土资源的可持续利用、加快治理区全面建设小康社会步伐发挥了重要的支撑作用。

（七）小水电改善了缺电地区生产生活条件和生态与环境

当代生态与环境问题，已不仅是贫困、边远、民族地区的问题，而是人类的生存与发展问题，并已超越了国界成为世界各国和全球性的问题。一方面，人口增长，经济发展，社会在不断进步；另一方面，资源减少，气温升高，河湖萎缩，水资源短缺，生存与发展空间受到严重的威胁。

专家预言，持续的环境恶化有可能导致经济的衰退。联合国环境开发计划署的报告指出，农民做饭、取暖烧柴是造成"亚洲棕云"和导致东南亚地区严重自然灾害的重要原因。党中央、国务院领导从可持续发展的战略高度多次指示："要大力发展小水电，解决农民生活燃料和农村能源问题，促进退耕还林，保护生态，改善环境，发展贫困山区、民族地区经济，增加地方财政收入，增加农民收入；要把农村水电建设同经济建设、江河治理、生态保护、扶贫开发结合起来，进一步搞好治水办电，实施小水电代燃料工程，加快农电网建设，提高农村电气化水平。"这是迎接新挑战的战略举措。

二、水利建设的主要成就和面临的挑战

（一）水利建设的主要成就

我国几十年来的水利建设成就，主要包括以下10个方面：

第一，认真贯彻落实中央提出的可持续发展战略和科学发展观与构建社会主义和谐社会的重大战略思想，以及中央制定的治水思路与方针，转变和创新治水理念，形成了可持续发展水利思路，不断拓宽水利服务的领域。

第二，大江大河防洪减灾体系建设已初具规模，逐步形成了具有中国特色的防洪减灾体系，基本保证了重点防洪保护区的安全，为国家经济社会发展和粮食主产区安全提供了有力保障。

第三，把解决饮用水安全问题放在水利工作的首位，加大了水资源保护和水污染防治工作力度。切实解决城乡饮水困难问题，维护最广大人民群众的根本利益，逐步把"以人为本"真正落到实处。

第四，加强农田水利等基础设施建设和生态与环境保护，加快了灌排水事业的发展，建立了较为完善的农田水利基础设施和水资源安全供给保障体系，不断改善农业生产条件，提高抵御水旱灾害的能力，有力地保证了粮食生产的稳定和发展。

第五，依靠科技进步与创新，推广先进节水技术，通过对中低产田改造，大力推进传统农业向现代农业转变，推进节水型社会建设，不断提高农业综合生产力的水平和支撑城市的发展。

第六，通过深化改革和制度建设，制定了一系列政策、制度和标准，加强水资源的统一管理，优化水资源配置，建立水务一体化的管理体制，加强水资源保护，加快水利工程管理体制和水价改革，依法治水、依法行政，水利建设管理工作登上了一个新的台阶。

第七，加快了水土流失防治工作，治理坡耕地，实施退耕还林，修建淤地坝，建设了一批高产稳产基本农田；启动了小水电代燃料生态保护工程试点工作，促进了人与自然和谐相处；加强了牧区草原水利建设，促进了生态与环境的改善。

第八，坚持开发式扶贫和开发式移民，着力改善贫困和移民安置地区的生产和生活条件；解决人畜饮用水困难，促进农业生产发展，摆脱贫困状况。

第九，不断完善水利政策法规体系，依法科学、民主治水取得重大进展。新《水法》的颁布实施，标志着水法规体系建设进入了一个新的历史阶段。

第十，增加水利建设资金投入，建立了水利发展基金，国家积极的财政政策和国债资

金，保障了水利得以持续、快速地发展。

（二）水利建设面临的挑战

我国水利工作虽然取得了显著成绩，但目前水利基础设施数量不少、标准不高，基础脆弱，水利发展的"瓶颈"和体制障碍十分突出。特别是随着经济的发展、人口的增加和生活水平的提高，以及生态与环境的改善，要满足经济社会可持续发展和保障粮食生产安全，水利仍然面临很大的挑战。其具体表现在以下10个方面：

第一，水资源短缺、干旱缺水和灾害损失日趋严重，已成为经济社会发展的严重制约因素。农田水利基础设施建设滞后仍没有得到根本性改观，影响了"三农"问题的解决、农业生产力布局的调整和粮食生产的安全。

第二，大江大河防洪除涝体系还不完善，中小河流基本没有治理，洪涝灾害损失呈上升趋势，影响经济社会发展和粮食生产区安全。

第三，供水设施严重不足，城乡饮用水安全形势仍十分严峻，对人民群众身体健康构成严重威胁。尤其是农村饮用水安全问题十分突出，影响社会主义新农村建设。

第四，水利设施除险加固、灌区改造任务繁重外，农业灌排，基础设施不完善，中低产田比重大，农田机电排灌能耗高，水利设施效能衰减下降，严重影响了农业综合生产能力的发挥。

第五，用水浪费和污染并存，管理粗放，浪费严重。城镇供水管网漏失率很高，尤其是粮食生产用水效率不高，加上农业大量使用污水灌溉，农业生产环境恶化严重影响农产品品质。

第六，耕地资源浪费严重，被大量侵占的耕地大都是有灌溉设施的优质高产良田。由于洪水毁坏、工程老化、供排水渠道淤积、水源变化，再加上其他建设占地，每年要减少灌溉面积七八百万亩，影响灌区粮食生产能力。

第七，水土流失严重，生态与环境脆弱，部分地区还在恶化；贫困山区、老少边穷地区农村缺电问题、移民历史遗留问题尚未根本解决，影响农业生产力的调整和粮食生产的稳定、生态与环境的改善以及社会的安定。

第八，工业和城市用水需求增加，大量挤占生态和农业用水，对挤占农业水量的补偿机制一直未能落实，不仅加剧了农业特别是粮食生产用水的短缺程度，而且直接影响农业生产的发展。

第九，水资源管理体制障碍直接影响水资源的综合利用、优化配置、高效节约、科学管理，直接影响水利对城乡统筹、协调发展和水利可持续发展。

第十，水利投入严重不足，尤其是农民的"两工"取消后，农田水利建设投资主体缺位，维修的资金严重不足，面临着严重短缺的局面，直接影响社会主义新农村建设和整个国民经济和社会的可持续发展。

三、水利建设获得的启示

通过水利建设为经济社会发展和农业生产发展服务中的经验总结，以及对保障我国经济社会快速发展和粮食安全所面临挑战的分析，得到以下几点启示：

第一，水利要全面贯彻落实科学发展观。按照可持续发展战略、人与自然和谐发展、建设资源节约型环境友好型社会和构建和谐社会的理念，坚持统筹兼顾、标本兼治、综合治理的原则，调整水利发展战略和转变水利经济增长方式，提高现有水利基础设施的综合效益，提高水资源承载能力和水环境容量。

第二，水利要列入各级政府的重要议事日程。水利是一项公益性较强的事业，直接关系到国计民生，是治国安邦的百年大计。加强水利建设是各级政府的重要职责，要切实加强各级政府对水利的宏观调控和领导，并将水利建设纳入各级政府的长远规划和年度计划。

第三，切实把解决城乡饮用水安全问题放在水利工作的首位。加大水资源保护和水污染防治工作力度，把"以人为本"真正落到实处。要坚持城乡区域协调发展，以建设资源节约型、环境友好型社会和社会主义新农村为目标，促进经济社会和农业可持续发展。

第四，依靠科技进步和创新，大力提高水利工程的综合效益。要大力推进节水型农业、节水型工业、节水型服务业和节水型社会建设。尤其是我国农民2/3生活在灌区范围内，大力推进灌区节水型社会建设，直接关系到粮食生产的稳定增长和粮食的安全供给，以及农民的增收。

第五，水利建设要与经济社会发展、工农业生产力布局和结构、粮食安全和维护良好的生态与环境等问题统筹考虑。要根据水资源条件，调整经济结构、布局和城市发展规模。灌区依然是我国粮食的主要生产基地，未来立足于粮食基本自给，解决粮食需求的缺口主要依靠灌区，要对灌区进行农业经济结构和农业生产力布局的调整。

第六，以保障水安全问题为先导，继续加强水利工程建设，重点加强水资源的优化配置，提高对水资源在时间和空间上的调配能力，提高水利支撑和保障经济社会可持续发展的能力。

第七，加快水土流失防治工作，进一步扩大"小水电代燃料试点"的实施范围，治理坡耕地，实施退耕还林，修建淤地坝，建设高产稳产基本农田，改善生态与环境，保障国家粮食安全和维护良好的生态与环境。

第八，坚持以改革促发展，推进体制和机制的创新。改革与发展的关键在创新，要不断进行观念创新、战略创新、制度创新、组织创新和市场创新，必须从开发、建设、管理和经营实施一体化管理、一条龙服务，充分发挥水资源的综合功能，大幅度提高水资源的综合效率和效益。

　　第九，健全稳定的水利投入机制，作为基础产业应优先超前发展。要坚持多渠道、多元化的投入体制，拓宽水利建设资金来源，要发挥集中力量办大事的社会主义制度的优越性，继续发扬中国人民"自力更生、艰苦奋斗"的光荣传统，继续坚持"中央、地方、社会和个人共同办水利"的方针。

第二章　水利工程基础施工

Chapter 2

第一节　水利水电岩基灌浆施工技术

在水利工程中，岩基灌浆工程是一项十分复杂的施工工程，因此在施工的过程中要对施工的每一个环节都要进行合理的选择，在施工的过程中要对施工的要点进行控制，同时对于施工的技术也要有针对性。只有这样，才能在施工的时候确保施工的质量。

一、岩基的开挖和处理

（一）岩基的开挖

岩基的开挖就是按照设计要求，将破碎、风化和有缺陷的岩层挖除，使水工建筑物建在完整坚实的岩石面上。开挖的工程量往往很大，从几万立方米到几十万立方米，甚至上千万立方米，需要投入大量的资金、人力和设备，占用很长的工期。因此，选择合理的开挖方法和措施、保证开挖的质量、加快开挖的速度、确保施工的安全，对于加快整个工程的建设具有十分重要的意义。

1.开挖前的准备工作

在开挖前，我们准备工作如下：一是熟悉基本资料，详细分析坝址区的工程地质和水文地质资料，了解岩性，掌握各种地质缺陷的分布及发育情况；二是明确水工建筑物设计对地基的具体要求；三是熟悉工程的施工条件和施工技术水平及装备力量；四是地质、业主、监理、设计等人员共同研究，确定适宜的地基开挖范围、深度和形态。

2.坝基开挖注意事项

坝基开挖是一个重要的施工环节，为保证开挖的质量、进度和安全，应该解决好以下几个方面的问题。

（1）做好基坑排水工作

在围堰闭气后，我们应该做到以下几点：一是立即排除基坑积水及围堰渗水，布置好排水系统；二是配备足够的排水设备，边开挖基坑边排水；三是降低和控制水位，确保开挖工作不受水的干扰。

（2）合理安排开挖程序

由于受地形、时间和空间的限制，水工建筑物基坑开挖一般具有较为集中、工种多、安全问题比较突出等特点。因此，基坑开挖的程序，应本着自上而下、先岸坡后河槽的原则。如果河床很宽，施工人员也可考虑部分河床和岸坡平行作业，但应采取有效的安全措施。无论是河床还是岸坡，都要由上而下，分层开挖，逐步下降。

（3）选定合理的开挖范围和形态

基坑开挖范围主要取决于水工建筑物的平面轮廓，此外还要满足机械的运行、施工排水、道路的布置、立模与支撑的要求。放宽的范围一般从几米到十几米不等，视实际情况而定。对于开挖以后的基岩面，应该保证以下两点：一是要求尽量平整，并尽可能地略向上游倾斜；二是高差不宜太大，以利于水工建筑物的稳定。

（4）正确选择开挖方法

岩基开挖的主要方法是钻孔爆破法，应采用分层梯段松动爆破；边坡轮廓面开挖，应采用预裂爆破或光面爆破；紧邻水平建基面，应预留岩体保护层，并对保护层进行分层爆破。

开挖偏差的具体要求如下：一是对节理裂隙不发育、较发育、发育和坚硬、中硬的岩体，水平建基面高程的开挖偏差不应大于±20cm；二是设计边坡轮廓面的开挖偏差，在一次钻孔深度条件下开挖时，不应大于其开挖高度的±2%；三是在分台阶开挖时，其最下部一个台阶坡脚位置的偏差，以及整体边坡的平均坡度，均应符合设计要求。

保护层的开挖是控制基岩质量的关键，其要点如下：一是分层开挖，梯段爆破，控制一次起爆药量，控制爆破震动影响。对于建基面1.5m以上的一层岩石，应采用梯段爆破，炮孔装药直径不应大于40mm，手风钻钻孔，一次起爆药量控制在300kg以内。二是保护层上层开挖，采用梯段爆破，控制药量和装药直径。三是中层开挖控制装药直径小于32mm，采用单孔起爆，距建基面0.2m以内的岩石，应进行撬挖。

边坡预裂爆破或光面爆破的效果应符合以下要求：一是在开挖轮廓面上，残留炮孔痕迹应均匀分布。残留炮孔痕迹保存率，对于节理裂隙不发育的岩体，炮孔痕迹保存率应达到80%；对节理裂隙较发育和发育的岩体，应为50%~80%；对节理裂隙极发育的岩体，应为10%~50%。二是相邻炮孔间岩面的不平整度，不应大于15cm；三是预裂炮孔和梯段炮孔在同一个爆破网络中时，预裂孔先于梯段孔起爆的时间为75~100ms。

（二）岩基的处理

对于表层岩石存在的缺陷，我们通常采用爆破开挖进行处理。当基岩在较深的范围内存在风化、节理裂隙、破碎带及软弱夹层等地质问题时，开挖处理不仅困难，而且费用太高，必须采取专门的处理措施，具体措施如下。

1.断层破碎带的处理措施

断层是岩石或岩层受力发生断裂并向两侧产生显著位移，常常出现破碎发育岩体，形成断层破碎带，长度和深度较大，强度、承载能力和抗渗性不能满足设计要求，必须进行处理。对于宽度较小的表层断层破碎带，施工人员通常采用明挖换基方法，将破碎带一定深度两侧的破碎风化的岩石清除，回填混凝土，形成混凝土塞。对于埋深较大且为陡倾角的断层破碎带，在断层出露处回填混凝土，形成混凝土塞（取断层宽度的1.5倍）；必要时施工人员可沿破碎带开挖斜井和平洞，回填混凝土，与断层相交一定长度，组成抗滑塞群，并有防渗帷幕穿过，组成混合结构。

2.软弱夹层的处理措施

软弱夹层是指基岩出现层面之间强度较低、已泥化或遇水容易泥化的夹层，尤其是缓倾角软弱夹层，处理不当会对坝体稳定带来严重影响。对于不同的软弱夹层，施工人员应该采取不同的措施，具体如下：一是对于陡倾角软弱夹层，如果没有与上下游河水相通，可在断层入口进行开挖，回填混凝土，提高地基的承载力；二是如果夹层与库水相通，除对坝基范围内的夹层进行开挖回填混凝土外，还要对夹层入渗部位进行封闭处理；三是对于坝肩部位的陡倾角软弱夹层，主要是防止不稳定岩石塌滑，进行必要的锚固处理；四是对于缓倾角软弱夹层，如果埋藏不深，开挖量不是很大，最好的办法是彻底挖除；五是若夹层埋藏较深，当夹层上部有足够的支撑岩体能维持基岩稳定时，可只对上游夹层进行挖除，回填混凝土，进行封闭处理。

3.岩溶的处理措施

岩溶是可溶性岩层（石灰岩、白云岩）长期受地表水或地下水溶蚀作用产生的溶洞、暗沟、溶槽、暗河、溶泉等现象。这些地质缺陷削弱了地基承载力，形成了漏水通道，会危及水工建筑物的正常运行。由于岩溶情况比较复杂，施工人员应查清情况分别处理，具体操作如下：一是对于坝基表层或埋藏较浅的溶槽等，进行开挖、清除冲洗后，用混凝土塞填；二是对于大裂隙破碎岩溶地段，采取群孔水汽冲洗，高压灌浆；三是对于有松散物质的大型溶洞，可对洞内进行高压旋喷灌浆，使充填物与浆液混合胶固，形成若干个旋喷桩，连成整体后，可有效提高抗渗性和承载力。

4.岩基的处理措施

对于分布较浅、层数较多、倾角较小的软弱夹层，施工人员可以设置钢筋混凝土桩和预应力锚索进行加固。在坝基范围，沿夹层自上而下钻孔或开挖竖井，穿过几层夹层，浇筑钢筋混凝土，形成抗剪桩。在一些工程中，施工人员采用预应力锚固技术，加固软弱夹层，其效果明显。这种形式主要有锚筋和锚索，可以对局部及大面积地基进行加固。

二、岩基的主要灌浆方法

基岩灌浆是指在一定比例的流动性和胶凝性的液体中，通过钻孔压入岩层的裂隙中去，经过胶结硬化，提高岩基的强度，改善岩基整体性和抗渗性。岩基灌浆的类型，按材料可分为黏土灌浆、水泥灌浆、沥青灌浆和化学灌浆等；按用途可分为帷幕灌浆、固结灌浆、接缝灌浆、回填灌浆和接触灌浆等。根据不同的地层情况和灌浆材料，施工人员可以采用各种不同的灌浆工艺。目前，常用的是常规低压灌浆方法，在微细裂隙地层，一般采用超细粒的湿磨水泥灌浆或化学灌浆方法。下面本书主要介绍固结灌浆和帷幕灌浆两种类型。

（一）固结灌浆方法

固结灌浆方法是对水工建筑物基础浅层破碎、多裂隙的岩石进行灌浆处理，改善其力学性能，提高岩石弹性模量和抗压强度。这是一种比较常用的基础处理方法，并且在水利水电工程施工中使用广泛。固结灌浆的范围主要是根据大坝基础的地质条件、岩石破碎情况、坝型和基础岩石应力条件而定。对于重力坝，基础岩石较好时，一般仅在坝基内的上游和下游应力大的地区进行固结灌浆；在坝基岩石普遍较差而坝又较高的情况下，则多进行坝基全面的固结灌浆。有些工程甚至在坝基以外的一定范围内也进行固结灌浆。

1.固结灌浆的主要技术要求

固结灌浆孔可采用风钻或其他类型钻机造孔，孔位、孔向和孔深均应满足设计要求，具体如下：一是固结灌浆应按分序、加密的原则进行，一般分为两个次序，地质条件不良地段可分为三个次序。二是固结灌浆宜采用单孔灌浆的方法，但在注入量较小的地段，可并联灌浆，孔数宜为两个，孔位宜保持对称。三是固结灌浆孔基岩段长小于6m时，可全孔一次灌浆。当地质条件不良或有特殊要求时，可分段灌浆。四是在钻孔互相串浆时，施工人员可采用群孔并联灌注，孔数不宜多于3个，并且应控制压力，防止混凝土面或岩石面抬动。五是压水试验检查宜在该部位灌浆结束3～7h后进行。检查孔的数量不宜少于灌浆总孔数的5%，孔段合格率应在80%以上。六是岩体弹性波速和静弹性模量测试，应分别在该部位灌浆结束14h和28h后进行。其孔位的布置、测试仪器的确定、测试方法、合格批标以及工程合格标准，均应按照设计规定执行。七是灌浆孔灌浆和检查孔检查结束后，应排除孔内积水和污物，采用压力灌浆法或机械压浆法进行封孔，并将孔口抹平。

2.灌浆施工工艺及过程

（1）钻孔的布置

对于钻孔的布置，我们应该遵守以下原则：一是无混凝土盖重固结灌浆。钻孔的布置有规则布孔和随机布孔两组。规则布孔形式有梅花形和方格形两种。二是有混凝土盖重固结灌浆。钻孔布置按方格形和六角形布置。三是固结灌浆孔的特点为"面、群、浅"，即固结灌浆面状布孔、群孔施工、孔深较浅。

（2）固结灌浆钻孔

钻孔方法要考虑孔深情况。固结灌浆孔的深度一般是根据地质条件、大坝的情况以及基础应力的分布等多种条件综合考虑而定的。固结灌浆孔依据深度的不同，可分为以下三类：一是浅孔固结灌浆。该方法是为了普遍加固表层岩石，固结灌浆面积大、范围广，孔深多为5m左右，可采用风钻钻孔，全孔采用一次灌浆法灌浆。二是中深孔固结灌浆。该方法是为了加固基础较深处的软弱破碎带以及基础岩石承受荷载较大的部位。孔深5~15m，可采用大型风钻或其他钻孔方法，孔径多为50~65mm。灌浆方法可视具体地质条件采用全孔一次灌浆或分段灌浆。三是深孔固结灌浆。该方法是在基础岩石深处有破碎带或软弱夹层，裂隙密集且深，而坝又比较高，基础应力也较大的情况下，常需要进行深孔固结灌浆。孔深在15m以上，常用钻机进行钻孔，孔径多为75~91mm，采用分段灌浆法灌浆。

（3）钻孔冲洗

固结灌浆施工，钻孔冲洗十分重要。特别是在地质条件较差、岩石破碎、含有泥质充填物的地带，更应重视这一过程。冲洗的方法主要有两种，即单孔冲洗和群孔冲洗。固结灌浆孔应采用压力水进行裂隙冲洗，直至回水清净时为止；冲洗压力可为灌浆压力的80%。地质条件复杂、多孔串通以及设计对裂隙冲洗有特殊要求时，冲洗方法宜通过现场灌浆试验或由设计确定。

（4）压水试验

固结灌浆孔灌浆前的压水试验应在裂隙冲洗后进行，试验孔数不宜少于总孔数的5%，选用一个压力阶段，压力值可采用该灌浆段灌浆压力的80%（或100%）。在压水的同时，施工人员要注意观测岩石的抬动和岩面集中漏水情况，以便在灌浆时调整浆液浓度和灌浆压力。

（5）灌浆施工

固结灌浆工程量较大，这是筑坝施工中一个必要的工序。固结灌浆施工最好是在基础岩石表面浇筑有混凝土盖板或有一定厚度的混凝土，且在已达到其设计强度的80%后进行。固结灌浆施工的特点是"围、挤、压"，就是首先将灌浆区圈围住，其次在中间插孔灌浆挤密，最后逐序压实，这样易于保证灌浆质量。固结灌浆的施工次序必须遵循逐渐加密的原则。先钻灌第一次序孔，再钻灌第二次序孔，依此类推。这样可以随着各次序孔的施工，及时地检查灌浆效果。

固结灌浆施工以一台灌浆机灌一个孔为宜。在必要时，我们可以考虑将几个吸浆量小的灌浆孔并联灌浆，严禁串联灌浆；并联灌浆的孔数不宜多于4个。固结灌浆宜采用循环灌浆法，施工人员可以根据孔深及岩石完整情况采用一次灌浆法或分段灌浆法。

灌浆压力会直接影响灌浆效果，在可能的情况下，以采用较大的压力为好。但浅孔固结灌浆受地层条件及混凝土盖板强度的限制，往往灌浆压力较低。对于浅孔固结灌浆压力而言，在坝体混凝土浇筑前灌浆时，施工人员可以采用0.2~0.5MPa；浇筑1.5~3m厚混凝土后再灌浆，可采用0.3～0.7MPa。在地质条件差或软弱岩石地区，施工人员还可根据具体情况适当降低灌浆压力。深孔固结灌浆时，各孔段的灌浆压力值可参考帷幕灌浆孔选定压力的方法来确定。在固结灌浆过程中，施工人员要严格控制灌浆压力。循环式灌浆法是通过调节回浆流量来控制灌浆压力的，纯压式灌浆法则是直接调节压入流量。当吸浆量较小时，施工人员可采用"一次升压法"，尽快达到规定的灌浆压力；而在吸浆量较大时，施工人员可采用"分级升压法"，缓慢地升到规定的灌浆压力。在调节压力时，施工人员要注意岩石的抬动，特别是基础岩石的上面已浇筑有混凝土时，更要严格控制抬动，以防止混凝土产生裂缝，破坏大坝的整体性。

灌浆开始时，施工人员一般采用稀浆开始灌注，根据单位吸浆量的变化，逐渐加浓。固结灌浆液浓度的变换比帷幕灌浆简单一些。灌浆开始后，施工人员要尽快将压力升高到规定值，灌注500～600L。单位吸浆量减少不明显时，即可将浓度加大一级。在单位吸浆量很大、压力升不上去的情况下，也应采用限制进浆量的办法。

固结灌浆完成后，我们应当进行灌浆质量和固结效果检查，检查方法和标准应视工程的具体情况和灌浆的目的而定。经检查，不符合要求的地段，根据实地情况，认为有必要时，需加密钻孔，补行灌浆。具体检查方法如下：一是压水试验检查。灌浆结束3～7h后，施工人员应钻进检查孔，进行压水试验检查。采用单点法进行简易压水。当灌浆压力为1～3MPa时，压水试验压力采用1MPa；当灌浆压力小于或等于1MPa时，压水试验压力为灌浆压力的80%。压水检查后，应按规定进行封孔。二是测试孔检查。弹性波速检查、静弹性模量检查应分别在灌浆结束后14h、28h后进行。三是抽样检查。宜对灌浆孔与检查孔的封孔质量进行抽样检查。

（二）帷幕灌浆方法

对于透水性强的基岩，采用灌浆帷幕的防渗效果显著。根据多年实践经验，在透水性较大地段，防渗帷幕常能使坝基幕后扬压力降低到0.5H（H为水头）左右；防渗帷幕再结合排水，则可降低到（0.2～0.3）H；若再采取抽排措施，扬压力将会更小。

1.钻孔

帷幕灌浆孔呈"线、单、深"，即指帷幕灌浆线状布孔、单孔施工、孔深较深的特点。帷幕灌浆孔宜采用回转式钻机和金刚石钻头钻进，钻孔位置与设计位置的偏差不得大于1%。因故变更孔位时，应征得设计部门同意。孔深应符合设计规定，帷幕灌浆孔宜选用较小的孔径，钻孔孔径上下均一、孔壁平直完整；帷幕灌浆孔应进行孔斜测量，发现偏斜超过要求时，施工人员应及时纠正或采取补救措施。钻孔遇有洞穴、塌孔或掉钻而难以钻进时，施工人员可先进行灌浆处理，然后继续钻进。如发现集中漏水，施工人员应查明漏水部位、漏水量和漏水原因，经处理后，再行钻进。钻进结束，等待灌浆或灌浆结束等待钻进时，孔口均应堵盖，妥善保护。

在钻进施工时，施工人员应注意以下事项：一是按照设计要求定好孔位，孔位的偏差一般不宜大于10cm。当遇到难于依照设计要求布置孔位的情况时，应及时与有关部门联系。如允许变更孔位，则应依照新的通知重新布置孔位。在钻孔原始记录中一定要注明新钻孔的孔号和位置，以便分析查用。二是钻进时，要严格按照规定的方向钻进，并采取一切措施保证钻孔方向正确。三是孔径力求均匀，不要忽大忽小，以免灌浆或压水时栓塞塞不严，漏水返浆，造成施工困难。四是在各钻孔中，均要计算岩心采取率。检查孔中，更要注意岩心采取率，并观察岩心裂隙中有无水泥结石及其填充和胶结的情况如何，以便逐序反映灌浆质量和效果。五是检查孔的岩心一般应予保留。保留时间长短由设计单位确定，一般时间不宜过长。灌浆孔的岩心，一般在描述后再行处理，是否要有选择性地保留，应在灌浆技术要求文件中加以说明。六是凡未灌完的孔，在不工作时，一定要把孔顶盖住并保护，以免掉入物件。七是应准确、详细、清楚地填好钻孔记录。

2.钻孔冲洗

（1）洗孔

灌浆前，施工人员必须对灌浆孔段进行钻孔冲洗，孔内沉积厚度不得超过20cm。灌浆前，帷幕灌浆孔段应用压力水冲洗，直至回水清净。冲洗压力可为灌浆压力的80%，该值若大于1MPa，则采用1MPa。洗孔的目的是将残存在孔底岩粉和黏附在孔壁上的岩粉、铁砂碎屑等杂质冲出孔外，以免堵塞裂隙的通道口而影响灌浆质量。钻孔钻到预定的段深并取出岩心后，将钻具下到孔底，用大流量水进行冲洗；直至回水变清，孔内残存杂质沉淀厚度为10～20cm时，结束洗孔。

（2）冲洗

冲刷的目的是冲刷充填在有压力水的岩石缝隙或空洞中的软、风化、泥质充填物，应将充填物推移至需要灌浆处理的范围外，这样裂隙被冲洗干净后，利于浆液流进裂隙并与裂隙接触面胶结，起到防渗和固结的作用。使用压力水冲洗时，在钻孔内一定深度需要放置灌浆塞。冲洗有单孔冲洗和群孔冲洗两种方式。

第一，单孔冲洗仅能冲净钻孔本身和钻孔周围较小范围内裂隙中的填充物，适用于较完整的、裂隙发育程度较轻、充填物情况不严重的岩层。单孔冲洗有以下几种方法：一是高压水冲洗。整个过程在大的压力下进行，以便将裂隙中的充填物向远处推移或压实，但要防止岩层抬动变形。如果渗漏量大，升不起压力，就尽量增大流量，加大流速，增强水流冲刷能力，使之能挟带充填物走得远些。二是高压脉冲冲洗。首先施工人员用高压冲洗，压力为灌浆压力的80%～100%。在连续冲洗5～10min后，孔口压力迅速降到0，形成反向脉冲流，将裂隙中的碎屑带出，回水混浊。当回水变清后，升压用高压冲洗。如此一升一降，反复冲洗，直至回水洁净后，延续10～20min为止。三是扬水冲洗。施工人员将管子下到孔底，上接风管，通入压缩空气，使孔内的水和空气混合。由于混合水体的密度小，孔内的水向上喷出孔外，孔内的碎屑随之喷出孔外。

第二，群孔冲洗是把两个以上的孔组成一组进行冲洗，可以把组内各钻孔之间岩石裂隙中的充填物清除出孔外。该方法主要是使用压缩空气和压力水。在冲洗时，施工人员轮换着向某一个或几个孔内压入气、压力水或汽水混合体，使之由另一个孔或另几个孔出水，直到各孔喷出的水是清水后停止。

3.压水试验

压水试验应该在裂隙冲洗后进行。简易压水试验可在裂隙冲洗后或结合裂隙冲洗进行。压力可为灌浆压力的80%，该值若大于1MPa，则采用1MPa。压水20min，每5min测读一次压入流量，取最后的流量值作为计算流量，其结果以透水率表示。帷幕灌浆采用自下而上分段灌浆法时，先导孔仍应自上而下分段进行压水试验。各次序灌浆孔在灌浆前应进行一次钻孔冲洗和裂隙冲洗。除孔底段外，各灌浆段在灌浆前可以不进行裂隙冲洗和简易压水试验。

4.灌浆施工

（1）灌浆方法的选择

根据浆液灌注流动方式的不同，灌浆方法可以分为纯压式灌浆和循环式灌浆两种。纯压式灌浆浆液全扩散到岩石的裂隙中去，不再返回灌浆桶，适用于裂隙发育而渗透性大的孔段。循环式灌浆浆液在压力作用下进入孔段，一部分进入裂隙扩散，余下的浆液经回浆管路流回到浆液搅拌筒中。循环式灌浆使浆液在孔段中始终保持流动状态，减少浆液中颗粒沉淀，灌浆质量高，国内外大坝岩石地基的灌浆工程大都采用此方法。

根据灌浆孔中灌浆程序的不同，灌浆方法可以分为一次灌浆和分段灌浆两种。一次灌浆用在灌浆深度不大，孔内岩性基本不变，裂隙不大而岩层又比较坚固的情况下，可将孔一次钻完，全孔段一次灌浆。分段灌浆用在灌浆孔深度较大、孔内岩性有一定变化而裂隙又大时，因为裂隙性质不同的岩层需用不同浓度的浆液进行灌浆，而且所用的压力也不同。除此以外，裂隙大则吸浆量大，灌浆泵不易达到冲洗和灌浆所需的压力，从而不能保证灌浆质量。在这种情况下，施工人员可以将灌浆划分为几段，分别采用自下而上或自上而下的方法进行灌浆。灌浆段长度一般保持在5m左右。

自下而上分段灌浆的灌浆孔，可一次钻到设计深度。用灌浆塞按规定段长由下而上依次塞孔、灌浆，直到孔口。该方法允许上段灌浆紧接在下段结束时进行，这样可不用搬动灌浆设备，比较方便。自上而下分段灌浆法施工的灌浆孔只钻到第一孔段深度后即进行该段的冲洗、压水试验和灌浆工作。经过待凝规定时间后，再钻开孔内水泥结石，继续向下钻第二孔段，进行第二孔段的冲洗、压水试验和灌浆工作。如此反复，直至设计深度。该方法的缺点是钻机需多次移动，每次钻孔要多钻一段水泥结石，同时必须等上一段水泥浆凝固后方能进行下一段的工作。该方法的优点如下：一是从第二孔段以下各段灌浆时可避免沿裂隙冒浆；二是不会出现堵塞事故；三是上部岩石经灌浆提高了强度，下段灌浆压力可逐步加大，从而扩大灌浆有效半径，进一步保证了质量；四是可避免孔壁坍塌事故。如果地表岩层比较破碎，下部岩层比较完整，可在一个孔位将上述两种方法混合使用，即上部采用自上而下、下部采用自下而上的方法来进行灌浆。

（2）灌浆材料的选择与浆液浓度的控制

岩石地基的灌浆一般采用水泥灌浆。水泥品种的选择及其质量要求如下：一是对无侵蚀性地下水的岩层，多选用普通硅酸盐水泥；二是如遇有侵蚀性地下水的岩层，以采用抗硫酸盐水泥或矾土水泥为宜；三是水泥的强度等级应大于32.5级。为提高岩基灌浆的早期强度，我国坝基帷幕灌浆一般多用42.5级水泥。对水泥细度的要求为水泥颗粒的粒径要小于1/3岩石裂隙宽度，如此灌浆才易生效。浆液浓度的控制要求如下：一是灌浆用的水泥细度应能保证通过0.08mm孔径，标准筛孔的颗粒质量为85%～90%。二是在灌浆过程中，施工人员必须根据吸浆量的变化情况适时调整浆液的浓度，使岩层的大小裂隙能灌满又不浪费。三是开始时用最稀一级浆液；在灌入一定的浆量没有明显减少时，即改为用浓一级的浆液进行灌注，如此下去，逐级变浓直到结束。

（3）灌浆压力及其控制

灌浆压力通常是指作用在灌浆段中部的压力。确定灌浆压力的原则如下：一是在不致破坏基岩和坝体的前提下，尽可能采用比较高的压力。二是使用较高的压力有利于提高灌浆质量和效果，但是灌浆压力也不能过高；否则，会使裂隙扩大，引起岩层或坝体的抬动变形。三是灌浆压力的大小与孔深、岩层性质和灌浆段上有无压重等因素有关。在实际工程中，由于具体条件千变万化，灌浆压力往往需要通过试验来确定，并在灌浆施工中进一步检验和调整。灌浆的结束条件用两个指标来控制：一个是残余吸浆量，又称最终吸浆量，即灌到最后的限定吸浆量；另一个是闭浆时间，即在残余吸浆量的情况下，保持、设计规定压力的延续时间。国内帷幕灌浆工程中大多规定：在设计规定的压力之下，灌浆孔段的单位吸浆量小于0.2～0.4L/min，延续30～60min以后，就可结束灌浆。

一些工程，由于岩层的细小裂隙过多，在高压作用下，后期吸浆量虽不大，但延续时间很长，仍达不到结束标准，且回浆有逐渐变浓的现象。这就说明受灌的细小裂隙只进水不进浆，或只有细水泥颗粒灌进而粗颗粒灌不进。在这种情况下，或者改变水泥细度，或者经过两次稀释浓浆而仍达不到结束标准，确认只进水不进浆时，再延续10～30min就结束灌浆。

5.回填封孔技术措施

在各孔灌浆完毕后，均应很好地将钻孔严密填实。回填材料多用水泥浆或水泥砂浆。砂的粒径为 1~2mm，砂的掺量一般为水泥的 0.75~2 倍。水灰比为 0.5:1 或 0.6:1。机械回填法是将胶管（或铁管）下到钻孔底部，用泵将砂浆或水泥浆压入，浆液由孔底逐渐上升，将孔内积水顶出，直到孔口冒浆为止。要注意的是，软管下端必须经常保持在浆面以下。人工回填法与机械压浆回填法相同，但因浆液压力较小，封孔质量很难得到保证。

6. 特殊情况的相应处理措施

（1）灌浆中断的处理措施

因机械、管路、仪表等出现故障而造成灌浆中断时，施工人员应尽快排除故障，立即恢复灌浆；否则，应冲洗钻孔，重新灌浆。

在恢复灌浆后，若停止吸浆，施工人员可用高于灌浆压力 0.14MPa 的高压水进行冲洗而后恢复灌浆。

（2）串浆处理措施

相邻两孔段均具备灌浆条件时，可同时灌浆。相邻两孔段有一孔段不具备灌浆条件，首先给被串孔段充满清水，以防水泥浆堵塞凝固，影响未灌浆孔段的灌浆质量；最后用大于孔口管的实心胶塞放在孔口管上，用钻机立轴钻杆压紧。

（3）冒浆处理措施

对于冒浆，处理措施如下：一是混凝土地板面裂缝处冒浆，可暂停灌浆，用清水冲洗干净冒浆处，再用棉纱堵塞；二是冲洗后，用速凝水泥或水泥砂浆捣压封堵，再进行低压、限流、限量灌注。

（4）漏浆处理措施

对于漏浆，处理措施如下：一是浆液沿延伸较远的大裂隙通道渗漏在山体周围，可采取长时间间歇（一般在 24h 以上）待凝灌浆方法灌注；二是若一次不行，再进行二次间歇灌注；三是浆液沿大裂隙通道渗漏，但不渗漏到山体周围，可采用限压、限流与短时间间歇（约 10min）灌浆；四是如达不到要求，可采取长时间间歇待凝，然后限流逐渐升压灌注，一般反复 1~2 次即可达到结束标准。

7. 质量检查

（1）质量评定

灌浆质量的评定，以检查孔压水试验成果为主，结合对竣工资料测试结果的分析进行综合评定。每段压水试验吕荣值（透水率）满足规定要求即为合格。

（2）检查孔位置的布设

一般在岩石破碎、断层、裂隙、溶洞等地质条件复杂的部位，注入量较大的孔段附近，灌浆情况不正常以及经分析资料认为对灌浆质量有影响的部位，检查孔在该部位灌浆结束 3~7h 后就可进行。采用自上而下分段进行压水试验，压水压力为相应段灌浆压力的

80%。检查孔数量为灌浆孔总数的10%，每一个单元至少应布设一个检查孔。

（3）压水试验检查

坝体混凝土和基岩接触段及其下一段的合格率应为100%，以下各段的合格率应在90%以上；不合格段透水率值不超过设计规定值的10%且不集中，灌浆质量可认为合格。

第二节　水利水电高压喷射灌浆施工技术

近年来，我国经济的快速发展，各类基础建设项目得以不断增加。水利水电工程作为基础建设的重要项目之一，对于国民经济的发展发挥着非常重要的作用。因此，在水利水电工程施工过程中，我们必须充分地利用现代化的施工技术，从而确保工程质量的提升。目前，在水利水电工程灌浆法施工中，施工单位通常采用高压喷射灌浆技术来进行施工，为水利水电工程施工质量的提升提供了良好的技术支撑。在本节中，笔者将从高压喷射灌浆技术及其意义入手，对高压喷射灌浆施工技术的要点和施工工艺进行了分析，并进一步对水利工程高压喷射灌浆施工的质量控制进行了具体的阐述。

一、高压喷射灌浆的施工方法

高压喷射灌浆施工技术始于20世纪80年代，并在我国水利行业得到广泛推广应用，目前常常用于覆盖层地基和全、强风化基岩的防渗及加固处理。常规高压喷射灌浆的工作原理如下：一是先利用钻机造孔，再把带有喷头的灌浆管下至地基预定位置，然后利用高压设备把30～50MPa的高压射流从特制喷嘴中喷射出，以冲击、切割土体。当能量大、速度高、呈脉动状态的射流动压超过土体的强度时，土粒便从土体上剥落下来，一部分细小的土粒随浆液冒出地面，简称冒浆。二是其余土粒在射流的作用下，与同时灌入的浆液混合，在地基中形成质地均匀、密实连续的板墙或柱桩等凝结体，从而达到防渗和加固地基的目的。高压喷射灌浆按喷射方式可分为三种，即旋（转）喷、定（向）喷、摆（动）喷。不同的喷射方式所形成的凝结体的形状也不同。高压喷射灌浆按施工方法可分为四种，即单管法、二管法、三管法和多管法等。

（一）单管法

单管法是利用高压泥浆泵装置，以20MPa左右的压力，把浆液从喷嘴中喷射出去，以冲击破坏土体，同时借助注浆管的旋转和提升，使浆液与土体上崩落下来的土粒搅拌混合，经过一定时间的凝固，便在地基中形成圆柱状凝结体；也可改变喷射方式形成板墙状凝结体。桩径一般为0.5~0.9m，板状体单侧长度为1.0~2.0m。

（二）二管法

二管法是利用双通道的注浆管，通过在底部侧面的同轴双重喷嘴，同时喷射出高压浆液和压缩空气，使两种介质射流冲击破坏土体。内喷嘴中的浆液喷射压力一般为10~25MPa，外圈环绕的高压气流压力为0.7~0.8MPa。在两种介质的共同作用下，破坏土体的能量显著增大。与单管法相比，在相同条件下，二管法形成的凝结体的直径和长度可增加1倍左右，凝结体形状也可由喷射方式的不同而改变。

（三）三管法

三管法是使用分别输送水、气、浆三种介质的三管（或三重管）注浆管，在压力达30~50MPa的超高压水喷射流周围，环绕一股压力为0.7~0.8MPa的圆筒状气流，利用水、气同轴喷射冲切土体，再由泥浆泵注入压力为0.2~0.7MPa、浆量为70~100L/min的稠浆进行充填。浆液比重为1.6~1.8，多用水泥浆或黏土水泥浆。由于高压水泵可使用较高的压力，因此其形成的凝结体较前两种方法的几何尺寸都要大。

（四）多管法

多管法须先在地面上钻设一个导孔，然后置入多重管，用超高压水射流逐渐向下运动旋转，切削破坏四周的土体，经高压水冲切下来的土石，随着泥浆用真空泵立即从多重管中抽出。如此反复地抽，便可在地层中形成一个较大的空间。装在喷嘴附近的超声波传感器可及时测出空间的直径和形状，最后根据需要选用浆液、砂浆、砾石等材料填充，于是在地层中形成较大直径的柱状凝结体。在砂性土中最大直径可达4m。此法属于用浆液等充填材料全部充填空间的全置换法。高压喷射灌浆的施工质量、工效和造价，不仅受工程类型、喷射方式、地质地层条件等的影响，更重要的是取决于工艺技术参数。其主要参数有：一是高压射流压力。高压射流压力是指高压水和高压浆液的压力，是产生破坏力的主要因素。压力越大，其冲切破坏效果越好；国内高压喷射灌浆使用的喷射压力一般为20~50MPa。在选用压力时，施工人员应该根据地层结构的强弱情况、孔距、设备状况及喷射方式等综合考虑。二是提升速度与旋转速度。提升速度与旋转速度是决定射流冲击切割地层时间长短的两大因素，二者的配合至关重要，一般控制在每旋转一周提升0.5~1.25cm。如果是定喷，则提升速度仅根据孔距及地层情况选取。三是其他参数。其他参数，如介质流量与喷嘴直径等，与喷射压力密切相关。一般来说，流量越大，压力也越大；喷嘴直径越小，压力也越大。浆液流量与压力应根据地层孔隙及渗透性合理选用。

综上所述，在工程实践中，高压喷射灌浆技术在不断地改进和创新。例如，在初期的单管法、二重管法和三重管法的基础上，开发了新二管法和新三管法。新二管法提高了压缩空气的压力，新三管法则以高压水和高压浆两次切割地层。除此之外，还开发了能减少钻孔和喷射灌浆两道工序之间间隔时间的"钻喷一体化"和"振孔高喷"工艺，以加快高压喷射灌浆施工的进度。

二、高压喷射灌浆技术在王甫洲水利枢纽工程中的具体应用

王甫洲水利枢纽位于丹江口水库下游约30km，是汉江中下游衔接丹江口水利枢纽的第一个梯级水电站，具有发电和航运的综合效益。工程主要建筑物包括泄水闸、电站厂房、船闸、混凝土重力坝、主河床土石坝、谷城土石坝及老河道围堤等，枢纽布置轴线总长18228.71m。根据该水利枢纽的土石坝及围堰等建筑物的性质及地形、地质条件，分别采用了高压喷射灌浆、固化灰浆防渗墙及土工膜等多种防渗技术。由于王甫洲工程坝址覆盖层厚5～15m，主要为砂土及砂砾石，因此采用高压喷射灌浆技术主要存在两个问题：一个是成孔问题，即如何快速形成下置喷射管的孔洞；另一个是成墙问题，即在砾卵石层是否能形成大面积连续的防渗体。

（一）造孔试验

在高压喷射灌浆成孔工艺中，施工人员通常采用传统的回转钻机造孔，但由于王甫洲工程覆盖层砂卵石的石英含量较多，砂卵石硬度较大，因此导致造孔困难和塌孔的现象较普遍。针对地层构造特性，项目的相关研究人员先后进行了以下几种成孔方法的试验：一是回转钻机造孔；二是振动造孔；三是冲击造孔。这三种试验方法的试验特性显示如下：一是回转钻机造孔的钻孔工效为10m/24h，每孔损耗钻头2～6个，可有效深入黏土质隔水层，但成孔慢，损耗大；二是振动造孔钻孔工效为10m/（2～5）h，损耗材料少，成孔快，但较难深入黏土质隔水层；三是冲击造孔钻孔工效为10m/（6～8）h，损耗材料少，成孔较快，但较难深入黏土质隔水层。

（二）成墙的分析

在砾卵石地层中，施工人员采用高压喷射灌浆施工经常会遇到造孔困难的问题。在王甫洲枢纽围堰基础的地层中，大的卵石粒径为200～250mm，在施工中，高速水流一碰到卵石就会产生反射，从而可能导致在卵石层因漏喷而产生渗漏通道。为此，项目的相关研究人员专门对砂卵石地层的高压喷射灌浆成墙的作用机理进行了试验和分析论证。通过试验发现，对于大粒径卵石或少量漂石地层来说，由于射流的冲切搅掺，在强大的冲击震动力作用下，大粒径卵石产生下沉位移，导致大粒径卵石被浆液包裹，而并不像所推测的

那样会出现大粒径卵石背面漏喷现象。因此，在砾卵石甚至漂卵石地层中采用高压喷射灌浆施工技术，关键是通过高压射流使大粒径卵石位移置换而使其被包裹充填，并形成连续墙。试验验证和检测显示，将高喷施工技术运用于王甫洲砾卵石地层的防渗处理，在其作用机理上是可行的。

（三）应用实践

根据王甫洲枢纽围堰工程的实际情况，我们需要在砾卵石地层中大规模采用高压喷射灌浆防渗处理。为此，除在泄水闸右岸纵向围堰、电厂区上游和下游横向围堰等三个重点部位采用固化灰浆防渗墙外，其余部位均选择高压喷射灌浆防渗处理，总防渗面积为3.25万m²。在高压喷射灌浆施工中，施工人员采用了单管旋喷、二重管摆喷、三重管摆喷等多种工艺。

三、三峡三期土石围堰防渗墙施工工艺

（一）工程施工工艺相关情况

三峡水利枢纽工程采用"三期导流，明渠通航"的施工导流方案。该工程的主要施工项目是：首先在导流明渠内进行三期截流，接着施工三期上、下游土石围堰，其次在其保护下浇筑三期碾压混凝土围堰，最后在三期碾压混凝土围堰、三期下游土石围堰和混凝土纵向围堰围护下修建右岸厂房坝段、右岸电站厂房及右岸非溢流坝。

三期上游土石围堰为Ⅳ级临时建筑物，围堰轴线呈直线布置，防渗轴线全长400.98m。设计要求防渗体采用单排高压旋喷灌浆，上接土工合成材料心墙，下接水泥灌浆帷幕；高喷墙厚为0.8m，最大墙深为35.5m。防渗轴线上、下游5m范围内，地层情况自上而下为回填风化砂层、全风化层、强风化层及弱风化层。三期下游土石围堰为Ⅱ级临时建筑物，围堰轴线呈折线布置，防渗轴线全长426.35m。设计要求防渗体采用双排高压旋喷灌浆，上接土工合成材料心墙，下接水泥灌浆帷幕；高喷墙厚1.0m，最大墙深28.0m。防渗轴线上、下游5m范围内，地层情况自上而下为回填风化砂层、强风化层及弱风化层。

显然，根据设计要求，三峡三期上、下游土石围堰都采用高压旋喷墙为防渗体的主要结构形式，其主要施工特点如下：一是上、下游土石围堰防渗墙施工总面积达2.03万m²，而施工工期仅为40天左右，工期紧、强度高，预计最大日施工强度达1000m²以上；其施工强度超过了之前在王甫洲工程创造的4个月时间完成3.25万平方米高喷墙施工的国内纪录。二是高压旋喷墙的造孔深度大，上游土石围堰的最大孔深达35.5m，且对造孔孔斜的精度要求高，要求孔底偏斜率小于1%，施工难度大。三是高喷墙的施工紧随围堰填筑施

工进行，回填风化砂层尚未完全沉降固结，存在沉陷、易塌孔、成孔困难等问题，同时右岸护坡、护底的混凝土厚度为1~1.5m，对高喷造孔有一定影响。四是高喷墙施工平台只能根据围堰施工情况逐步提供，由右向左推进，施工进度受到围堰填筑进程的制约。五是高喷防渗墙左、右接头部位，上游围堰高喷墙由单排增至3排，下游围堰高喷墙由双排增至6排；相应增大了工程量，且左接头段施工场地狭窄，提供部位的时间较迟，进一步导致施工强度增大。六是鉴于三期上、下游土石围堰防渗墙施工存在强度高、难度大等问题，优选施工工艺就成为工程成败的关键举措。为此，施工单位对以高喷灌浆为主的多种防渗墙施工工艺进行了调研、试验及方案论证工作，在此基础上进行科学决策，选择了常规钻孔高喷、振孔高喷、钻喷一体化及自凝灰浆等四种施工工艺，并进行了成功应用，确保了三峡三期土石围堰按期、高质量完成。

（二）各种施工工艺的分析与比较

1.振孔高喷工艺

目前，振孔高喷是国内较为先进的防渗墙施工工艺，也是三峡三期土石围堰工程招标文件中重点推荐的施工工艺。其工艺过程如下：首先用大功率的振动锤将整根高喷管快速送至设计深度，最后边旋转喷射浆液，边提升高喷管到孔口。完成一个孔的灌浆施工后，再将设备移到相邻孔位，不分序地进行下一孔的高喷施工。

振孔高喷工艺的主要优点如下：下管速度快，在三峡抛填花岗岩风化砂中，下管速度为2~10m/min，且施工过程中不需接、卸喷管，可连续施工，不分序，不待凝，不怕塌孔，不担心串浆，既可保证墙体的连续性和完整性，又可提高总体施工效率。

振孔高喷工艺主要存在以下问题：一是在基岩部位的送管速度慢；二是入岩深度不宜过大；三是成墙深度难以超过25m，且施工设备社会存有量较少。应用分析：振孔高喷工艺适用于孔深小于25m地段防渗体的快速施工。施工人员可考虑采用适量的振孔高喷设备，配合其他工艺共同完成三期围堰防渗墙工程。

2.常规钻孔高喷工艺

常规高喷是较为成熟的基础处理施工工艺，在国内外防渗工程中得到广泛应用。三峡三期土石围堰防渗墙工程拟采用的是常规新二管法高压旋喷灌浆工艺，其工艺过程如下：先用岩芯钻机钻孔，成孔后在孔内下入高喷管，以大于30MPa的高压进行高喷灌浆。为确保钻孔孔壁的稳定，常分2~3序进行施工。

常规钻孔高喷工艺的施工优点如下：一是工程实例多；二是技术成熟；三是高喷深度大；四是成墙质量好；五是设备的社会存有量大。常规钻孔高喷工艺存在以下问题：在水下抛填风化砂中钻进易塌孔，高喷时易串浆，需分2~3序施工，综合效率低，工期长。应用分析：可与振孔高喷、钻喷一体化等工艺配合，承担深度较大地段的高喷灌浆施工。

3.钻喷一体化高喷工艺

钻喷一体化是在常规高喷的基础上，将钻机与高喷机合二为一，进行高喷施工的工艺。该方法具体工艺过程如下：用钻喷机将钻杆（即高喷管）回转钻进至预定深度，然后边上提钻杆边进行高喷灌浆，需分序施工。

钻喷一体化高喷工艺的优点如下：钻孔速度快，成孔深度较大，钻喷一体设备不移位，辅助作业时间少，成墙效率高，可克服塌孔串浆等故障。

钻喷一体化高喷工艺主要存在的问题如下：设备数量、型号均有限，国内的工程实例少，需研究有关设备和技术标准。

应用分析：可与振孔高喷、常规高喷等工艺配合完成防渗墙施工任务。

4.自凝灰浆防渗墙施工工艺

自凝灰浆防渗墙施工技术的工艺过程如下：先用抓斗和旋挖钻机在风化砂中成槽，基岩部分则用挖凿、抓斗成槽（孔）；在开挖过程中向槽中注入自凝灰浆，灰浆逐渐与地层中砂土混合凝结成墙。

自凝灰浆防渗墙施工工艺的主要优点如下：施工速度快，造价较低，主要施工设备（抓斗）的社会持有量大，且成墙为柔性材料，能适应堰体变形，防渗效果好。自凝灰浆防渗墙施工工艺主要存在以下问题：国内工程实例少，施工经验较缺乏。应用分析：若嵌岩深度满足设计要求，则可在三期围堰防渗墙施工中应用。

（三）现场试验

为了论证各种施工工艺及材料对三峡三期围堰防渗墙工程的适用性，以及论证各种施工工艺能否满足高强度、高精度的施工要求，并取得最优施工参数；施工单位在防渗墙工程正式施工前，在模拟试验场地进行了振孔高喷为主、常规高喷为辅、钻喷一体化和自凝灰浆防渗墙为技术储备的四种工艺现场试验。试验内容主要包括钻孔、喷浆、机具性能、材料配比、工艺流程、工效等。现场试验较全面地获得了各种工艺的成果参数。其中，振孔高喷工艺进行了单旋喷孔、连续墙施工旋喷孔等两种类型孔的高喷试验。通过挖桩检查，桩径最小为1.1m，墙体连续性好，墙厚可达1.0m，孔斜≤1%。常规高喷工艺进行了单旋孔、套接孔和墙体埋灌浆管的试验。通过挖桩检查，桩径最小为1.2m，搭接厚度大于51cm，墙厚可达1.0m，孔斜≤1%。钻喷一体化工艺进行了单管法单旋孔和双管法套接孔的试验。通过挖桩检查，单管法桩径较小，双管法连体桩墙厚为1.93～2.14m，孔斜精度满足设计要求。自凝灰浆防渗墙工艺则是在室内配合比试验的基础上进行现场试验，通过开挖检查，墙体厚度可满足0.8m及1.0m的要求，强度接近R2s≥0.5MPa，需再继续试验，以满足R2s≥0.5MPa的设计要求。

专家组对试验结果评审后得出下列结论：四种施工工艺均可用于三期土石围堰防渗墙

施工。其中，上游围堰宜采用"自凝灰浆+常规高喷+钻喷一体化"的施工方案；下游围堰宜采用"振孔高喷+常规高喷"的施工方案。上游土石围堰右侧非龙口段及部分深墙段布置自凝灰浆成墙工艺，施工轴线长度为170m；右接头与导流明渠混凝土斜坡相接，布置入岩效果较好的常规高喷工艺。围堰左侧部分深墙段、龙口段及左岸接头区布置常规高喷和钻喷一体化，施工轴线长246.78m；考虑钻喷一体化为新工艺，因此将其布置在常规高喷工艺中间，便于出现问题时由两侧补救。由于下游土石围堰高喷墙设计为双排孔，因此常规高喷设备分排分序施工移动耗时多。为充分发挥振孔高喷工艺施工速度快的优点，并结合其施工深度有限的特点，在围堰右侧浅墙区布置振孔高喷工艺，施工轴线长度为211.8m；围堰右侧深墙区及左、右接头区均采用常规高喷工艺。

（四）施工设备的配置

根据施工方案所确定的工艺组合及试验所得的工效参数，上游围堰配备：两个自凝灰浆机组，包括两台抓斗、两台挖掘机和四个7t的重锤；六个常规高喷机组，包括六台高喷台车和十二台地质钻机；两个钻喷一体化机组，包括两套一体化机具。下游围堰配备：三个振孔高喷机组，包括三套振孔高喷机具；十二个常规高喷机组，包括十二台高喷台车和二十四台地质钻机。

（五）质量分析

通过对防渗墙进行墙体钻孔检查和墙体注水试验，钻孔取芯的芯样获得率可达91.4%；注水试验测得最大渗透系数为1.16×10^{-5}cm，满足设计值K20≤1×10^{-5}cm的要求。三期土石围堰防渗工程完工后，经抽水检验，围堰的最大渗漏量为350L/h，满足设计要求，证明墙体质量优良。实践分析结果如下：一是三峡三期土石围堰防渗墙施工所选择的成墙工艺实用有效，施工方案正确合理；二是四种成墙工艺在施工中各显神通，成墙质量好，施工速度快，为三峡工程三期基坑提前闭气抽水及RCC围堰的尽早施工创造了良好条件。

第三节　水利水电膏状浆液灌浆及沉井施工技术

一、膏状浆液灌浆技术概念与应用

（一）膏状浆液灌浆技术的概念

膏状浆液是一种牙膏状的浆液，在外力的挤压作用下可以流动，而没有外力时仅靠自重作用不会流动。在《水工建筑物水泥灌浆施工技术规范》中，膏状浆液定义如下：塑性屈服强度大于20Pa的混合浆液。膏状浆液又称高稳定性浆液。普通浆液流动度大，易流失，在灌注堆石体、大溶洞等大孔隙地层时，材料消耗量大，膏状浆液灌浆对大空隙地层、高流速地下水的不利条件具有良好的适应性和可控制性，水玻璃系浆材则对细颗粒地层具有良好的可灌性。使用膏状浆液辅以水玻璃系浆液灌浆，在既有块石架空又有细颗粒沉积的复杂地层中可取得良好的防渗效果。因此，膏状浆液适用于大孔隙地层等复杂地层的灌浆施工。

（二）膏状浆液灌浆技术在小湾水电站中的应用

小湾水电站位于澜沧江中游河段，该工程以发电为主，兼有防洪、灌溉、拦沙及航运等综合效益，水库库容为149亿立方米。小湾工程的上游围堰为土工膜心墙堆石围堰，最大高度为60m，堰基防渗工程轴线长140m，防渗面积为4 500m²，最大深度达48.52m；下游围堰也为土工膜心墙堆石围堰，最大高度为31m。堰基防渗工程轴线长度设计为150.56m，防渗面积约3674m²，平均深度34m，最大施工深度50.4m。基岩为黑云花岗片麻岩；覆盖层厚为17～25m，主要为卵砾石夹漂石。两岸坡地有第四系坡积、崩积物，碎石质砂壤土夹块石漂石，上部有两岸公路和削坡施工时滑落的大块石，块石最大直径达8m。围堰防洪标准为抵御20年一遇的洪水，运行3～4年。堰基防渗工程工期为3～3.5个月。

由于小湾水电站围堰堰基防渗工程具有地质条件复杂、防渗要求高、施工难度大、工期短的特点，因此经过对多种方案进行比选，相关研究人员初步确定了上游围堰堰基采用混凝土防渗墙，下游围堰堰基采用可控浆液灌浆与高喷灌浆相结合（上灌下喷）的综合防渗方案。可控浆液是一种水泥，即水玻璃浆液。上灌下喷综合防渗方案是在堰基的上部块石架空堆积地层采用可控浆液灌浆，下部原河床及台地冲积坡积层采用高压喷射灌浆，二者上下衔接，形成封闭防渗帷幕或连续墙体。但经试验证明，这种方案达不到工程要求的防渗标准，后决定将下游围堰改为膏状浆液灌浆的防渗方案。该方案是以膏状浆液针对块石架空地层的灌浆为主，水玻璃系浆材针对细颗粒地层的灌浆为辅的防渗帷幕灌浆方案。

1.膏状浆液灌浆试验

对于膏状浆液灌浆试验，相关研究人员共布置了三排孔，包括十三个灌浆孔和两个检查孔，排距为1m，孔距为1.2m。两边排孔灌注膏状浆液，中间排孔部分灌注水玻璃系浆液。

2.膏状浆液灌浆施工

通过试验，相关研究人员最终确定小湾围堰堰基的防渗方案，具体内容如下：一是上游围堰采用混凝土防渗墙，下游围堰采用膏状浆液灌浆防渗帷幕，灌浆孔分3排布置，排距为1.0m，孔距为1.2m。二是上、下游排孔灌注膏状浆液，中间排孔遇砂层时灌注水玻璃系浆液，钻灌工程量约13030m，最大灌浆深度为50m，入岩深度为5m。三是上下游围堰堰基防渗工程全面施工。由于上游围堰堰基覆盖层厚度比预计要深、要复杂，使混凝土防渗墙施工速度不能满足工期要求，因此后将右岸覆盖层较深的长43m段改为膏状浆液灌浆，布置5排孔，排距1.5m，边排孔距2m，次边排孔距1.5m，中间排孔距1.2m，中间排孔灌注水玻璃系浆液。四是小湾围堰膏状浆液灌浆采用XY-2型和SGZ-Ⅲ型地质钻机和金刚石钻头钻孔，3SNS200/10型灌浆泵灌浆，灌浆方法为孔口封闭法。五是灌浆段长1~4m，灌浆压力为0.5~2.0MPa。六是在施工过程中，上、下游排灌浆孔及堆石层采用膏状浆液灌注，第2、4排灌浆孔根据灌前压水试验情况酌情采用较稀浆液灌注。七是中间排灌浆孔遇回填土层、冲积砂层进行水玻璃系浆液灌浆。八是膏状浆液采用32.5级普通硅酸盐水泥和膨润土或当地黏土及外加剂拌制而成，膨润土加入量为水泥质量的7%，水固比为0.45，浆液密度达到1.86g/cm³。

小湾下游围堰防渗帷幕灌浆的上游围堰防渗墙段及墙底灌浆全部实现了预定的工期目标。围堰灌浆工程完成以后，通过布设检查孔采取岩芯、进行压（注）水试验、进行声波测试等多种方式，对防渗帷幕工程的质量进行全面检查。压水试验透水率合格率为90%以上，个别透水率偏大的试段主要分布在上部，随后都进行了有效的处理；其他各项检查结果也都符合设计要求。

二、沉井施工技术的概念与应用

（一）沉井施工技术方法的概念

沉井施工技术是一种应用范围很广的地基加固施工技术，广泛用于各类地下构筑物、设备基础、桥梁的墩台、取排水构筑物以及船坞首等工程；在水利水电工程中，沉井施工技术还用于泄洪闸消力池和围堰基础的加固。向家坝水电站大型沉井群成功的下沉到位，标志着沉井施工技术已经发展到一个新的水平。沉井是一种井筒状的结构物，通常为钢筋混凝土结构，其施工原理是从井内挖土、依靠自重克服井壁与外侧土体的摩阻力，下沉到设计标高，然后采用混凝土封底并填塞井孔，使其成为建筑物的基础。由于沉井基础埋置深度大（为30～50m）、整体性强、稳定性好、有较大的承载面积，因此能承受较大的垂直载荷和水平载荷。沉井既是基础，又可作为施工时的挡土和挡水的围堰结构物。沉井施工的主要工序包括沉井制作、沉井下沉、沉井封底等。

1.沉井的制作

沉井通常较深，一般采用分节制作。每节高度不宜超过沉井的短边或直径的尺寸，一般为3～6m，最高不超过12m。特殊情况下允许加高，但要有可靠的计算数据并采取必要的技术措施，不致失稳发生。沉井通常是在原位制作，制作第一节刃脚时，按刃脚下的支垫形式，分为有垫木施工法和无垫木施工法。有垫木施工法是首先在沉井刃脚施工场地铺设一定厚度的砂垫层，并在砂垫层上对称地铺设枕木，其次在垫木之间填实砂土，最后按照设计的尺寸立模并浇筑混凝土。枕木数量、砂垫层厚度由计算确定。对于小型沉井施工，有垫木施工法是较常用的施工方法。无垫木施工法是在砂垫层上浇筑一层混凝土垫层，以代替枕木。混凝土垫层位于刃脚的下方，其作用是保证沉井在制作过程中和开始下沉时处于垂直方向。砂垫层厚度和混凝土垫层都是由计算来确定的。无垫木施工法多用于大型沉井施工。

2.沉井的下沉

沉井下沉就是通过在沉井内用机械或人工的方法均匀除土，以消除或减小沉井刃脚处土的正面阻力，有时也采用减小井壁与外侧土体的摩阻力的方法，使沉井依靠自身的重量，逐渐地从地面沉入地下。其下沉施工方法有排水下沉、不排水下沉或中心岛式下沉等。究竟采取什么样的下沉施工方法，施工人员要根据沉井所处的位置和沉井穿过土层的情况来决定。对于深度较深、平面尺寸较大的沉井，在下沉后期，沉井外壁的摩阻力将增大很多，或者因沉井井壁较薄、自重较轻，造成沉井下沉困难，甚至可能沉不下去。因此，在设计和制作沉井前，施工人员应该采取在井壁外侧设置泥浆润滑套等措施，帮助沉井下沉到位。

3.沉井的封底

当沉井下沉至设计标高后，经沉降观测，其沉降率在允许范围内，即8小时内沉井自沉累计不大于10mm时，进行沉井封底施工。沉井封底有排水法封底（干封底）和不排水法封底（水下封底）两种施工方法。若采用排水法封底，施工人员通常可采用分格浇筑混凝土法；在浇筑混凝土前，应在井底设置集水井和排水沟，以便在施工过程中排水。若采用不排水法封底，则在浇筑混凝土前，施工人员应先清除井格中的泥渣，再清除与混凝土所有接触部位的泥渣。浇筑水下混凝土需确保连续不断地供应混凝土，当水下混凝土强度满足设计要求后方可抽水。

（二）沉井施工技术在向家坝水电站大型沉井群施工应用

向家坝水电站位于四川省与云南省交界处的金沙江下游河段，坝址距宜宾市33km。该工程以发电为主，同时兼有改善航运条件、防洪、灌溉、拦沙等综合效益。向家坝水电站大坝基础的地质条件比较复杂，采用了多种地基处理方法。相邻井间距为2m。每个沉井内分6格，井格净空平面尺寸为5.2m×5.6m，外墙厚2m，隔墙厚1.6m。沉井设计下沉最浅43m，最深达57.2m，最大入岩深度为7m。沉井群前期作为挡土墙及纵向围堰堰基进行二期基坑开挖，之后作为二期围堰的一部分，有利于解决堰基覆盖层的处理及二期工程施工的矛盾。向家坝沉井群是目前国内最大规模的沉井群。向家坝工程沉井群施工的主要特点如下：降水问题复杂、施工规模大、施工工期紧、技术风险高、施工组织难度大。

1.主要施工程序

根据向家坝工程的地质情况和沉井群的特点，相关人员安排10个沉井同时制作、同时排水下沉。由于9号沉井下沉的深度最大，因此作为先导井最先下沉。总的施工程序如下：一是施工9号沉井；二是接着施工1、5、3、7号单号沉井；三是施工10、8、6、4、2号双号沉井。

2.沉井垫层施工

垫层混凝土施工工序主要有基槽开挖、基槽碾压处理、浇筑混凝土垫层。施工人员首先将原地面整平，高程控制在268m，先测量放样，定出每个沉井的平面位置。基槽及隔墙部位用压路机碾压8遍，碾压后地基承载力要达到设计要求；基槽碾压处理完成后立模浇筑垫层混凝土，垫层顶面应保持在同一水平面上，用水平仪控制其标高差在10m以内，在垫层上测量放出每个沉井的位置，砌筑砖墩，砖墩之间用袋装砂填实，然后安装制作好的钢刃脚，钢刃脚与垫层之间的空隙用砂填实。

3.沉井制作

沉井钢筋集中在钢筋加工车间下料、加工，加工好的半成品钢筋用汽车运到现场后，由塔吊吊至沉井处进行绑扎，竖向钢筋接头采用等强度墩粗直螺纹接头。沉井模板采用滑模施工工艺，每个沉井配备一套模板。滑模施工与钢筋施工应协调进行，尽量减小互相影响。

门架顶以上不得先安装沉井水平钢筋，以避免滑模升高时被水平筋阻挡。为减少滑升时模板与混凝土间的摩擦阻力，便于混凝土脱模，模板安装后，内、外模板应形成上口小、下口大的倾斜度，内模单面的倾斜度取0.2%～0.5%，以模板上口以下2/3模板高度的净间距作为结构截面的宽度。模板的滑升速度与混凝土出模强度有关,规范规定混凝土出模强度宜控制在0.2~0.4MPa,约需2小时。根据公式计算的滑升速度为0.3m/h,考虑综合影响因素后,滑升速度取0.15m/h。沉井混凝土采用泵送混凝土施工方式,混凝土级配为二级配,坍落度为16~18cm。混凝土拌和物由混凝土搅拌车运送到沉井施工现场,再由输送泵车配布料杆入仓,下料高度控制在2m以内。混凝土采用平浇法浇筑,每层厚度为30cm;浇筑时一般从沉井的长边中部对称浇筑,浇筑完一层后再从前一层的起点开始浇筑。为避免不均匀沉陷和模板变形,四周混凝土高差不应大于混凝土分层厚度。采用$\phi 70$的振捣棒振捣。采用洒水养护,养护时间为7天左右。

4.沉井下沉

沉井下沉采用的是排水下沉施工法,即在井外将地下水降至开挖面以下,小型反铲在井内挖掘渣土,装入1.5m³吊斗,然后用安装在沉井顶部的门式起重机将渣土吊运出沉井,井外装载机配合装车,自卸车外运弃渣。

排水下沉时,每个沉井内除了配置反铲、吊斗、1套高压水枪外,还配置了砂石泵等强排水设备。强排水设备的作用一方面是排除井内的地下水,保证挖掘机能够干施工;另一方面,在刃脚开挖过程中,可采取高压水冲挖、泵吸的方式配合开挖、下沉。沉井完全穿越砂砾石层时,重点注意沉井下土层状况,进行分层、对称开挖,防止沉井突沉。开挖时要保持"锅底"形状,"锅底"深度控制在1.5m左右;开挖"锅底"时,每层开挖厚度为30cm左右。开挖从中间开始向四周逐渐展开,并始终均衡对称地进行,每层挖土厚度为0.2~0.3m。刃脚处留1.2~1.5m宽的土垅,用人工逐层全面、对称、均匀地削薄土层,每人负责2~3m一段。方法是:按顺序分层逐渐往刃脚方向削薄土层,每次削5~15cm。当土垅挡不住刃脚的挤压而破裂时,沉井便在自重作用下破土下沉。削土时,应沿刃脚方向全面、均匀、对称地进行,使沉井均匀、平衡下沉。在沉井下沉过程中,如遇到块石,且当土垅削至刃脚,沉井仍不下沉或下沉不平稳时,按平面布置分段的次序,逐段对称地将刃脚下掏空,并挖出刃脚外壁10cm,每段挖完后用小卵石填满夯实。待全部掏空回填后,再分层刷掉回填的小卵石,使沉井因均匀地减少承压面而平衡下沉。如遇到较大块石,则采取控制爆破措施,将大块石破碎后吊运出沉井。

5.封底施工

封底施工,施工人员首先进行底面整理,使之呈锅底形,自刃脚向中心挖放射形排水沟,做成滤水暗沟;在中部设2个集水井,井深1~2m,插入直径0.6~0.8m;井筒为有孔的混凝土或钢套管,四周填卵石,使井中的水都汇集到集水井中,用潜水泵排出,保持地下水位低于井底面30~50cm。然后将刃脚混凝土凿毛处洗刷干净,浇筑一层4m厚的防水混凝土底板。浇筑应在整个沉井面积上分层由四周向中央进行,每层厚30~40cm,并捣固密实。混凝土养护时间为14天。在养护期间,在封底的集水井中应不间断地抽水。待底板混凝土达到70%设计强度后，对集水井逐个停止抽水，逐个进行封堵。具体方法是：在抽除井筒水后，立即向滤水井管中灌入C30早强干硬性混凝土捣实，再在上面浇筑一层混凝土。

6.填芯混凝土施工

封底混凝土浇筑完毕后便可开始C10填芯混凝土施工。填芯混凝土为大体积施工，施工人员要根据大体积混凝土要求设计配合比，同时在施工时要控制每次混凝土的浇筑量，并采取间隔施工法施工，即6个格仓间隔浇筑，每次浇筑4m高，层与层间隔一天进行浇筑。混凝土层间水平结合面采用高压水枪冲毛处理即可满足要求，回填混凝土与井壁间可采用泡沫板分缝处理。除此以外，为防止混凝土在施工过程中混凝土离析，拟采用真空溜管来辅助填芯混凝土的施工。

综上所述，向家坝水电站大型沉井群成功下沉到位，其主要的成功经验如下：采用了先导井法、科学合理的降水方案、对称取土均匀下沉等施工方法，确保了沉井的顺利下沉。除此以外，采用滑模施工工艺在沉井施工中也发挥了重要作用。

第三章　水利水电混凝土工程施工

Chapter 3

第一节　水利水电混凝土的施工工艺

一、混凝土的制备工艺

混凝土拌制是根据混凝土配合比设计要求，将其各组成材料（外加剂及掺合料等）拌和成均匀的混凝土料，以满足浇筑的需求。

（一）混凝土配料

混凝土的制备过程包括贮存材料、喂料、配料和拌和。配料根据混凝土的配合比要求，称准每次拌和的各种材料用量。配料的准确性直接影响混凝土的质量。混凝土配料需要采用重量配料法，即将砂石、水泥、掺合料按重量，水和掺合料按重量与体积共同计量。施工规范对配料精度（按重量百分比计）的要求是：水泥、掺合料、水、外加剂溶液为 $\pm 1\%$，砂石料为 $\pm 2\%$。设计配合比中的加水量根据水灰比计算确定，并以饱和面干状态的砂子为标准。由于水灰比对混凝土强度和耐久性影响极为重大，绝不能任意变更。施工采用的砂子，其含水量又往往较高；在配料时采用的加水量，应扣除砂子表面水量及外加剂中的水量。

1.给料设备

给料是将混凝土的各个组成部分按要求供到称料料斗。给料设备的工作机构常与称量设备相连，当需要给料时，控制电路开通，进行给料；当计量达到要求时，即断电停止给料。常用的给料设备有皮带给料机、电磁振动给料机、叶轮给料机和螺旋给料机。

2.混凝土配料

混凝土配料称量的设备称为配料器，根据所称料物的不同，主要可以分为骨料配料器、水泥配料器和量水器等。骨料配料器主要有简易称量（地磅）、电动磅秤、自动配料杠杆秤和电子秤。

（二）混凝土的拌和

1.混凝土拌和机械

混凝土拌和由混凝土拌和机进行。根据工作原理拌和机可分为三种，即自落式、强制式和涡流式。自落式分为锥形反转出料和锥形倾翻出料两种形式；强制式分为涡桨式、行星式、单卧轴式和双卧轴式四种形式。

（1）自落式混凝土搅拌机

①自降式混炼机是通过转动筒体和驱动混炼叶片来改善物料的。在重力作用下，材料自由、反复下落，相互交织、翻转、混合，使混凝土构件混合均匀。

②锥形反转出料搅拌机滚筒两侧开口，一侧开口用于装料，另一侧开口用于卸料。其正转搅拌，反转出料。由于搅拌叶片呈正、反向交叉布置，拌和料一方面被提升后靠自落进行搅拌，另一方面又被迫沿轴向做左右窜动，搅拌作用强烈。锥形反转出料搅拌机，主要由上料装置、搅拌筒、传动机构、配水系统和电气控制系统等组成。当混合料拌好以后，可通过按钮直接改变搅拌筒的旋转方向，拌和料即可经出料叶片排出。锥形反转出料拌和机构造简单，装拆方便，使用灵活，如装上车轮便成为移动式拌和机。但它容量较小（400～800L），生产率不高，多用于中小型工程，或大型工程施工初期。

③双锥形倾翻出料搅拌机进出料在同一口，出料时由气动倾翻装置使搅拌筒下旋50°～60°，即可将物料卸出。混合筒体容积利用率高，混合料提升速度低。物料在搅拌混合中滚落混合均匀，能耗低，磨损小，可混合大粒径骨料混凝土。

（2）强制式混凝土搅拌机

一般情况下，强制式混凝土搅拌机的桶体是固定的，搅拌机片旋转对材料进行剪切、挤压、轧制、滑动、搅拌，使混凝土各组分均匀混合。立轴强制式搅拌机是在圆盘搅拌筒中装一根回转轴，轴上装有拌和铲与刮板，随轴一同旋转。它用旋转着的叶片，将装在搅拌筒内的物料强行搅拌使之均匀。涡桨强制式搅拌机由动力传动系统、上料和卸料装置、搅拌系统、操纵机构和机架等组成。单卧轴强制式混凝土搅拌机的搅拌轴上装有两组叶片，两组推料方向相反，使物料既有圆周方向运动，也有轴向运动，因而能形成强烈的物料对抗，使混合料能在较短的时间内搅拌均匀。它由搅拌系统、进料系统、卸料系统和供水系统等组成。此外，还有双卧轴式搅拌机。强制式搅拌机的特点是拌和时间短，混凝土拌和质量好，对水灰比和稠度的适应范围广。但在混合大骨料、多级混合、低坍落度碾压混凝土时，搅拌机叶片和衬板磨损快、消耗大，维护困难。

（3）涡流式混凝土搅拌机

涡流式搅拌机具有自落式和强制式搅拌机的优点，靠旋转的涡流搅拌筒，由侧面的搅拌叶片将骨料提升，然后沿着搅拌筒内侧将骨料运送到强搅拌区。中搅拌轴上的叶片在逆向流中，对骨料进行强烈的搅拌，而不至于在筒体内衬上摩擦。搅拌机叶片与搅拌桶底壁之间距离大，可防止物料黏附，具有能耗低、磨损小、维护方便等优点。但是，混凝土搅拌不够均匀，不适合大骨料的搅拌，因此没有得到广泛的应用。

2.混凝土拌和楼和拌和站

（1）拌和楼

拌和楼通常按工艺流程分层布置，每层由电子传输系统操作，分为五层：进料、储料、配料、拌和及出料。其中，配料层是全楼的控制中心，设有主操纵台。水泥、掺和料和骨料，用皮带机和提升机分别送到储料层的分格料仓内，料仓有5~6格装骨料，有2~3格装水泥和掺和料。每格料仓下装有配料斗和自动秤，称好的各种材料汇入集料斗内，再用回转式给料器送入待料的拌和机内。拌和用水则由自动量水器量好后，直接注入拌和机。将拌好的混凝土倒入出料层料斗中，待输送车就位后，打开气动弧形门将物料排出。

（2）拌和站

拌和站由数台拌和机联合组成。拌和机数量不多时，我们可在台地上呈一字形排列布置；数量较多时，则布置于沟槽路堑两侧，采用双排相向布置。拌和站的配料可由人工也可由机械完成，供料配料设施的布置应考虑进出料方向、堆料场地和运输线路布置。

二、混凝土的浇筑与养护

（一）混凝土的浇筑

1.混凝土浇筑前的准备工作

混凝土浇筑前准备工作的主要项目有基础面处理、施工缝处理、模板的架设、钢筋的架设、预埋件及观测设备的埋设、浇筑前的检查验收等。

（1）基础面处理

地基开挖时，我们应先拆除预留的保护层，清除杂物，然后底部铺砾石，覆盖湿砂，进行压实，浇筑8~12cm厚的素混凝土垫层。砂砾地基应清除杂物，整平基础面，并浇筑10~20cm厚的素混凝土垫层。对于岩基，一般要求清除到质地坚硬的新鲜岩面，然后进行整修。整修是用铁锹等工具去掉表面松软岩石、棱角和反坡，并用高压水冲洗，用压缩空气吹扫。若岩面上有油污、灰浆及其黏结的杂物，操作人员还应采用钢丝刷反复刷洗，直至岩面清洁。最后，再用风吹至岩面无积水。清洗后的岩基在混凝土浇筑前应保持洁净和湿润，经检验合格，才能开仓浇筑。

（2）施工缝处理

施工缝是指新老混凝土浇筑块之间的接缝面。为了保证建筑物的整体性，在新混凝土浇筑前，操作人员必须将老混凝土表面的水泥膜（又称乳皮）清除干净，并使其表面新鲜整洁，有石子半露的麻面，以利于新老混凝土的紧密结合。但对于要进行接缝灌浆处理的纵缝面，可不凿毛，只需冲洗干净即可。施工缝的处理方法有以下几种：

第一，风砂水枪喷毛。将经过筛选的粗砂和水装入密封的砂箱，并通入压缩空气。高压空气混合水砂，经喷枪喷出，把混凝土表面喷毛。一般在混凝土浇筑后24~48小时开始喷毛，视气温和混凝土强度增长情况而定。如能在混凝土表层喷洒缓凝剂，则可减少喷毛的难度。

第二，高压水冲毛。在混凝土凝结后但尚未完全硬化以前，用高压水（压力0.1~0.25MPa）冲刷混凝土表面，形成毛面。对龄期稍长的可用压力更高的水（压力0.4~0.6MPa），有时配以钢丝刷刷毛。高压水冲毛的关键是掌握冲毛时机，过早会使混凝土表面松散和冲去表面混凝土；过迟则混凝土变硬，不仅增加工作困难，而且不能保证质量。一般春秋季节，在浇筑完毕后10~16小时开始；夏季掌握在6~10小时；冬季则在浇筑完毕后18~24小时进行。如在新浇混凝土表面洒刷缓凝剂，则可延长冲毛时间。

第三，刷毛机刷毛。在大而平坦的仓面上，可用刷毛机刷毛。它装有旋转的粗钢丝刷和吸收浮渣的装置，利用粗钢丝刷的旋转刷毛并利用吸渣装置吸收浮渣。喷毛、冲毛和刷毛适用于尚未完全凝固的混凝土水平缝面的处理。全部处理完后，需用高压水清洗干净，要求缝面无尘、无渣，然后再盖上麻袋或草袋进行养护。

第四，风镐凿毛或人工凿毛。已经凝固的混凝土利用风镐凿毛或石工工具凿毛，凿深约1~2cm，然后用压力水冲净。凿毛多用于垂直缝。仓面清扫应在即将浇筑前进行，以清除施工缝上的垃圾、浮渣和灰尘，并用压力水冲洗干净。

（3）仓面准备工作

浇筑仓面的准备工作主要包括：机具设备、劳动组合、照明、风水电供应、所需混凝土原材料的准备等，操作人员应事先安排就绪，仓面施工的脚手架、工作平台、安全网、安全标识等应检查是否牢固，检查电源开关、动力线路是否符合安全规定。

（4）模板、钢筋及预埋件检查

在开仓浇筑前，检验人员必须按照设计图纸和施工规范的要求，对仓面安设的模板、钢筋及预埋件进行全面检查验收，签发合格证。

第一，模板检查。主要检查：模板的架立位置与尺寸是否准确，模板及其支架是否牢固稳定，固定模板用的拉条是否弯曲，等等。模板板面要求洁净、密缝并涂刷脱模剂。

第二，钢筋检查。主要检查钢筋的数量、规格、间距、保护层、接头位置与搭接长度是否符合设计要求。要求焊接或绑扎接头必须牢固，安装后的钢筋网应有足够的刚度和稳定性，钢筋表面应清洁。

第三，预埋件检查。对于预埋管道、止水片、止浆片、预埋铁件、冷却水管和预埋观测仪器等，主要检查其数量、安装位置和牢固程度。

2.混凝土入仓

（1）自卸汽车转溜槽、溜筒入仓

自卸汽车转溜槽、溜筒入仓适用于狭窄、深坑混凝土回填。斜溜槽的坡度一般在1:1

左右。混凝土的坍落度一般在6cm左右。溜筒长度一般不超过15m，混凝土自由下落高度不大于2m。每道溜槽控制的浇筑宽度为5~6m。这种入仓方式准备工作量大，需要和易性好的混凝土，以便仓内操作，所以这种具体的仓储方法多用于特殊情况。

（2）吊罐入仓

采用起重机械将混凝土罐体吊装进仓库是目前普遍采用的方法。其优点是：入库速度快，使用方便灵活，准备工作少，容易保证混凝土的质量。

（3）汽车直接入仓

自卸汽车开进仓内卸料具有设备简单、效率高、造价低的优点。该方法适用于混凝土吊装运输设备不足或施工初期不具备吊车安装条件的情况。该方法适用于铺装、挡土墙、防洪闸、大坝、厂房地基等地面的混凝土浇筑。常用的方式有端进法和端退法。

①端进法。当基础凹凸起伏较大或有钢筋的部位，汽车无法在浇筑仓面上通过时采用此法。开始浇筑时汽车不进入仓内，当浇筑至预定的厚度时，在新浇的混凝土面上铺厚6~8mm的钢垫板，汽车在其上驶入仓内卸料浇筑。浇筑层厚度不超过1.5m。

②端退法。汽车倒退驶入仓内卸料浇筑。立模时预留汽车进出通道，待收仓时再封闭。浇筑层厚度以1m以下为宜。汽车轮胎应在进仓前冲洗干净，仓内水平施工缝面应保持洁净。汽车直接入仓浇筑混凝土的特点是：工序简单，准备工作量少，不要搭设栈桥，使用劳力较少，工效较高。适用于面积大、结构简单、较低部位的无筋或少筋仓面浇筑。由于汽车装载混凝土经较长距离运输且卸料速度较快，砂浆与骨料容易分离，因此汽车卸料落差不宜超过2m。平仓振捣能力和入仓速度要适宜。

3.混凝土铺料

（1）混凝土平层浇筑法

采用平层浇筑法时，对于闸、坝工程的迎水面仓位，铺料方向要与坝轴线平行。基岩凹凸不平或混凝土工作缝在斜坡上的仓位，应由低到高铺料，先行填坑，再按顺序铺料。采用履带吊车浇筑的一般仓位，按履带吊车行走方便的方向铺料。

平层浇筑法的特点如下：一是铺料的接头明显，混凝土便于振捣，不易漏振。二是入仓强度要求较高，尤其是在夏季施工时，为了不超过允许间隔时间，必须加快混凝土入仓的速度。三是平层浇筑法能较好地保持老混凝土面的清洁，保证新老混凝土之间的结合质量。

平层浇筑法适用范围如下：一是混凝土入仓能力要与浇筑仓面的大小相适应。二是平层浇筑法不宜采用汽车直接入仓浇筑方式。三是可以使用平仓、振捣于一体的混凝土平仓振捣机械。

（2）混凝土阶梯浇筑法

阶梯浇筑法的铺料顺序是从仓位的一端开始，向另一端推进，并以台阶形式，边向前推进，边向上铺筑，直至浇筑到规定的厚度，把全仓浇筑完。阶梯浇筑法的最大优点是：缩短了混凝土上、下层的间歇时间；在铺料层数一定的情况下，浇筑块的长度可不受限制。既适用于大面积仓位的浇筑，也适用于通仓浇筑。阶梯浇筑法的层数以3~5层为宜，阶梯长度不小于3m。

（3）混凝土斜层浇筑法

当浇筑仓面大，混凝土初凝时间短，混凝土拌和、运输、浇筑能力不足时，我们可以采用斜层浇筑法。斜层浇筑法由于平仓和振捣使砂浆容易流动和分离，因此我们应使用低流态混凝土，浇筑块高度一般限制在1~1.5m以内，同时应控制斜层的层面斜度不大于10°。

无论采用哪一种浇筑方法，都应保持混凝土浇筑的连续性。如相邻两层浇筑的间歇时间超过混凝土的初凝时间，将出现冷缝，造成质量事故。此时应停止浇筑，并按施工缝处理。

4.平仓

（1）人工平仓

人工平仓的适用范围如下：一是在靠近模板和钢筋较密的地方，用人工平仓，使石子分布均匀。二是水平止水、止浆片底部要用人工送料填满，严禁料罐直接下料，以免止水、止浆片卷曲和底部混凝土架空。三是门槽、机组埋件等二期混凝土。四是各种预埋仪器周围用人工平仓，防止仪器位移或损坏。

（2）振捣器平仓

振捣器平仓工作量，主要根据铺料厚度、混凝土坍落度和级配等因素而定。一般情况下，振捣器平仓与振捣的时间比大约为1∶3，但平仓不能代替振捣。

（二）混凝土的养护

混凝土浇筑完毕后，在一个相当长的时间内，我们应保持其适当的温度和足够的湿度，以形成良好的混凝土硬化条件。这样既可以防止其表面因干燥过快而产生干缩裂缝，又可促使其强度不断增长。在常温下的养护方法如下：一是混凝土水平面可用水、湿麻袋、湿草袋、湿砂、锯末等覆盖。二是垂直面进行人工洒水，或用带孔的水管定时洒水，以维持混凝土表面潮湿。三是近年来出现的喷膜养护法，是在混凝土初凝后，在混凝土表面喷1~2次养护剂，以形成一层薄膜，可阻止混凝土内部水分的蒸发，达到养护的目的。

混凝土养护一般是从浇筑完毕后12~18小时开始。养护时间的长短取决于当地气温、水泥品种和结构物的重要性。例如：用普通水泥、硅酸盐水泥拌制的混凝土，养护时间不少于14小时；用大坝水泥、火山灰质水泥、矿渣水泥拌制的混凝土，养护时间不少于21小时；重要部位和利用后期强度的混凝土，养护时间不少于28小时。冬季和夏季施工的混凝土，养护时间按设计要求进行。冬季应采取保温措施，减少洒水次数；气温低于5℃时，应停止洒水养护。

第二节　水利水电混凝土的温度控制及冬夏季施工

　　混凝土作为工程施工中的重要材料，具有韧性强、成本低的优势，以其独特的优势得到了广泛应用。在混凝土施工中，由于材料特性，可能出现温度裂缝问题，影响到混凝土整体强度和使用寿命。通常情况下，混凝土是由于水泥水化热导致温度变化，混凝土内外温差较大，为建筑物整体安全带来了严重威胁。故此，加强混凝土施工过程的温度及裂缝控制十分关键，有助于为建筑物整体安全提供保障。本节就混凝土施工中的温度及冬夏季施工展开分析，分析裂缝的原因，提出合理有效措施予以控制。

一、大体积混凝土的温度控制

　　对于大体积混凝土，由于水泥的水化作用，释放出大量的水化热，使混凝土内部温度逐渐升高。而混凝土导热性能随热传导距离呈线性衰减，大部分水化热将积蓄在浇筑块内，使块内温度升高到30～50℃，甚至更高。由于内外温差的存在，随着时间的推移，坝内温度逐渐下降而趋于稳定，与多年平均气温接近。大体积混凝土的温度变化过程，可分为温升期、冷却期（或降温期）和稳定期三个阶段。

（一）混凝土温度裂缝产生的主要原因

1.表面裂缝

　　在混凝土浇筑后，其内部由于水化热温升，内部体积膨胀。当遇到冷波时，温度急剧下降，表面温度下降收缩，内部膨胀，外部收缩，混凝土内部产生压应力，表面产生拉应力。混凝土的抗拉强度远小于抗压强度。当表层温度拉应力超过混凝土的允许抗拉强度时，将产生裂缝，形成表面裂缝。这种裂缝多发生在浇筑块侧壁，方向不定，数量较多。由于初浇的混凝土塑性大、弹模小，限制了拉应力的增长，故这种裂缝短而浅。随着混凝土内部温度下降，外部气温回升，它有可能再次关闭。

2.贯穿裂缝和深层裂缝

　　变形和约束是产生应力的两个必要条件。温度变化引起的温度变形是普遍存在的，没有温度应力的关键在于没有约束。人们不仅将基岩视为刚性基础，还将具有较大弹性模量的老混凝土下部固化体视为刚性基础。该基础对新浇混凝土温度变形的约束作用称为基础约束。这种约束使混凝土在受热和膨胀时产生压应力，在冷却和收缩时产生拉应力。当拉应力超过混凝土的抗拉强度时，就会产生裂缝，称为基础约束裂缝。

新浇混凝土内部温度高于基础或旧混凝土内部温度，且分布均匀。由于升温过程不长，加热过程中新浇混凝土砌块仍处于塑性状态，自由变形，不产生温度应力。事实上，只有当混凝土在靠近基础表面处冷却硬化时，才会受到刚性基础的双向约束，且难以变形。当冷却收缩时，浇筑块挤压地基，地基产生与混凝土相反方向相同的拉应力。当拉应力大于混凝土的抗拉强度时，就会产生裂缝。由于这种裂缝是从基础面发育而来的，严重时可能贯穿整个坝段，故又称贯通裂缝。这种断口切割深度可达 3 ~ 5m 以上，故又称深层裂缝。裂缝的宽度可达 1 ~ 3mm，且多垂直基面向上延伸，既可能平行纵缝贯穿，也可能沿流向贯穿，对大坝造成极大的危害。

大体积混凝土渗透裂缝对大坝整体受力和防渗效果的危害大于浅层表面裂缝。表面裂缝虽然可能成为深层裂缝的诱发因素，对坝的抗风化能力和耐久性有一定影响，但毕竟其深度浅、长度短，一般不形成危害坝体安全的决定因素。

3.大体积混凝土温度控制的主要功能

大体积混凝土温度控制的主要任务是控制混凝土的温度，通过控制混凝土的混合温度，减少混凝土内部水化热温升的单程冷却，从而降低混凝土内部的最高温升，降低温差的容许范围。

大体积混凝土温控的另一功能是通过二期冷却，使坝体温度从最高温度降到接近稳定温度，达到灌浆温度后及时进行纵向灌浆。众所周知，为了施工方便和温控散热要求坝体所设的纵缝，在坝体完工时应通过接缝灌浆使之结合成为整体，方能蓄水安全运行。若坝体内部的温度未达到稳定温度就进行灌浆，灌浆后坝体温度进一步下降，又会将胶结的缝重新拉开。

实质上，温度控制就是将大体积混凝土内部和基础之间的温差控制在基础约束应力小于混凝土允许抗拉强度以内。考虑到下层降温冷却结硬的老混凝土对上层新浇混凝土的约束作用，通常需要对上下层混凝土的温差进行控制，要求上下层温差值不大于 15 ~ 20℃，以防止渗透裂纹的新浇混凝土硬化。

（二）大体积混凝土的温度控制措施

1.减少混凝土的发热量

减少每立方米混凝土的水泥用量的主要措施如下：一是根据坝体的应力场对坝体进行分区，对于不同分区采用不同标号的混凝土。二是采用低流态或无坍落度干硬性混凝土。三是改善骨料级配，增大骨料粒径，对少筋混凝土可埋放大块石，以减少每立方米混凝土的水泥用量。四是大量掺粉煤灰，掺和料的用量可达水泥用量的 25% ~ 40%。五是采用高效外加减水剂，不仅能节约水泥用量约20%，使28小时龄期混凝土的发热量减少25%~30%，且能提高混凝土早期强度和极限拉伸值。

2.降低混凝土的入仓温度

第一，合理安排浇筑时间。在施工组织上安排春、秋季多浇，夏季早晚浇、正午不浇，这是经济有效降低入仓温度的措施。

第二，采用加冰或加冰水拌和。混凝土拌和时，将部分拌和水改为冰屑，利用冰的低温和冰融解时吸收潜热的作用，可最大限度地将混凝土温度降低约20℃。规范规定加冰量不大于拌和用水量的80%。加冰拌和，冰与拌和材料直接作用，冷量利用率高，降温效果显著。但加冰越多，拌和时间有所增长，相应会影响生产能力。若采用冰水拌和或地下低温水拌和，则可避免这一弊端。

第三，对骨料进行预冷。当加冰拌和不能满足要求时，通常采取骨料预冷的办法。一是水冷。使粗骨料浸入循环冷却水中30~45min，或在通入拌和楼料仓的皮带机廊道或隧洞中装设喷洒冷却水的水管。喷洒冷却水皮带段的长度，由降温要求和皮带机运行速度而定。二是风冷。可在拌和楼料仓下部通入冷气，冷风经粗骨料的空隙，由风管返回制冷厂再冷。细骨料难以采用冰冷，若用风冷，又由于沙的空隙小，效果不显著，故只有采用专门的风冷装置吹冷。三是真空气化冷却。利用真空气化吸热原理，将放入密闭容器的骨料，利用真空装置抽气并保持真空状态约半小时，使骨料气化降温冷却。

二、混凝土冬季夏季施工

（一）混凝土冬季施工

1.混凝土冬季施工的一般要求

现行施工规范规定：寒冷地区的日平均气温稳定在5℃以下或最低气温稳定在3℃以下时，温和地区的日平均气温稳定在3℃以下时，均属于低温季节，这就需要采取相应的防寒保温措施，避免混凝土受到冻害。混凝土在低温条件下，水化凝固速度大为降低，强度增长受到阻碍。当气温在-2℃时，混凝土内部水分结冰，不仅水化作用完全停止，而且结冰后由于水的体积膨胀，使混凝土结构受到损害；当冰融化后，水化作用虽将恢复，混凝土强度也可继续增长，但最终强度必然降低。相关调查资料显示：混凝土受冻越早，最终强度降低越大。如在浇筑后3~6h受冻，最终强度至少降低50%；如在浇筑后2~3d受冻，最终强度降低只有15%~20%。如混凝土强度达到设计强度的50%以上（在常温下养护3~5小时）时再受冻，最终强度则降低极小，甚至不受影响，因此，低温季节混凝土施工，首先要防止混凝土早期受冻。

2.冬季施工措施

（1）原材料加热法

当日平均气温为-5～2℃时，应加热水拌和；当气温再低时，可考虑加热骨料。水泥不能加热，但应保持正温。水的加热温度不能超过80℃，并且要先将水和骨料拌和后，这时水不超过60℃，以免水泥产生假凝。所谓假凝是指拌和水温超过60℃时，水泥颗粒表面将会形成一层薄的硬壳，使混凝土和易性变差，而后期强度降低的现象。砂石加热的最高温度不能超过100℃，平均温度不宜超过65℃，并力求加热均匀。对大中型工程，常用蒸汽直接加热骨料，即直接将蒸汽通过需要加热的砂、石料堆中，料堆表面用帆布盖好，防止热量损失。

（2）蓄热法

蓄热法是将浇筑法的混凝土在养护期间用保温材料加以覆盖，尽可能把混凝土在浇筑时所包含的热量和凝固过程中产生的水化热蓄积起来，以延缓混凝土的冷却速度，使混凝土在达到抗冻强度以前，始终保证正温。

（3）加热养护法

当采用蓄热法不能满足要求时可以采用加热养护法，即利用外部热源对混凝土加热养护，包括暖棚法、蒸气加热法和电热法等。大体积混凝土多采用暖棚法，蒸气加热法多用于混凝土预制构件的养护。

（二）混凝土夏季施工

夏季高温期混凝土施工的技术措施如下：

第一，原材料。掺用外加剂（缓凝剂、减水剂）。用水化热低的水泥。供水管埋入水中，贮水池加盖，避免太阳直接曝晒。当天用的砂、石用防晒棚遮蔽。用深井冷水或冰水拌和，但不能直接加入冰块。

第二，搅拌运输。送料装置及搅拌机不宜直接曝晒，应有荫棚。搅拌系统尽量靠近浇筑地点。移动运输设备应遮盖。

第三，模板。因干缩出现的模板裂缝，应及时填塞。浇筑前充分将模板淋湿。

第四，浇筑。适当减小浇筑层厚度，从而减少内部温差。浇筑后立即用薄膜覆盖，不使水分外逸。露天预制场宜设置可移动荫棚，避免制品直接曝晒。

（三）混凝土雨季施工

混凝土工程在雨季施工时，应做好以下准备工作：一是砂石料场的排水设施应畅通无阻。二是浇筑仓面宜有防雨设施。三是运输工具应有防雨及防滑设施。四是加强骨料含水量的测定工作，注意调整拌和用水量。

混凝土在无防雨棚仓面小雨中进行浇筑时，我们应采取以下技术措施：一是减少混凝土拌和用水量。二是加强仓面积水的排除工作。三是做好新浇混凝土面的保持工作。四是防止周围雨水流入仓面。五是无防雨棚的仓面，在浇筑过程中，如遇大雨、暴雨，应立即停止浇筑，并遮盖混凝土表面。六是雨后必须先行排除仓内积水，受雨水冲刷的部位应立即处理。如停止浇筑的混凝土尚未超出允许间歇时间或还能重塑时，应加砂浆继续浇筑，否则应按施工缝处理。七是对抗冲、耐磨、需抹面部位及其他高强度混凝土不允许在雨天施工。

第三节　水利水电混凝土施工质量控制及安全技术

一、混凝土施工质量控制技术与缺陷的防治技术

（一）混凝土的质量控制技术要求

混凝土以其适应性强、耐久性高、造价低，加上混凝土的设计理论、施工技术很成熟的优点，而且可根据工程需求配置出不同性质的混凝土，因此越来越广泛地用于土木工程领域中。混凝土工程的质量，关系到建筑物及构筑物的结构安全，关系到千家万户的生命财产安全。对混凝土来讲，质量就是生命。混凝土质量的好坏，直接影响到其成型结构的稳定性和使用寿命，因此，如何控制好混凝土的质量，已经成为工程建设中一项既常见而又非常重要的工作。

混凝土工程质量包括内在质量和结构外观质量。前者指混凝土原材料、设计配合比、配料、拌和、运输、浇捣等方面，后者则指结构的位置、尺寸、高程等。

1.混凝土原材料的控制检查

（1）混凝土中的水泥

混凝土主要胶凝材料是水泥，水泥质量的好坏影响混凝土的强度大小和性质是否稳定。运至工地的水泥应有生产厂家品质试验报告，工地试验室外必须进行复验，必要时还要进行化学分析。进场水泥每200～500t同品种、同标号的水泥作为一个取样单位，如不足200t也作为一个取样单位。人们可采用机械连续取样，混合均匀后作为样品，其总量不少于10kg。检查的项目有水泥标号、凝结时间、体积安定性。必要时应增加细度、稠度、密度和水化热试验等指标的检验。

（2）混凝土中的粉煤灰

混凝土中的粉煤灰每天至少要被检查1次需水量和细度。

（3）混凝土中的砂石骨料

在筛分场施工时，每班必须检查1次各级骨料的含泥量、超逊径、砂子的细度模数等指标。在拌和厂工地，操作人员要检查砂子、小石子的含水量，砂子的细度模数和骨料的超逊径、含泥量。

（4）混凝土中的外加剂

外加剂应该既有出厂合格证，又有经试验认可的证明。

2.混凝土拌和物的主要指标

拌制混凝土时，人们必须严格遵守试验室签发的配料单称量配料，严禁擅自更改配料单的成分和配比度。控制检查的项目一般有下面几个要求项：

（1）称量衡器的准确性。各种称量设备应经常检查，确保称量准确无误。

（2）拌和时间的适合性。每班至少抽查2次拌和时间，确保混凝土充分拌和，拌和时间符合要求。

（3）拌和物的均匀性。混凝土拌和物应该经常检查其均匀性。

（4）混凝土坍落度。每班在机口应该现场检查混凝土坍落度，大概4次。

（5）混凝土取样检查。在现场，人们按规定取混凝土试样做抗压试验，检查混凝土的强度等指标。

3.混凝土浇捣质量控制检查要求

（1）混凝土运输要求。在混凝土运输过程中，人们应检查混凝土拌和物是否发生漏浆、分离、严重泌水和过多降低坍落度等现象。

（2）施工缝的处理及钢筋、模板、基础面、预埋件安装要求。人们在开仓前应对施工缝的处理、基础面及钢筋、模板、预埋件等的安装做最后一次系统检查，应符合国家规定的要求。

（3）混凝土浇筑要求。人们要严格按规范要求控制检查接缝砂浆的铺设、平仓、振捣、混凝土入仓铺料、养护等混凝土浇筑的基本要求。

4.混凝土内部质量缺陷和外观质量的检查

混凝土的重要工程还应该检查内部质量缺陷，比如用超声仪检查裂缝、用钻孔取芯回弹仪检查混凝土表面强度、检查各项力学指标等。混凝土外观质量要检查表面空洞、露筋、碰损掉角、表面裂缝、麻面、蜂窝、平整度（有表面平整要求的部位）等。

（二）混凝土施工会发生的各种缺陷和防治

混凝土施工缺陷分成内部缺陷和外部缺陷两类。

1.混凝土内部缺陷的表现

（1）混凝土空鼓的缺陷

混凝土空鼓常发生在预埋钢板下面。空鼓产生的原因是浇灌预埋钢板混凝土时，钢板底部未饱满或振捣不足。

①预防方法。如预埋钢板不大，浇灌时用钢棒将混凝土尽量压入钢板底部，浇筑后用敲击法检查；如预埋钢板较大，可在钢板上开几个小孔排除空气，亦可作为观察孔。

②混凝土空鼓的修补。在板子外面挖槽坑，将混凝土压入，直至饱满，无空鼓声为止；如钢板较大或估计空鼓较严重，可在钢板上钻孔，用灌浆法将混凝土压入。

（2）混凝土强度不足的缺陷

混凝土强度不足产生的原因有：配合比计算错误；水泥出厂期过长，或受潮变质，或袋装重量不足；粗骨料针片状较多，粗、细骨料级配不良或含泥量较多；外加剂质量不稳定；搅拌机内残浆过多，或传动皮带打滑，影响转速；搅拌时间不足；用水量过大，或砂、石含水率未调整，或水箱计量装置失灵；秤具或称量斗损坏，不准确；运输工具灌浆，或经过运输后严重离析；振捣不够密实。

混凝土强度不足是质量上的大事故。处理方案由设计单位决定。通常处理方法有：强度相差不大时，先降级使用，待龄期增加，混凝土强度增长后，再按原标准使用；强度相差较大时，经论证后采用水泥灌浆或化学灌浆补强；强度相差较大且影响较大时，拆除返工。

2.外部缺陷

（1）麻面的缺陷处理

混凝土麻面是指混凝土表面出现无数绿豆大小的不规则的密密麻麻的小凹点。产生混凝土麻面的原因有以下几个方面：一是模板表面粗糙、不平滑。二是浇筑前没有在模板上洒水湿润，湿润不足，浇筑时混凝土的水分被模板吸去。三是涂在钢模板上的油质脱模剂太厚，液体残留在模板上。四是使用旧模板，板面残浆未清理，或清理不彻底。五是新拌混凝土浇灌入模后，停留时间过长，振捣时已有部分凝结。六是混凝土振捣不足，气泡未完全排出，有部分留在模板表面。七是构件表面浆少，模板拼缝漏浆，有的成为凹点，有的成为若断若续的凹线。

针对混凝土麻面的缺陷，操作人员采取的预防办法有以下几点：一是模板表面应平滑。浇筑前，不论是哪种模型的混凝土，均需浇水湿润，但不得积水。二是脱模剂涂擦要均匀。模板有凹陷时，注意将积水拭干。三是旧模板残浆必须清理干净；新拌混凝土必须按水泥或外加剂的性质，在初凝前振捣。四是尽量将气泡排出；浇筑前先检查模板拼缝的时候，对可能漏浆的缝，设法封嵌。

如果操作人员避免不了混凝土麻面的出现，要第一时间对其进行修补。但如果混凝土表面的麻点对结构无大影响，也可不做处理。如果工地需要处理，方法如下：用稀草酸溶液将该处脱模剂油点或污点用毛刷洗净，于修补前用水湿透。修补用的水泥品种必须与原混凝土一致，砂子为细砂，粒径最大不宜超过1mm。水泥砂浆配合比为1：（2~2.5）。由于数量不多，可用人工在小灰桶中拌匀，随拌随用。操作人员可按照漆工刮腻子的办法，把砂浆用刮刀大力压入麻点内，随即刮平。修补后，用草席或草帘来保湿养护。

（2）蜂窝的缺陷处理

混凝土表面蜂窝是指无水泥浆形成形状不规则、分布不均匀的蜂窝状的孔洞，它们通常露出石子深度大于5mm，不露主筋，个别时候可能露箍筋。

混凝土蜂窝产生的原因主要有：搅拌用水过少；配合比不准确，砂浆少，石子多；使用干硬性混凝土，但振捣不足；混凝土搅拌时间不足，新拌混凝土未拌匀；模板漏浆，加上振捣过度；运输工具漏浆；等等。

预防混凝土蜂窝的方法是：计量器具应定期检查，砂率不宜过小；用水量如少于标准，应掺用减水剂；搅拌时间应足够；捣振工具的性能必须与混凝土的坍落度相适应；注意运输工具的完好性，否则应及时修理；人们在浇筑前必须检查和嵌填模板拼缝，并浇水湿润；在浇筑过程中，必须有专人巡视模板，以防混凝土被进一步破坏。

操作人员对于混凝土蜂窝的修补方法有：如果是小蜂窝，可按麻面方法修补。如果是较大蜂窝，要按照下面的办法修补：将修补部分的软弱部分凿去，用高压水及钢丝刷将基层冲洗干净；修补用的水泥应与原混凝土的一致，砂子用中粗砂；水泥砂浆的配合比为1：3~1：2，应搅拌均匀；再按照抹灰工的操作方法，用抹子大力将砂浆压入蜂窝内刮平，在棱角部位用靠尺将棱角取直；完成修补后即用草席或草帘保湿养护处理。

（3）混凝土露筋、空洞的缺陷处理

露筋是指主筋没有被混凝土包裹而外露，或者是在混凝土孔洞中外露的缺陷。而空洞是指混凝土表面有超过保护层厚度，但不超过截面尺寸1/3的缺陷。

混凝土出现露筋、空洞的原因主要有：漏放保护层或垫块位移；浇灌混凝土时投料距离过远、过高，又没有采取防止离析的有效措施；搅拌机卸料人员操作小车或斗时，或运输过程中有离析，运至现场又未重新搅拌；钢筋较密集时，粗骨料被卡在钢筋上，加上漏振或振捣不足；采用干硬性混凝土又振捣不足。

预防空洞、露筋的主要措施有：浇筑混凝土前应检查垫块的情况；应采用合适的混凝土保护层垫块；浇筑高度不宜超过2m；浇灌前检查小车或吊斗内混凝土有无离析；搅拌站要按配合比规定的规格使用粗骨料；如果它是一个较大构件，振捣时专人在模板外用木槌敲打，协助振捣；构件的节点、桩尖或桩顶、柱的牛腿、有抗剪筋的吊环等处钢筋的吊环等处钢筋较密，应特别注意捣实；加强振捣；模板的四周，用人工协助捣实；如果它是预制构件，在钢模周边用抹子插捣即可。

处理混凝土露筋、空洞的方法有：工作者凿去修补部位的软弱部分及突出部分，上部向外倾斜，下部水平；用高压水及钢丝刷将基层冲洗干净，修补前用湿麻袋或湿棉纱头填满，使旧混凝土内表面充分湿润；修补用的水泥品种应与原混凝土的一致，小石混凝土强度等级应比原设计高一级；如果条件许可，可用喷射混凝土修补；安装模板浇筑；混凝土可加微量膨胀剂；浇筑时，外部应比修补部位稍微高点；修补部分达到结构设计强度时，凿除外倾面部分。

（4）混凝土施工裂缝的缺陷处理

产生混凝土施工裂缝的原因有：风大或曝晒，或者水分蒸发过快，混凝土就会出现塑性收缩裂缝；混凝土塑性过大，成型后发生沉陷不均，出现的塑性沉陷裂缝；配合比设计不当引起的干缩裂缝；骨料级配不良，又未及时养护引起的干缩裂缝；支撑模板的刚度不足，或拆模工作不慎，外力撞击的裂缝；等等。

裂缝的预防方法有：成型后立即进行覆盖保养，表面要求光滑，可采用架空措施覆盖养护；配合比设计时，水灰比不宜过大；搅拌时，严格控制用水量；水泥用量不能太多，灰骨比不宜过大；骨料级配中，细颗粒不宜偏多；浇筑过程应有专人检查模板及支撑；注意及时养护；拆模时，尤其是使用吊车拆卸大模板时，必须按顺序进行，不能强拆。

混凝土施工裂缝的修补方法主要有以下几种：一是混凝土微细裂缝修补。用注射器将环氧树脂溶液黏结剂或甲凝溶液粘结剂注入裂缝内。注射时宜在干燥、有阳光的时候进行，裂缝部位应干燥，可用喷灯或电风筒吹干，在缝内湿气溢出后进行。注射时，从裂缝的下端开始，针头应插入缝内，缓慢注入，使缝内空气向上逸出，粘结剂在缝内向上填充。二是混凝土浅裂缝的修补。顺裂缝走向用小凿刀将裂缝外部扩凿成V形，宽约5~6mm，深度等于原裂缝；用毛刷将V形槽内颗粒及粉尘清除，用电风筒吹干；用漆工刮刀或抹灰工的小抹刀将环氧树脂胶泥压填在V形槽上，反复搓动，务使其紧密粘结；缝面按照需要做成与结构面齐平，或稍微突出成弧形。三是混凝土深裂缝的修补。做法是将微细缝和浅缝合并使用：先将裂缝面凿成V形或凹形槽；按上述办法进行清理、吹干。操作者先用微细裂缝的修补方法向深缝内注入环氧或是甲凝粘结剂，填补深处的裂缝；上部开凿的槽坑按照浅裂缝修补方法填压环氧胶泥粘结剂。

（三）混凝土的质量控制要求

混凝土的质量控制要先从原材料和配合比开始，再到新拌混凝土及硬化混凝土进行全过程的控制和质量检测。按照施工过程先后顺序考虑，混凝土施工质量检测和控制主要包括：新拌混凝土的检测与控制、原材料的质量检测和控制、浇筑过程中混凝土的检测与控制、硬化混凝土试样和芯样的检测等。

1.原材料的质量检测和控制要求

混凝土原材料的质量应满足国家颁发或部门颁发的混合材料、水泥、沙石骨料和外加剂的质量标准要求。人们必须对原材料的质量进行检测与控制，并建立一套科学的质量管理方法。工作人员对原材料进行检测的目的是检查原材料的质量是否符合标准，并根据检测结果调整混凝土配合比和改善生产工艺，评定原材料的生产控制水平。原材料的抽样数据和检测项目应该按有关规范确定并执行。

2.拌和混凝土质量的检测与控制要求

混凝土质量控制与检测的重点是出拌和机后未凝固的新拌混凝土的质量，它的目的是及时发现施工中的失控因素，并且加以调整，避免造成质量事故。同时检测一定数量成型试件的强度，用以评定混凝土质量是否满足设计要求和评定混凝土施工质量控制水平。混凝土各组成材料称量准确与否，是影响混凝土质量好坏的重要因素，因此应对称量设备定期进行检验。水和外加剂可按重量折成体积计，水泥、沙、石和混合材料应按重量计。

为了使抽样能真实地反映混凝土质量情况，在抽样时，检测人员必须注意以下两点：一是应严格遵守操作规程，把试验误差控制在允许范围内，否则将因增大试验操作的变异面影响正确的统计评定；二是随机抽样是获得正确统计评价的首要环节。检测人员应完全避免有选择的抽样，在决定抽样方案时应把人为因素减至最低限度。现在，操作者一般多采用定时定点抽样。

3.浇筑过程中混凝土的检测与控制要求

混凝土出拌和机以后，运输到达仓内，不同运输工具和不同环境条件对混凝土的和易性产生不同的影响。由于水泥水化作用的进行、水分的蒸发及砂浆损失等原因，混凝土坍落度降低。如果坍落度降低过多，超出了所用振捣器性能范围，工地则不可能获得振捣密实的混凝土。所以，仓面进行混凝土坍落度检测，每班至少两次，并根据检测结果，调整机器口部的坍落程度，为坍落度损失预留余地。混凝土温度的检测也是控制仓面质量的项目，在温控要求严格的部位则尤为重要。为了与机器口部取样做比较，浇筑仓面也要取一定数量的试样。混凝土振捣以后，上层混凝土覆盖以前，混凝土的性能也在不断发生变化。如果混凝土已经初凝，则会影响与上层混凝土的结合。检查已浇混凝土的状况，并判断其是否初凝，决定上层混凝土是否允许继续浇筑，这是控制仓面质量的重要内容之一。

4.硬化混凝土的检测要求

混凝土硬化以后，混凝土是否符合设计要求，建筑工地可进行以下各项检查：一是用物理方法（超声波、X射线、红外线等）检测裂缝、孔隙和弹模等。二是钻孔压水，并对芯样进行抗压、抗拉、抗渗等各种试验。三是大钻孔取样。1m或更大直径的钻孔不仅可以对于芯样的加工进行各种试验，而且人也可进入孔内检查。

二、混凝土施工安全技术要求

（一）施工缝处理安全技术要求

在施工缝处理安全技术方面，操作人员应该做到以下几点：一是在凿毛、冲毛之前，应该检查所有工具是否可靠有效。二是多人同在一个工作面内操作时，操作者应避免面对面近距离操作，防止工具、飞石伤人。三是严禁在同一工作面上下层同时操作任务。四是使用风钻、风镐凿毛时，工作人员必须遵守风镐和风钻的安全技术操作规程。五是在高处操作时，应用绳子将风钻、风镐拴住，并挂在牢固的地方才行。六是检查风砂枪嘴时，操作者应先将风阀关闭，并不得面对枪嘴，也不得将枪嘴指向他人。七是使用砂罐时需遵守压力容器安全技术规程。当风砂枪与砂罐距离较远时，中间应有专人联系。

用高压水冲毛时，操作者应该做到以下几点：一是在混凝土终凝后进行，风、水管须装设控制阀，接头应用铅丝扎牢。二是使用冲毛机操作时，操作人员还应穿戴好绝缘手套、防护面罩和长筒胶靴。三是冲毛时要防止泥水冲到电气设备或电力线路上，工作面的电线灯应悬挂在不妨碍冲毛的安全高度。四是仓面冲洗时，操作者应该选择安全部位排渣，避免冲洗时石渣落下伤人。

（二）混凝土拌和的安全技术措施要求

混凝土拌和的安全技术措施要求操作人员注意以下几点：

第一，用支脚筒或支架使其架稳，操作者应把安装机械的地基平整夯实，不准以轮胎代替支撑。机械安装要平稳、牢固。对外露的链轮、齿轮、皮带轮等转动部位应设防护装置。

第二，开机前，操作者应检查电气设备的绝缘和接地是否良好，检查制动器、离合器、钢丝绳、倾倒机构是否完好。搅拌筒应该用清水多次冲洗，直到干净，不得有异物。

第三，启动后，操作人应注意搅拌筒转向与搅拌筒上标示的箭头方向保持一致，待机械运转正常后再加料搅拌。若遇中途停电、停机时，操作者应立即将料卸出，不允许中途停机后重载启动并操作。搅拌机的加料斗升起时，操作者严禁任何人在料斗下通过或停留，不准用铁锹、木棒往下拨、刮搅拌筒口或用脚踩，工具不能碰撞搅拌机，更不能在转动时把工具伸进料斗里扒浆作业。工作完毕后应将料斗锁好，并检查一切保护装置是否完好。

第四，在未经允许下，禁止任何人合闸、拉闸和进行不合规定的电气维修。现场检修时，操作者应固定好料斗，切断电源。人员进入搅拌筒的内部工作时，外面应有人监护工程的进展情况。拌和站的机房、平台、栏杆、梯道必须牢固可靠。站内应该安装有效的吸尘装置。

第五，操纵皮带机时，操作者必须正确使用防护用品，禁止一切人员在皮带机上跨越和行走；机械发生故障时应立即停车检修，不得带病作业，从而避免破坏车的性能。用手推车运料时，车载不得超过其容量的3/4；推车时，操作人不得撒把或用力过猛。

（三）运输混凝土的安全技术措施要求

1.手推车运输混凝土的安全技术措施

在手推车运输混凝土时，工地要做到以下几点：一是运输道路应尽量平坦，斜道和坡道的坡度不得超过3%。二是推车时应注意平衡，掌握重心，不准溜放和猛跑。三是向料斗倒料，应有挡车设施，倒料时不得撒把。四是推车途中，前后车距在平地不得少于2m，下坡不得少于10m。五是用井架垂直提升时，车把不得伸出笼外，车轮前后要挡牢。六是行车道要经常清扫，冬季施工应有防滑防冻等措施。

2.自卸汽车运输混凝土的安全技术措施要求

自卸汽车运输混凝土过程中，装卸混凝土人员要做到以下几点：一是应有统一的联系和指挥信号。二是自卸汽车向坑洼地点卸混凝土时，操作者必须使后轮与坑边保持适当的安全距离，防止塌方翻车。三是卸完混凝土后，立即复原自卸装置，不可以边走边落，以免造成危险。

3.吊罐送混凝土的安全技术措施要求

使用吊罐前，工地应该做好以下的安全技术要求：一是应该对平衡梁、钢丝绳、吊锤（立罐）、吊耳（卧罐）、吊环等起重部件进行检查，如有破损则禁止使用。二是吊罐的起吊、提升、转向、下降和就位，必须听从指挥，指挥信号必须明确、准确。三是起吊前，指挥人员应得到两侧挂罐人员的明确信号，才能指挥起吊；起吊时应慢速，并且吊离地面30~50cm时进行检查，确认稳妥可靠后，方可继续提升或转向。四是吊罐吊至仓面，下落到一定高度时，应减慢下降、转向及吊机行车速度，并避免紧急刹车，以免晃荡撞击人体；要慎防吊罐撞击模板、支撑、拉条和预埋件等。五是吊罐卸完混凝土后应将斗门关好，并将吊罐外部附着的骨料、砂浆等清除后，方可吊离。放回平板车时，应缓慢下降，对准并放置平稳后方可摘钩。六是吊罐正下方严禁站人；吊罐在空间摇晃时，严禁有关人员扶拉。吊罐在仓面就位时，有关人员不得硬拉。七是当混凝土在吊罐内初凝，不能用于浇筑，采用翻罐处理废料时，应采取可靠的安全措施，并有带班人在场监护，以防发生意外。八是吊罐装运混凝土时，严禁混凝土超出罐顶，以防坍落伤人。经常检查维修吊罐。九是立罐门的托辊轴承、卧罐的齿轮，要经常检查紧固，防止因松脱坠落而伤人。

4.混凝土泵作业安全技术措施要求

在混凝土泵作业安全技术方面，操作人员要做到：一是距离基坑不得小于2cm，操作者安放混凝土泵送设备的位置。在悬臂动作范围内，禁止有任何障碍物和输电线路。二是管道敷设线路应接近直线，少弯曲；管道的支撑与固定，必须紧固可靠。三是管道的接头应密封，Y形管道应装接锥形管。垂直管道禁止直接接在泵的输出口上，应在架设之前安装不小于10m长的水平管，在水平管接近泵处应装逆止阀，敷设向下倾斜的管道，下端应接一段水平管。否则，采用弯管等。如倾斜大于7°时，在坡度上端装置排气活塞。四是风力大于6级时，工地不得使用混凝土输送悬臂；混凝土泵送设备的停车制动和锁紧制动应同时使用，水箱应储满水，料斗内不得有杂物，各润滑点应润滑正常。五是操作时，操纵开关、调整手柄、手轮、控制杆、旋塞等均应放在正确位置，液压系统应无泄漏。六是作业前，必须按要求配制水泥砂浆润滑管道，无关人员应离开管道；支腿未支牢前，不得启动悬臂。七是悬臂伸出时，工作应按顺序进行，严禁用悬臂起吊和拖拉物件。悬臂在全伸出状态时，人员严禁移动车身。八是作业中需要移动时，有关人员应将上段悬臂折叠固定；前段的软管应用安全绳系牢。九是泵送系统工作时，有关人员不得打开任何输送管道的液压管道，液压系统的安全阀不得任意调整。十是用压缩空气冲洗管道时，出口10m的管道内不得站人，并应用金属网拦截冲出物，禁止用压缩空气冲洗悬臂配管。

（四）混凝土平仓振捣的安全技术措施要求

浇筑混凝土前，工程队应全面检查仓内排架、模板及平台、漏斗、支撑、溜筒等是否安全可靠，检查是否有隐患。技术人员需要做到以下几点：

第一，仓内钢筋、拉条、脚手脚、支撑、预埋件等不得随意拆除、撬动。如需拆除、撬动时，操作者应征得施工负责人的同意。

第二，平台上所预留的下料孔，不用时应封盖；平台除了出入口外，四周均应设置栏杆和挡板。在上下设置靠梯时，仓内人员严禁从钢筋网或模板上攀登。

第三，吊罐卸料时，仓内人员应注意躲开，不得在吊罐正下方操作或停留。

第四，平仓振捣过程中，人员要经常观察支撑、模板、拉筋等是否变形。如发现变形有倒塌危险时，人员应做到如下几点：一是立即停止工作，并及时报告。二是操作时，任何人不得碰撞、触及拉条、钢筋、模板和预埋件；不得将运转中的振捣器放在模板或脚手架上。三是仓内人员要集中思想，互相关照。四是浇筑高仓位时，操作者除了要防止工具和混凝土骨料掉落仓外，还不能允许将大石块抛向仓外，以免伤人。

第五，使用电动式振捣器时，场地须有触电保安器或接地装置；搬移振捣器或中断工作时，必须切断电源。湿手不得接触振捣器的电源开关；振捣器的电缆不得破皮以防漏电。

第六，下料溜筒被混凝土堵塞时，操作者应停止下料，立即处理；处理时不得直接在溜筒上攀登。只能由电工来完成电气设备运转中的事故处理或安装拆除电气设备。

（五）混凝土养护时安全技术措施要求

对于混凝土的养护方法来说，工作人员要做到以下几点：一是电线和各种带电设备上不得有养护用水；养护人员不能用湿手触碰电线。二是养护水管要随用随关；不得使交通道转梯、脚手架平台、仓面的出口和入口等处有长流水。三是在养护仓面上遇有沟、坑、洞时，工地应设明显的安全标识。必要时，可铺安全网或设置安全栏杆。四是工地应禁止在不易站稳的高处向低处混凝土面上直接洒水养护。

综上所述，任何一个建筑物都有其明确的质量目标，如建筑造型要求、结构强度要求、材料品质等级要求、使用寿命耐久性要求等。质量的主体不仅包括产品，而且包括活动、过程、组织体系和人及其结合，是国家现行的有关法律、法规、技术标准、设计文件及工程合同中对工程的安全、耐久、适用、经济、美观等特性的综合要求。施工负责人应该做好混凝土工程中的方方面面，从而把工程做得尽如人意。

第四章 水利水电导截流工程施工

Chapter 4

水利工程的主体建筑物，如大坝、水闸等，一般是修建在河流中的。而施工是在干地中进行的，这样就需要在进行建筑物施工前，把原来的河道中的水暂时引向其他地方并流入下游。例如，要建一座水电站，先在河床外修建一条明渠，使原河流经过明渠安全泄流到下游。用堤坝把建筑物范围内的河道围起来，这种堤坝就叫作围堰。围堰围起来的河道范围叫作基坑。排干基坑中的水后即可作为施工现场。这种方法就是施工导流。

第一节　水利水电导截流工程施工导流

施工导流是保证干地施工质量和施工工期的关键，是水利工程施工特有的施工情况，对水利工程建设有重要的理论和现实意义。

一、导流设计流量的确定

（一）导流标准

知道导流设计流量的大小是施工导流的前提和保证。只有在保证施工安全的前提下，才能进行施工导流。导流设计流量取决于洪水频率标准。

施工期可能遭遇的洪水是一个随机事件。如果导流设计标准太低，不能保证工程的施工安全；反之，则会使导流工程设计规模过大，不仅导流费用增加，而且可能因其规模太大而无法按期完工，造成工程施工的被动局面。因此，导流设计标准的确定，实际上是要在经济性与风险性之间寻求平衡。

根据现行《水利水电工程施工组织设计规范》（SL 303—2004），在确定导流设计标准时，首先根据导流建筑物的保护对象、使用年限、失事后果和工程规模等因素，将导流建筑物确定为3～5级，具体按表4-1确定，然后根据导流建筑物级别及导流建筑物类型确定导流标准，见表4-2所示。

表4-1　导流建筑物级别划分

级别	保护对象	失事后果	使用年限（年）	围堰规模	
				围堰高度（m）	库容（亿m³）
3	有特殊性要求1级永久性水工建筑物	淹没重要城镇、工矿企业、交通干线或推迟工程总工期及第一台（批）机组发电，造成重大灾害和损失	＞3	＞50	＞1.0
4	1、2级永久性水工建筑物	淹没一般城镇、工矿企业或推迟工程总工期及第一台（批）机组发电而造成较大灾害和损失	1.5～3	15～50	0.1～1.0
5	3、4级永久性水工建筑物	淹没基坑，但对总工期及第一台（批）机组发电影响不大，经济损失较小	＜1.5	＜15	＜0.1

表4-2　导流建筑物洪水标准划分

导流建筑物	导流建筑物级别		
类型	3	4	5
	洪水重现期（年）		
土石混凝土	50～20 20～10	20～10 10～5	10～5 5～3

在确定导流建筑物的级别时，当导流建筑物根据表4-1指标分属不同级别时，应以其中最高级别为准。但当列为3级导流建筑物时，至少应有两项指标符合要求；当不同级别的导流建筑物或同级导流建筑物的结构形式不同时，应分别确定洪水标准、堰顶超高值和结构设计安全系数；导流建筑物级别应根据不同的施工阶段按表4-1划分，同一施工阶段中的各导流建筑物的级别，应根据其不同作用划分；各导流建筑物的洪水标准必须相同，一般以主要挡水建筑物的洪水标准为准；当利用围堰挡水发电时，围堰级别可提高一级，但必须经过技术经济论证；当导流建筑物与永久性建筑物结合时，结合部分结构设计应采用永久性建筑物级别标准，但导流设计级别与洪水标准仍按表4-1及表4-2规定执行。

当4～5级导流建筑物地基的地质条件非常复杂，或工程具有特殊要求必须采用新型结构，或失事后淹没重要厂矿、城镇时，其结构设计级别可以提高一级，但设计洪水标准不相应提高。

导流建筑物设计洪水标准应根据建筑物的类型和级别在表4-2规定幅度内选择，并结合风险度综合分析，使所选择标准经济合理；对失事后果严重的工程，要考虑对超标准洪水的应急措施。导流建筑物洪水标准在下述情况下可用表4-2中的上限值：

（1）河流水文实测资料系列较短（小于20年），或工程处于暴雨中心区。

（2）采用新型围堰结构形式。

（3）处于关键施工阶段，失事后可能导致严重后果。

（4）工程规模、投资和技术难度的上限值与下限值相差不大。

当枢纽所在河段上游建有水库时，导流设计采用的洪水标准应考虑上游梯级水库的影响及调蓄作用。

过水围堰的挡水标准应结合水文特点、施工工期、挡水时段，经技术经济比较后，在重现期3～20年内选定。当水文序列较长（不小于30年）时，也可按实测流量资料分析选用。过水围堰级别按各项指标以过水围堰挡水期情况作为衡量依据。围堰过水时的设计洪水标准应根据过水围堰的级别和表4-2选定。当水文系列较长（不小于30年）时，也可按实测典型年资料分析并通过水力学计算或水工模型试验选用。

（二）导流时段划分

导流时段就是按照导流程序划分的各施工阶段的延续时间。我国一般河流全年的流量变化过程分为枯水期、中水期和洪水期。在不影响主体工程施工的条件下，若导流建筑物只担负非洪水期的挡水泄水任务，显然可以大大减少导流建筑物的工程量，改善导流建筑物的工作条件，具有明显的技术经济效益。因此，合理划分导流时段，明确不同导流时段建筑物的工作条件，是既安全又经济地完成导流任务的基本要求。

导流时段的划分与河流的水文特征、水工建筑物的形式、导流方案、施工进度有关。土坝、堆石坝和支墩坝一般不允许过水。当施工进度能够保证在洪水来临前完工时，导流时段可按洪水来临前的施工时段为标准，导流设计流量即为洪水来临前的施工时段内按导流标准确定的相应洪水重现期的最大流量。但是当施工期较长，洪水来临前不能完建时，导流时段就要考虑以全年为标准，其导流设计流量就应以导流设计标准来确定相应洪水期的年最大流量。

山区型河流的特点是：洪水期流量特别大、历时短，而枯水期流量特别小。因此，水位变幅很大。若按一般导流标准要求设计导流建筑物，则需将挡水围堰修得很高或者将泄水建筑物的尺寸设计得很大，这样显然是很不经济的。可以考虑采用允许基坑淹没的导流方案，就是大水来时围堰过水，基坑被淹没，河床部分停工，待洪水退落、围堰挡水时再继续施工。由于基坑淹没引起的停工天数不长，故使得施工进度能够保证，而导流总费用（导流建筑物费用与淹没基坑费用之和）又较节省，所以比较合理。

二、施工导流方案的选择

水利水电枢纽工程的施工，从开工到完建往往不是采用单一的导流方法，而是几种导流方法组合起来配合运用，以取得最佳的技术经济效果。例如：三峡工程采用分期导流方式，分三期进行施工：第一期土石围堰围护右岸汊河，江水和船舶从主河槽通过；第二期围护主河槽，江水经导流明渠泄向下游；第三期修建碾压混凝土围堰拦断明渠，江水经由泄洪坝段的永久深孔和22个临时导流底孔下泄。这种不同导流时段、不同导流方法的组合，通常就称为导流方案。

导流方案的选择应根据不同的环境、目的和因素等综合确定。合理的导流方案，必须在周密地研究各种影响因素的基础上，拟订几个可能的方案，进行技术经济比较，从中选择技术经济指标优越的方案。

选择导流方案时考虑的主要因素如下。

（一）水文条件

水文条件是施工导流方案中的首要考虑因素。全年河流流量的变化情况、每个时期的流量大小和时间长短、水位变化的幅度、冬季的流冰及冰冻情况等，都是影响导流方案的因素。一般来说，对于河床单宽流量大的河流，宜采用分段围堰法导流。对于枯水期较长的河流，可以充分利用枯水期安排工程施工。对于流冰的河流，应充分注意流冰的宣泄问题，以免流冰壅塞、影响泄流进而造成导流建筑物失事。

（二）地质条件

河床的地质条件对导流方案的选择与导流建筑物的布置有直接影响。若河流两岸或一岸岩石坚硬且有足够的抗压强度，则有利于选用隧洞导流。如果岩石的风化层破碎，或有较厚的沉积滩地，则选择明渠导流。河流的窄宽对导流方案的选择也有直接的关系。当河道窄时，其过水断面的面积必然有限，水流流过的速度增大。对于岩石河床，其抗冲刷能力较强。河床允许束窄程度甚至可达到88%，流速增加到7.5m/s，但对覆盖层较厚的河床，抗冲刷能力较差，其束窄程度不到30%，流速仅允许达到3.0m/s。此外，选择围堰形式，基坑能否允许淹没，能否利用当地材料修筑围堰，等等，也都与地质条件有关。

（三）水工建筑物的形式及其布置

水工建筑物的形式及其布置与导流方案相互影响，因此在决定建筑物的形式和枢纽布置时，应该同时考虑并拟订导流方案；而在选定导流方案时，又应该充分利用建筑物形式和枢纽布置方面的特点。若枢纽组成中有隧洞、涵管、泄水孔等永久泄水建筑物，在选择导流方案时应尽可能利用。在设计永久泄水建筑物的断面尺寸及其布置位置时，也要充分考虑施工导流的要求。

就挡水建筑物的形式来说，土坝、土石混合坝和堆石坝的抗冲能力小，除采取特殊措施外，一般不允许从坝身过水，所以多利用坝身以外的泄水建筑物（如隧洞、明渠等）

或坝身范围内的泄水建筑物（如涵管等）来导流，这就要求枯水期将坝身抢筑到拦洪高程以上，以免水流漫顶、发生事故。对于混凝土坝，特别是混凝土重力坝，由于抗冲能力较强，允许流速达到25m/s，故不但可以通过底孔泄流，而且可以通过未完建的坝身过水，使导流方案选择的灵活性大大增加。

（四）施工期间河流的综合利用

施工期间，为了满足通航、筏运、渔业、供水、灌溉或水电站运转等的要求，使导流问题的解决变得更加简单，在通航河流上大多采用分段围堰法导流。要求河流在束窄以后，河宽仍能便于船只的通行，水深要与船只吃水深度相适应，束窄断面的最大流速一般不得超过2.0m/s。

对于浮运木筏或散材的河流，在施工导流期间，要避免木筏或散材壅塞泄水建筑物或者堵塞束窄河床。在施工中后期，水库拦洪蓄水时，要注意满足下游供水、灌溉用水和水电站运行的要求；有时为了保证渔业的要求，还要修建临时的过鱼设施，以便鱼群能洄游。

影响施工导流方案的因素有很多，但水文条件、地形地质条件和坝型是考虑的主要因素。河谷形状系数在一定程度上综合反映地形地质情况，当该系数小时表明：河谷窄深，地质多为岩石。

三、围堰

围堰是施工导流中临时的建筑物，围起建筑施工所需的范围，保证建筑物能在干地施工。在施工导流结束后如果围堰对永久性建筑的运行有妨碍等，应予以拆除。

（一）围堰的分类

按其所使用的材料，最常见的围堰有土石围堰、混凝土围堰、草土围堰、钢板桩格型围堰等。

按围堰与水流方向的相对位置，围堰可以分为大致与水流方向垂直的横向围堰和大致与水流方向平行的纵向围堰。

按围堰与坝轴线的相对位置，围堰可分为上游围堰和下游围堰。

按导流期间基坑淹没条件，围堰可以分为过水围堰和不过水围堰。过水围堰除需要满足一般围堰的基本要求外，还要满足堰顶过水的专门要求。

按施工分期，围堰可以分为一期围堰和二期围堰等。

在实际工程中，为了能充分反映某一围堰的基本特点，常以组合方式对围堰命名，如一期下游横向土石围堰、二期混凝土纵向围堰等。

（二）围堰的基本形式

1.不过水土石围堰

不过水土石围堰是水利水电工程中应用最广泛的一种围堰形式，其断面与土石坝相仿，通常用土和石渣（或砾石）填筑而成。它能充分利用当地材料或废弃的土石方，构造简单，施工方便，对地形地质条件要求低，可以在动水中、深水中、岩基上或有覆盖层的河床上修建。

2.混凝土围堰

混凝土围堰的抗冲与抗渗能力强，挡水水头高，断面尺寸较小，易于与永久性混凝土建筑物相连接，必要时还可以过水，因此采用比较广泛。在国外，采用拱形混凝土围堰的工程较多。近年，国内贵州省的乌江渡、湖南省的凤滩等水利水电工程也采用过拱形混凝土围堰作为横向围堰，但多数还是以重力式围堰做纵向围堰。例如，我国的三门峡、丹江口、三峡工程的混凝土纵向围堰均为重力式混凝土围堰。

（1）拱形混凝土围堰

拱形混凝土围堰由于利用了混凝土抗压强度高的特点，与重力式围堰相比，断面较小，可节省混凝土工程量。一般适用于两岸陡峻、岩石坚实的山区河流，常采用隧洞及允许基坑淹没的导流方案。通常围堰的拱座是在枯水期的水面以上施工的。对围堰的基础处理，当河床的覆盖层较薄时，需进行水下清基；当覆盖层较厚时，则可灌注水泥浆防渗加固。堰身的混凝土浇筑则要进行水下施工，在拱基两侧要回填部分砂砾料以便灌浆，形成阻水帷幕，因此难度较高。

（2）重力式混凝土围堰

采用分段围堰法导流时，重力式混凝土围堰往往可兼作第一期和第二期纵向围堰，两侧均能挡水，还能作为永久性建筑物的一部分，如隔墙、导墙等。纵向围堰需抵御高速水流的冲刷，所以一般均修建在岩基上。为保证混凝土的施工质量，一般可将围堰布置在枯水期出露的岩滩上。如果这样还不能保证干地施工，则通常需另修土石低水围堰加以围护。重力式混凝土围堰现在有普遍采用碾压混凝土浇筑的趋势，比如三峡工程三期上游的横向围堰及纵向围堰均采用碾压混凝土。

重力式围堰可做成普通的实心式，与非溢流重力坝类似，也可做成空心式，如三门峡工程的纵向围堰。

3.草土围堰

草土围堰是一种草土混合结构，采用多种捆草法修筑，是我国人民长期与洪水做斗争的智慧结晶，至今仍用于黄河流域的水利水电工程中。例如，黄河的青铜峡、盐锅峡、八盘峡水电站和汉江的石泉水电站都成功地应用过草土围堰。

草土围堰施工简单，施工速度快，可就地取材，成本低，还具有一定的抗冲、防渗能力，能适应沉陷变形，可用于软弱地基；但草土围堰不能承受较大水流，施工水深及流速也受到限制，草料还易于腐烂，一般水深不宜超过6m，流速不超过3.5m/s。草土围堰使用期约为两年。八盘峡工程修建的草土围堰最大高度达17m，施工水深达11m，最大流速1.7m/s，堰高及水深突破了上述范围。

草土围堰适用于岩基或砂砾石基础。如河床大孤石过多，草土体易被架空，形成漏水通道，使用草土围堰时应有相应的防渗措施。细砂或淤泥基础因为容易被冲刷，稳定性差，所以不适宜采用。

草土围堰断面一般为梯形，堰顶宽度为水深的2~2.5倍；若为岩基，则为1.5倍。

（三）围堰的平面布置

围堰的平面布置是一个很重要的问题。如果围护基坑的范围过大，就会使得围堰工程量大并且增加排水设备容量和排水费用；如果范围过小，又会妨碍主体工程施工，进而影响工期；如果分期导流的围堰外形轮廓不当，还会造成导流不畅，冲刷围堰及其基础，影响主体工程安全施工。

围堰的平面布置主要包括堰内基坑范围确定和围堰轮廓布置两个问题。

堰内基坑范围大小主要取决于主体工程的轮廓及其施工方法。当采用一次拦断的不分期导流时，基坑是由上、下游围堰和河床两岸围成的。当采用分期导流时，基坑是由纵向围堰与上、下游横向围堰围成的。在上述两种情况下，上、下游横向围堰的布置都取决于主体工程的轮廓。通常围堰坡趾距离主体工程轮廓的距离为20~30m，以便布置排水设施、交通运输道路、堆放材料和模板等。至于基坑开挖边坡的大小，则与地质条件有关。

当纵向围堰不作为永久性建筑物的一部分时，围堰坡趾距离主体工程轮廓的距离，一般不小于2.0m，以便布置排水导流系统和堆放模板。如果无此要求，只需留0.4~0.6m。

在实际工程中，基坑形状和大小往往是很不相同的。有时可以利用地形来减小围堰的高度和长度；有时为照顾个别建筑物施工的需要，将围堰轴线布置成折线形；有时为了避开岸边较大的溪沟，也采用折线布置。为了保证基坑开挖和主体建筑物的正常施工，布置基坑范围应当留有富余。

（四）围堰保护措施

1.围堰防冲措施

一次拦断的不分段围堰法的上、下游横向围堰，应与泄水建筑物进出口保持足够的距离。分段围堰法导流，围堰附近的流速流态与围堰的平面布置密切相关。

当河床是由可冲性覆盖层或软弱破碎岩石组成时，必须对围堰坡脚及其附近河床进行防护。工程实践中采取的护脚措施主要有抛石、柴排及钢筋混凝土柔性排三种。

2.围堰的防渗

围堰的渗漏主要有三个部位：堰体与原河床接触面；堰体与岸坡接触面；膜袋与膜袋之间。

围堰防渗的基本要求和一般挡水建筑物无大差异。土石围堰的防渗一般采用斜墙，斜墙按水平铺盖、垂直防渗墙或灌浆帷幕等措施。围堰一般需在水中修筑，因此如何保证斜墙和水平铺盖的水下施工质量是一个关键课题。

土石围堰的斜墙和铺盖一般都在深水中，可用人工手铲抛填的方法施工，施工时注意滑坡、颗粒分离及坡面平整等的控制。抛填后填土密实度均匀，干容重均在安全系数以上，无显著分层沉积现象，土坡稳定。斜墙和水平铺盖的水下施工难度较高，但只要施工方法选择得当，保证质量是没问题的。

3.围堰的接头处理

围堰的接头是指就围堰与围堰、围堰与其他建筑物及围堰与岸坡等的连接而言。围堰的接头处理与其他水工建筑物接头处理的要求并无多大区别，所不同的仅在于围堰是临时建筑物，使用期不长。因此，接头处理措施可适当简便。例如，混凝土纵向围堰与土石横向围堰的接头，一般采用刺墙型式，以增加绕流渗径，防止引起有害的集中渗漏。为降低造价，使施工和拆除方便，在基础部位可用混凝土刺墙，上接双层2.5cm厚木板，中夹两层沥青油膏及一层油毛毡的木板刺墙。木板刺墙与混凝土纵向围堰的连接处设厚2mm的白铁片止水。木板刺墙与混凝土刺墙的接触处则用一层油毛毡和两层沥青麻布防渗。

4.围堰基础防渗技术

围堰基础防渗方案很多，如水泥灌浆、水泥化学浆液复合型灌浆、高压喷射灌浆、塑性灌浆、可控性灌浆、混凝土防渗墙等。每种方法都有自身的优点和缺点，通常情况下一种方法的缺点可能正是另外一种方法的优点，具有很强的互补性。对具体项目来说，必须选择合适的防渗方案，以确保围堰防渗质量。下面简要概述一下高压喷射灌浆技术。

（1）技术原理

高压喷射灌浆主要是通过将喷射管中的高压水、泥浆或者气体喷射出来，在喷射时，喷射管中的物质会将土体进行切分，在强大的压力冲击下形成泥浆，接着从下至上持续地灌注水泥砂浆或纯水泥浆，就可以将泥浆升扬至地面。泥浆会在地面形成一层防渗膜，该层防渗膜不仅具有较高的强度，而且渗透系数非常小，防渗性能极佳，地基承载力也得到了明显提升。高压喷射灌浆技术还有着其他防渗技术不具备的特点，即灌浆的可灌性与可控性，主要体现在：其作业时，不会对非喷射位置产生影响，仅在射流作用的范围内进行扩散与充填。而且高压喷射灌浆形成的凝结体不是单一因素作用的结果，是通过以地层因素与工作因素为主导、以压力、风力因素为辅共同作用的结果。

①冲切掺搅作用。高压喷射灌浆技术能够通过较高压力将水、泥浆或气体喷射出来，喷射出来的物质有极强的切割作用，可以快速将土体分割冲切，破坏原本的土体结构，然后使土体碎小颗粒与浆液充分混合。

②升扬置换作用。高压喷射灌浆作业时，压缩空气不仅能够保护切流束，还可以在能量释放的过程中使气泡将土体颗粒携带并升扬至地表。依靠高压喷射灌浆技术，将土体中的部分颗粒置换到地面并使浆液充分填充至土体空隙中，可以明显优化地层组分，提高其地基承载力的同时具备极佳的防渗性能。

③填充挤压作用。在射流束终端部位，能量衰减较多，已经无法达到切割土体的目标，但是却可以对土体产生一定的挤压力，使土体与浆液紧密结合。在喷射结束后，受到静压的影响，灌浆作业不会立刻停滞，仍会对浆液与土体产生挤压力，进一步使土体与浆液结合。

④渗透凝结作用。高压喷射灌浆作业形成的凝结体不仅会在作业区域内起到极佳的防渗作用，还可以向作业区域周边扩散与渗透，形成一层有着一定防渗性能的渗透凝结层。一般来说，这层渗透凝结层的厚度与作业区域地层渗透性与级配有着直接的联系。因此，高压喷射作业之前需要对作业区域地层条件进行细致的考察。

（2）施工工艺流程与主要参数

高压喷射灌浆施工工艺主要分为六个主要流程：第一个流程为定孔，即确定钻机钻孔位置。定孔需要严格按照设计图纸进行并且还需要经过多次复核后方可确定。第二个流程为钻孔，即采用钻孔机在定孔处进行钻孔作业。钻孔作业之前需要对作业区域地层、地质条件进行充分的研究并做好整理与归纳工作，采用合适的钻头作业。第三个流程为下喷射桩，即将注浆管插入地层，保证插入深度符合设计要求。为了避免出现泥沙将喷嘴堵塞的情况，可以在插管的同时喷水，控制喷水压力在1MPa以内即可。第四个流程为制浆，即喷水将土体切分并与小颗粒土体充分混合形成泥浆。第五个流程为喷射，当喷嘴抵达设计要求深度后，从下至上进行喷射作业。这一流程中的关键在于浆液初凝时间、风量、压力、注浆流量、提升速度的控制。第六个流程为旋转、提升与定向，按照设计要求进行即可。

高压喷射灌浆的施工参数是整个施工作业的核心部分，一般需要根据地层情况与单桩试验结果方可确定。

四、施工导流

施工导流的方法大体上分为两类：一类是全段围堰法导流（即河床外导流），另一类是分段围堰法导流（即河床内导流）。

（一）全段围堰法导流

全段围堰法导流是在河床主体工程的上、下游各建一道拦河围堰，使上游来水通过预先修筑的临时或永久泄水建筑物（如明渠、隧洞等）泄向下游，主体建筑物在排干的基坑中进行施工，主体工程建成或接近建成时再封堵临时泄水道。这种方法的优点是工作面大，河床内的建筑物在一次性围堰的围护下建造。若能利用水利枢纽中的永久泄水建筑物导流，可大大节约工程投资。

全段围堰法按泄水建筑物的类型不同可分为明渠导流、隧洞导流、涵管导流、渡槽导流等。

1.明渠导流

为保证主体建筑物干地施工，在地面上挖出明渠使河道安全地泄向下游的导流方式称为明渠导流。

当导流量大，地质条件不适于开挖导流隧洞，河床一侧有较宽的台地或古河道，或者施工期需要通航过木或排冰时，可以考虑采用明渠导流。

国内外工程实践证明，在导流方案比较中，当明渠导流和隧洞导流均可采用时，一般倾向于明渠导流，这是因为明渠开挖可采用大型设备，加快施工进度，对主体工程提前开工有利。

（1）导流明渠布置

导流明渠布置分岸坡上和滩地上两种布置形式。

①导流明渠轴线的布置。导流明渠应布置在较宽台地、垭口或古河道一岸；渠身轴线要伸出上、下游围堰外坡脚，水平距离要满足防冲要求，一般为50~100m；明渠进出口应与上、下游水流相衔接，与河道主流的交角以30°为宜；为保证水流畅通，明渠转弯半径应大于5倍渠底宽；明渠轴线布置应尽可能地缩短明渠长度和避免深挖方。

②明渠进出口位置和高程的确定。明渠进出口力求不冲、不淤和不产生回流，可通过水力学模型试验调整进出口形状和位置，以达到这一目的；进口高程按截流设计选择，出口高程一般由下游消能控制；进出口高程和渠道水流流态应满足施工期通航、过木和排冰要求。在满足上述条件下，尽可能抬高进出口高程，以减少水下开挖量。

（2）明渠封堵

导流明渠结构布置应考虑后期封堵要求。当施工期有通航、过木和排冰任务，明渠较宽时，可在明渠内预设闸门墩，以利于后期封堵。当施工期无通航、过木和排冰任务时，应于明渠通水前，将明渠坝段施工到适当高程，并设置导流底孔和坝面口使二者联合泄流。

2.隧洞导流

为保证主体建筑物干地施工，采用导流隧洞的方式宣泄天然河道水流的导流方式称为隧洞导流。

当河道两岸或一岸地形陡峻、地质条件良好、导流流量不大、坝址河床狭窄时，可考虑采用隧洞导流。

（1）导流隧洞的布置

导流隧洞的布置一般应满足以下条件：

①隧洞轴线沿线地质条件良好，足以保证隧洞施工和运行的安全。隧洞轴线宜按直线布置，当有转弯时，转弯半径不小于5倍洞径（或洞宽），转角不宜大于60°，弯道首尾应设直线段，长度不应小于3～5倍的洞径（或洞宽）；进出口引渠轴线与河流主流方向夹角宜小于30°。

②隧洞间净距、隧洞与永久建筑物间距、洞脸与洞顶围岩厚度均应满足结构和应力要求。

③隧洞进出口位置应保证水力学条件良好，并伸出堰外坡脚一定距离，一般距离应大于50m，以满足围堰防冲要求。进口高程多由截流控制，出口高程由下游消能控制，洞底按需要设计成缓坡或急坡，避免成反坡。

（2）隧洞封堵

导流隧洞设计应考虑后期封堵要求，布置封堵闸门门槽及启闭平台设施。有条件者，导流隧洞应与永久隧洞结合，以利于节省投资（如小浪底工程的三条导流隧洞，后期将改建为三条孔板消能泄洪洞）。一般高水头枢纽，导流隧洞只可能与永久隧洞部分相结合，中、低水头则有可能全部相结合。

3.涵管导流

涵管通常布置在河岸岩滩上，其位置在枯水位以上，这样可在枯水期不修围堰或只修一段围堰而先将涵管筑好，然后修上、下游全段围堰，将河水引经涵管下泄。

涵管一般是钢筋混凝土结构。当有永久涵管可以利用或修建隧洞有困难时，采用涵管导流是合理的。在某些情况下，可在建筑物基岩中开挖沟槽，必要时予以衬砌，然后封上混凝土或钢筋混凝土顶盖，形成涵管。利用这种涵管导流往往可以获得经济可靠的效果。由于涵管的泄水能力较低，所以一般用于导流流量较小的河流上或只用来担负枯水期的导流任务。

为了防止涵管外壁与坝身防渗体之间的渗流，通常在涵管外壁每隔一定距离设置截流环，以延长渗径，降低渗透坡降，减少渗流的破坏作用。此外，必须严格控制涵管外壁防渗体的压实质量。涵管管身的温度缝或沉陷缝中的止水必须认真施工。

（二）分段围堰法导流

分段围堰法也称分期围堰法，是用围堰将建筑物分段分期围护起来进行施工的方法。

分段就是从空间上将河床围护成若干个干地施工的基坑段进行施工。分期就是从时间上将导流过程划分成阶段。导流的分期数和围堰的分段数并不一定相同，因为在同一导流分期中，建筑物可以在一段围堰内施工，也可以同时在不同段围堰内施工。但是段数分得越多，围堰工程量就越大，施工也越复杂；同样，期数分得越多，工期有可能拖得越长。在通常情况下采用二段二期导流法。

分段围堰法导流一般适用于河床宽阔、流量大、施工期较长的工程，尤其在通航河流和冰凌严重的河流上。这种导流方法的费用较低，国内外一些大、中型水利水电工程采用较广。分段围堰法导流，前期由束窄的原河道导流，后期可利用事先修建好的泄水道导流，常见泄水道的类型有底孔、坝体缺口等。

1.底孔导流

利用设置在混凝土坝体中的永久底孔或临时底孔作为泄水道，是二期导流经常采用的方法。导流时让全部或部分导流流量通过底孔宣泄到下游，保证后期工程的施工。临时底孔在工程接近完工或需要蓄水时要加以封堵。

采用临时底孔时，底孔的尺寸、数目和布置要通过相应的水力学计算确定，其中底孔的尺寸在很大程度上取决于导流的任务（过水、过船、过木和过鱼）及水工建筑物结构特点和封堵用闸门设备的类型。底孔的布置要满足截流、围堰工程以及本身封堵的要求。若底坎高程布置较高，截流时落差就大，围堰也就越高。但封堵时的水头较低，封堵容易。一般底孔的底坎高程应布置在枯水位之下，以保证枯水期泄水。当底孔数目较多时，可把底孔布置在不同的高程，封堵时从最低高程的底孔堵起，这样可以减小封堵时所承受的水压力。

底孔导流的优点是挡水建筑物上部的施工可以不受水流的干扰，有利于均衡连续施工，这对修建高坝特别有利。若坝体内设有永久底孔可以用来导流时，更为理想。底孔导流的缺点有：由于坝体内设置了临时底孔，使钢材用量增加；如果封堵质量不好，会削弱坝体的整体性，有可能漏水；在导流过程中，底孔有被漂浮物堵塞的危险；封堵时由于水头较高，安放闸门及止水等均较困难。

2.坝体缺口导流

在混凝土坝施工过程中，当汛期河水暴涨暴落，其他导流建筑物不足以宣泄全部流量时，为了不影响坝体施工进度，使坝体在涨水时仍能继续施工，可以在未建成的坝体上预留缺口，以便配合其他建筑物宣泄洪峰流量。待洪峰过后，上游水位回落，再继续修筑缺口。所留缺口的宽度和高度取决于导流设计流量、其他建筑物的泄水能力、建筑物的结构特点和施工条件。当采用底坎高程不同的缺口时，为避免高、低缺口单宽流量相差过大，产生高缺口向低缺口的侧向泄流，引起压力分布不均匀，需要适当控制高、低缺口间的高差。根据湖南省柘溪工程的经验，其高差以不超过4~6m为宜。

在修建混凝土坝，特别是大体积混凝土坝时，由于这种导流方法比较简单，常被采用。

底孔导流和坝体缺口导流一般只适用于混凝土坝，特别是重力式混凝土坝枢纽。至于土石坝或非重力式混凝土坝枢纽，采用分段围堰法导流，常与隧洞导流、明渠导流等河床外导流方式相结合。

五、导流泄水建筑物的布置

导流建筑物包括泄水建筑物和挡水建筑物。现在着重说明导流泄水建筑物布置与水力计算的有关问题。

（一）导流隧洞

1.导流隧洞的布置

隧洞的平面布置主要指隧洞路线选择。影响隧洞布置的因素很多，选线时应特别注意地质条件和水力条件，一般可参照以下原则布置：

（1）隧洞轴线沿线地质条件良好，足以保证隧洞施工和运行的安全。应将隧洞布置在完整、新鲜的岩石中。为了防止隧洞沿线可能产生大规模塌方，应避免洞轴线与岩层、断层、破碎带平行，洞轴线与岩石层面的交角最好在45°以上。

（2）当河岸弯曲时，隧洞宜布置在凸岸，不仅可以缩短隧洞长度，而且水力条件较好。国内外许多工程均采用这种布置。但是也有个别工程的隧洞位于凹岸，使隧洞进口方向与天然水流方向一致。

（3）对于高流速无压隧洞，应尽量避免转弯。有压隧洞和低流速无压隧洞，如果必须转弯，则转弯半径应大于5倍洞径（或洞宽），转折角应不大于60°。在弯道的上下游应设置直线段过渡，直线段长度一般也应大于5倍洞径（或洞宽）。

（4）进出口与河床主流流向的交角不宜太大，否则会造成上游进水条件不良，下游河道会产生有害的折冲水流与涌浪。进出口引渠轴线与河流主流方向夹角宜小于30°。上游进口处的要求可酌情放宽。

（5）当需要采用两条以上的导流隧洞时，可将它们布置在一岸或两岸。一岸双线隧洞间的岩壁厚度一般不应小于开挖洞径的2倍。

（6）隧洞进出口距上下游围堰坡脚应有足够的距离，一般要求50m以上，以满足围堰防冲要求。进口高程多由截流控制，出口高程由下游消能控制，洞底按需要设计成缓坡或急坡，避免成反坡。

2.导流隧洞断面及进出口高程设计

隧洞断面尺寸的大小取决于设计流量、地质和施工条件，洞径应控制在施工技术和结构安全允许范围内。目前，国内单洞断面大小多在200m²以下，单洞泄量为2000～2500m³/s。

隧洞断面形式取决于地质条件、隧洞工作状况（有压或无压）及施工条件，常用断面形式有圆形、马蹄形、方圆形。圆形多用于有压洞，马蹄形多用于地质条件不良的无压洞，方圆形有利于截流和施工。

在洞身设计中，糙率n值的选择是十分重要的问题，糙率的大小直接影响到断面的大小，而衬砌与否、衬砌的材料和施工质量、开挖的方法和质量则是影响糙率大小的因素。一般混凝土衬砌糙率值为0.014～0.025；不衬砌隧洞的糙率变化较大，光面爆破时为0.025～0.032，一般炮眼爆破时为0.035～0.044。设计时根据具体条件，查阅有关手册，选取设计的糙率值。对重要的导流隧洞工程，应通过水工模型试验验证其糙率的合理性。

导流隧洞设计应考虑后期封堵要求，布置封堵闸门门槽及启闭平台设施。有条件者，导流隧洞应与永久隧洞结合，以节省投资（如小浪底工程的三条导流隧洞，后期将改建为三条孔板消能泄洪洞）。一般高水头枢纽，导流隧洞只可能部分地与永久隧洞相结合；中、低水头枢纽则有可能全部地与永久隧洞相结合。

隧洞围岩应有足够的厚度，并与永久建筑物有足够的施工间距，以避免受到基坑渗水和爆破开挖的影响。进洞处顶部岩层厚度通常为1～3倍洞径。进洞位置也可通过经济比较来确定。

进出口底部高程应考虑洞内流态、截流放木等要求。一般出口底部高程与河底齐平或略高，有利于洞内排水和防止淤积影响。对于有压隧洞，底坡在1‰～3‰者居多，这样有利于施工和排水。无压隧洞的底坡主要取决于过流要求。

（二）导流明渠

1.导流明渠布置

（1）布置形式

导流明渠布置分在岸坡上和滩地上两种布置形式。

（2）布置要求

①尽量利用有利地形，布置在较宽台地、垭口或古河道一岸，使明渠工程量最小，但伸出上下游围堰外坡脚的水平距离要满足防冲要求，一般为50～100m；尽量避免渠线通过不良地质区段，特别应注意滑坡崩塌体，保证边坡稳定，避免高边坡开挖。在河滩上

开挖的明渠,一般需设置外侧墙,其作用与纵向围堰相似。外侧墙必须布置在可靠的地基上,并尽量能使其直接在干地上施工。

②明渠轴线应顺直,以使渠内水流顺畅平稳,应避免采用S形弯道。明渠进出口应分别与上下游水流相衔接,与河道主流的交角以30°为宜。为保证水流畅通,明渠转弯半径应大于5倍渠底宽。对于软基上的明渠,渠内水面与基坑水面之间最短距离应大于两水面高差的2.5~3.0倍,以免发生渗透破坏。

③导流明渠应尽量与永久明渠相结合。当枢纽中的混凝土建筑物采用岸边式布置时,导流明渠常与电站引水渠和尾水渠相结合。

④必须考虑明渠挖方的利用。国外有些大型导流明渠,出渣料均用于填筑土石坝,如巴基斯坦的塔贝拉导流明渠、印度的犹凯坝明渠等。

⑤防冲问题。在良好岩石中开挖出的明渠,可能无须衬砌,但应尽量减小糙率。软基上的明渠应有可靠的衬砌防冲措施。有时为了尽量利用较小的过水断面而增大泄流能力,即使是岩基上的明渠,也用混凝土衬砌。出口消能问题也应受到特别重视。

⑥在明渠设计中,应考虑封堵措施。因明渠施工时是在干地上的,同时布置闸墩,方便导流结束时采用下闸封堵方式。国内个别工程对此考虑不周,不仅增加了封堵的难度,而且拖延了工期,影响整个枢纽按时发挥效益,应引以为戒。

2.明渠进出口位置和高程的确定

进口高程按截流设计选择,出口高程一般由下游消能控制,进出口高程和渠道水流流态应满足施工期通航、过木和排冰要求。在满足上述条件下,尽可能抬高进、出口高程,以减少水下开挖量。其目的在于力求明渠进出口不冲不淤和不产生回流,还可通过水力学模型试验调整进出口形状和位置。

3.导流明渠断面设计

(1)明渠断面尺寸的确定

明渠断面尺寸由设计导流流量控制,并受地形、地质和允许抗冲流速影响,应按不同的明渠断面尺寸与围堰的组合,通过综合分析确定。

(2)明渠断面形式的选择

明渠断面一般设计成梯形;当渠底为坚硬基岩时,可设计成矩形。有时为满足截流和通航目的,也可设计成复式梯形断面。

(3)明渠糙率的确定

明渠糙率大小直接影响明渠的泄水能力,而影响糙率大小的因素有衬砌的材料、开挖的方法、渠底的平整度等,可根据具体情况查阅有关手册确定。对大型明渠工程,应通过模型试验选取糙率。

（三）导流底孔及坝体缺口

1.导流底孔

早期工程的底孔通常布置在每个坝段内，称跨中布置。例如，三门峡工程，在一个坝段内布置两个宽3m、高8m的方形底孔；新安江在一个坝段内布置一个宽10m、高13m的门洞形底孔，进口处加设中墩，以减轻封堵闸门重量。另外，国内从柘溪工程开始，相继在凤滩、白山工程中采用骑缝布置（也称跨缝布置），孔口高宽比愈来愈大，钢筋耗用量显著减少。白山导流底孔为满足排冰需要，进口不加中墩，且进口处孔高达21m（孔宽9m），设计成自动满管流进口。国外也有一些工程采用骑缝布置，如非洲的卡里巴、苏联的克拉斯诺亚尔斯克等。巴西的伊泰普工程则采用跨中与骑缝相间的混合布置，孔口宽6.7m、高22m。

导流底孔高程一般比最低下游水位低一些，主要根据通航、过木及截流要求，通过水力计算确定。若为封闭式框架结构，则需要结合基岩开挖高程和框架底板所需厚度综合确定。

2.坝体预留缺口

缺口宽度与高程主要由水力计算确定。如果缺口位于底孔之上，孔顶板厚度应大于3m。各坝块的预留缺口高程可以不同，但缺口高差一般以控制在4～6m为宜。当坝体采用纵缝分块浇筑法，未进行接缝灌浆过水，且流量大、水头高时，则应校核单个坝块的稳定。在轻型坝上采用缺口泄洪时，应校核支墩的侧向稳定。

（四）导流涵管

对导流涵管的水力学问题，如管线布置、进口体形、出口消能等问题的考虑，均与导流底孔和隧洞相似。但是，涵管与底孔也有很大的不同。涵管被压在土石坝体下面，若因布置不妥或结构处理不善，可能造成管道开裂、渗漏，导致土石坝失事。因此，在布置涵管时，还应注意以下几个问题：

（1）应使涵管坐落在基岩上。若有可能，宜将涵管嵌入新鲜基岩中。大、中型涵管应有一半高度埋入为宜。有些中、小型工程，可先在基岩中开挖明渠，顶部加上盖板形成涵管。苏联的谢列布良电站，其涵管是在岩基中开挖出来的，枯水流量通过涵管下泄，第一次洪水导流是同时利用涵管和管顶明渠下泄；当管顶明渠被土石坝拦堵后，下一次洪水则仅由涵管宣泄。

（2）涵管外壁与大坝防渗土料接触部位应设置截流环，以延长渗径，防止接触渗透破坏。环间距一般可取10～20m，环高1～2m，厚0.5～0.8m。

（3）大型涵管断面也常用方圆形。若上部土荷载较大，顶拱宜采用抛物线形。

第二节　水利水电导截流工程截流施工

在施工导流中，只有截断原河床水流（简称截流），把河水引向导流泄水建筑物下泄，才能在河床中全面开展主体建筑物的施工。

截流过程一般为：先在河床的一侧或两侧向河床中填筑截流戗堤，逐步缩窄河床，称为进占。戗堤进占到一定程度，河床束窄，形成流速较大的过水缺口叫龙口。封堵龙口的工作叫合龙。合龙以后，龙口段及戗堤本身仍然漏水，必须在戗堤全线设置防渗措施，这一工作叫闭气。所以，整个截流过程包括戗堤进占、龙口裹头及护底、合龙、闭气四项工作。截流后，对戗堤进一步加高培厚，修筑成设计围堰。

截流在施工导流中占有重要的地位，如果截流不能按时完成（截流失败，失去了以水文年计算的良好截流时机），就会延误相关建筑物的开工日期，甚至可能拖延工期一年。截流本身在技术上和施工组织上都具有相当的艰巨性和复杂性。为了截流成功，必须充分掌握河流的水文、地形、地质等条件，掌握截流过程中水流的变化规律及其影响，做好周密的施工组织，在狭小的工作面上用较大的施工强度，在较短的时间内完成截流。所以，在施工导流中，常把截流看作一个关键性工作，它是影响施工进度的一个控制项目。

长江葛洲坝工程于1981年1月仅用36.23h，在4800m³/s流量情况下胜利截流，为在大江大河上进行截流，积累了宝贵的经验。而1997年11月三峡工程大江截流和2002年11月三峡工程三期导流明渠截流的成功，标志着我国截流工程的实践已经处于世界先进水平。

一、截流概述

（一）简介

截流（river closure），堵截河水迫使其流向预定通道的工程措施。向流水中抛投料物填筑戗堤的工作称为进占。两岸进占后预留的河道泄流口门称为龙口。为防止龙口河床和戗堤端部被冲刷毁坏，需要对龙口范围内进行防冲加固。闭合龙口，最终拦断水流的过程称为合龙。合龙后在戗堤迎水面采取防渗措施封堵渗漏通道称为闭气。

（二）关键项目

截流是水利工程施工中的关键项目，有一定风险，需周密计划、充分准备，要有足够的抛投强度和现场统一指挥。中国历史上，利用土石、秸料、柳枝等当地材料进行堤防堵口及截流，具有丰富的经验。现代截流工程多使用大块石和混凝土异形体等材料，利用大型自卸汽车及推土机施工。截流抛投方式可分立堵、平堵和平立堵。立堵是由龙口一端向另一端或从两端向龙口同时抛投进占，逐渐束窄龙口直至合龙。施工较简单，但龙口单宽流量大、流速高、场地狭窄，抛投强度受限制，难度较大。因此，也可采用上下游双戗堤或多戗堤进占的立堵方式，使落差分散，减少截流难度。平堵是在龙口架设浮桥、栈桥或其他跨河设施，沿龙口全线逐层均匀抛投料物，直至戗堤露出水面。其水力学条件较好，料物重量较小，施工场面宽阔，抛投强度高，但投资多，准备工作量大。平立堵是二者的结合，先立堵、后架桥平堵。中国至今为止，截流规模最大的是长江葛洲坝水利枢纽于1981年1月进行的大江截流，截流流量4800m³/s，最大落差3.23m，最大流速7m/s，日最大抛投强度7.2万立方米，截流历时36.23h。

二、截流的基本方法

河道截流有立堵法、平堵法、立平堵法、平立堵法、下闸截流法及定向爆破截流法等多种方法，但基本方法为立堵法、平堵法和综合法三种。

（一）立堵法

立堵法截流是将截流材料从一侧戗堤或两侧戗堤向中间抛投进占，逐渐束窄河床，直至全部拦断。

立堵法截流不需架设浮桥，准备工作比较简单，造价较低。但截流时水力条件较为不利，龙口单宽流量较大，流速也较大，易造成河床冲刷，需抛投单个质量较大的截流材料。由于工作前线狭窄，抛投强度受到限制。立堵法截流适用于大流量、岩基或覆盖层较薄的岩基河床；对于软基河床，应采取护底措施后才能使用。

立堵法截流又分为单戗、双戗和多戗立堵截流，单戗适用于截流落差不超过3m的情况。

一般来说，立堵在截流过程中会造成较大流速，单宽流量也较大，加以所生成的楔形水流和下游形成的立轴漩涡，对龙口及龙口下游河床将产生严重冲刷，因此不适用于在地质不好的河道上截流，否则需要对河床做妥善防护。由于端进法施工的工作前线短，限制了投抛强度，有时为了施工交通要求，特意加大戗堤顶宽，这又大大增加了投抛材料的消耗，但是又由于立堵法截流，无须架设浮桥或栈桥准备工作，因而赢得了时间、节约了投资，所以我国黄河上许多水利工程、岩质河床，都采用了这个方法截流。

（二）平堵法

平堵法截流是沿整个龙口宽度全线抛投截流材料，抛投料堆筑体全面上升，直至露出水面。因此，合龙前必须在龙口架设浮桥，由于它是沿龙口全宽均匀地抛投，所以其单宽流量小，流速也较小，需要的单个材料的质量也较轻。沿龙口全宽同时抛投强度较大，施工速度快，但有碍于通航，适用于软基河床、河流架桥方便且对通航影响不大的河流。

平堵的方法比立堵法的单宽流量小，最大流速也小，水流条件较好，可以减小对龙口基床的冲刷，所以特别适用于在易冲刷的地基上截流。由于平堵架设浮桥及栈桥，对机械化施工有利，因而投抛强度大，容易截流施工；但在深水高速的情况下架设浮桥、建造栈桥是比较困难的，因此限制了它的采用。

（三）综合法

1.立平堵

为了既发挥平堵水力条件较好的优点，又降低架桥的费用，有的工程采用先立堵后在栈桥上平堵的方法。

苏联布拉茨克水电站，在截流流量3600m³/s、最大落差3.5m的条件下，采用先立堵进占，缩窄龙口至100m，然后利用管柱栈桥全面平堵合龙。多瑙河上的铁门工程，经过方案比较，也采取了立平堵方法。立堵进占结合管柱栈桥平堵。立堵段首先进占，完成长度149.5m，平堵段龙口100m，由栈桥上抛投完成截流，最终落差达3.72m。

2.平立堵

对于软基河床，单纯立堵易造成河床冲刷，可采用先平抛护底，再立堵合龙。平抛多利用驳船进行。我国青铜峡、丹江口、大化及葛洲坝和三峡工程在二期大江截流时均采用了该方法，取得了满意的效果。由于护底均为局部性，故这类工程本质上属于立堵法截流。

三、截流日期及截流设计流量

截流年份应结合施工进度的安排来确定。截流年份内截流时段的选择，既要把握截流时机，选择在枯水流量、风险较小的时段进行；又要为后续的基坑工作和主体建筑物施工留有余地，不致影响整个工程的施工进度。在确定截流时段时，应考虑以下要求：

（1）截流以后，需要继续加高围堰，完成排水、清基、基础处理等大量基坑工作，并应把围堰或永久建筑物在汛期到来前抢修到一定高程以上。为了保证这些工作的完成，截流时段应尽量提前。

（2）在通航的河流上进行截流，截流时段最好选择在对航运影响较小的时段内。因为在截流过程中，航运必须停止，即使船闸已经修好，但因截流时水位变化较大，亦须停航。

（3）在北方有冰凌的河流上，截流不应在流冰期进行。因为冰凌很容易堵塞河道或导流泄水建筑物，壅高上游水位，给截流带来极大困难。

综上所述，截流时间应根据河流水文特征、气候条件、围堰施工及通航、过木等因素综合分析确定。一般多选在枯水期初，流量已有显著下降的时候。严寒地区应尽量避开河道流冰及封冻期。

截流设计流量是指某一确定的截流时间的截流设计流量。一般按频率法确定，根据已选定的截流时段，采用该时段内一定频率的流量作为设计流量，截流设计标准一般可采用截流时段重现期5~10年的月或旬平均流量。除频率法外，也有不少工程采用实测资料分析法。当水文资料系列较长，河道水文特性稳定时，这种方法可应用。

在大型工程截流设计中，通常多以选取一个流量为主，再考虑较大、较小流量出现的可能性，用几个流量进行截流计算和模型试验研究。对于有深槽和浅滩的河道，若分流建筑物布置在浅滩上，对截流的不利条件要特别进行研究。

四、龙口位置和宽度

龙口位置的选择对截流工作顺利与否有密切关系。一般来说，龙口附近应有较宽阔的场地，以便布置截流运输线路和制作、堆放截流材料。它要设置在河床主流部位，方向力求与主流顺直，并选择在耐冲河床上，以免截流时因流速增大，引起过分冲刷。

原则上龙口宽度应尽可能窄些，这样可以减少合龙工程量，缩短截流延续时间，但应以不引起龙口及其下游河床的冲刷为限。

五、截流水力计算

截流水力计算的目的是确定龙口诸水力参数的变化规律。它主要解决两个问题：一是确定截流过程中龙口各水力参数，如单宽流量q、落差z及流速v等的变化规律；二是确定截流材料的尺寸或质量及相应的数量等。这样，在截流前，可以有计划、有目的地准备各种尺寸或质量的截流材料及其数量，规划截流现场的场地布置，选择起重、运输设备；在截流时，能预先估计不同龙口宽度的截流参数，何时何处应抛投何种尺寸或质量的截流材料及其方量等。

截流时的水量平衡方程为：

$$Q_0 = Q_1 + Q_2 \qquad (4\text{-}1)$$

式中：Q_0——截流设计流量，m^3/s。

Q_1——分流建筑物的泄流量，m³/s。

Q_2——龙口泄流量，可按宽顶堰计算，m³/s。

随着截流戗堤的进占，龙口逐渐被束窄，因此分流建筑物和龙口的泄流量是变化的，但二者之和恒等于截流设计流量。变化规律为：开始时，大部分截流设计流量经龙口下泄，随着龙口断面不断被进占的戗堤束窄，龙口上游水位不断上升。当上游水位高出泄水建筑物以后，经龙口的泄流量就越来越小，经分流建筑物的泄流量则越来越大。龙口合龙闭气后，截流设计流量全部经由泄水建筑物下泄。

第三节 水利水电导截流工程施工排水

在围堰合龙闭气以后，就要考虑排除基坑内的积水，以保持基坑基本干燥状态，利于基坑开挖、地基处理及建筑物的正常施工。

基坑排水工作按照排水时间及性质，一般可分为：①基坑开挖前的初期排水；②基坑开挖及建筑物施工过程中的经常性排水，包括围堰和基坑渗水、降水以及施工弃水量的排除。

按照排水方法不同，有明式排水和人工降低地下水位两种。

一、明式排水

（一）初期排水

初期排水主要包括基坑积水和围堰与基坑渗水两大部分。因为初期排水是在围堰或截流戗堤合龙闭气后立即进行的，枯水期的降雨量很少，一般可不予考虑。除积水和渗水外，有时还需考虑填方和基础中的饱和水。

初期排水渗流量原则上可按有关公式计算。但是，初期排水时的渗流量估算往往很难符合实际。因此，通常不单独估算渗流量，而将其与积水排除流量合并在一起，依靠经验估算初期排水总流量Q：

$$Q = Q_1 + Q_s = K \times （V/T） \qquad (4\text{-}2)$$

式中：Q_1——积水排除的流量，m³/s。

Q_s——渗水排除的流量，m³/s。

V——基坑积水体积，m^3。

T——初期排水时间，s。

K——经验系数，主要与围堰种类、防渗措施、地基情况、排水时间等因素有关，根据国外一些工程的统计，$K=4 \sim 10$。

基坑积水体积V可按基坑积水面积和积水水深计算，这是比较容易的。但是排水时间T的确定就比较复杂。排水时间T主要受基坑水位下降速度的限制，基坑水位的允许下降速度视围堰种类、地基特性和基坑内水深而定。水位下降太快，则围堰或基坑边坡中动水压力变化过大，容易引起坍坡；水位下降太慢，则影响基坑开挖时间。一般认为，土围堰的基坑水位下降速度应限制在$0.5 \sim 0.7$m/d，木笼及板桩围堰等应小于$1.0 \sim 1.5$m/d。初期排水时间，大型基坑一般为$5 \sim 7$d，中型基坑一般为$3 \sim 5$d。

通常，当填方和覆盖层体积不太大时，在初期排水且基础覆盖层尚未开挖时，可以不必计算饱和水的排除。若需计算，可按基坑内覆盖层总体积和孔隙率估算饱和水总水量。

在初期排水过程中，可以通过试抽法进行校核和调整，并为经常性排水计算积累一些必要资料。试抽时如果水位下降很快，则显然是所选择的排水设备容量过大，此时应关闭一部分排水设备，使水位下降速度符合设计规定。试抽时若水位不变，则显然是设备容量过小或有较大渗漏通道存在。此时，应增加排水设备容量或找出渗漏通道予以堵塞，然后进行抽水。还有一种情况是水位降至一定深度后就不再下降，这说明此时排水流量与渗流量相等，据此可估算出需增加的设备容量。

（二）基坑排水

基坑排水要考虑基坑开挖过程中和开挖完成后修建建筑物时的排水系统布置，使排水系统尽可能不影响施工。

基坑开挖过程中的排水系统应以不妨碍开挖和运输工作为原则。一般常将排水干沟布置在基坑中部，以利于两侧出土。随基坑开挖工作的进展，逐渐加深排水干沟和支沟。通常保持干沟深度为$1 \sim 1.5$m，支沟深度为$0.3 \sim 0.5$m。集水井多布置在建筑物轮廓线外侧，井底应低于干沟沟底。但是，由于基坑坑底高程不一，有的工程就采用层层设截流沟分级抽水的办法，即在不同高程上分别布置截水沟集水井和水泵站，进行分级抽水。

建筑物施工时的排水系统通常都布置在基坑四周。排水沟应布置在建筑物轮廓线外侧，且距离基坑边坡坡脚$0.3 \sim 0.5$m。排水沟的断面尺寸和底坡大小取决于排水量的大小，一般排水沟底宽不小于0.3m，沟深不大于1.0m，底坡坡度不小于2%。在密实土层中，排水沟可以不用支撑，但在松散土层中，则需用木板或麻袋装石来加固。

为防止降雨时地面径流进入基坑而增加抽水量，通常在基坑外缘边坡上挖截水沟，以拦截地面水。截水沟的断面及底坡应根据流量和土质而定，一般沟宽和沟深不小于0.5m，底坡坡度不小于2%。基坑外地面排水系统最好与道路排水系统相结合，以便自流排水。为了降低排水费用，当基坑渗水水质符合饮用水或其他施工用水要求时，可将基坑排水与生活、施工供水相结合。

（三）经常性排水

经常性排水的排水量主要包括围堰和基坑的渗水、降雨、地基岩石冲洗及混凝土养护用废水等。设计中一般考虑两种不同的组合，从中选择较大者，以选择排水设备。一种组合是渗水加降雨，另一种组合是渗水加施工废水。降雨和施工废水不必组合在一起，这是因为二者不会同时出现。

1.降雨量的确定

在基坑排水设计中，对降雨量的确定尚无统一的标准。大型工程可采用20年一遇3d降雨中最大的连续6h雨量，再减去估计的径流损失值（1mm/h），作为降雨强度；也有的工程采用日最大降雨强度，基坑内的降雨量可根据上述计算降雨强度和基坑集雨面积求得。

2.施工废水

施工废水主要考虑混凝土养护用水，其用水量估算应根据气温条件和混凝土养护的要求而定。一般初估时可按每立方米混凝土每次用水5L、每天养护8次计算。

3.渗透流量计算

通常，基坑渗透总量包括围堰渗透量和基础渗透量两大部分。

在初步估算时，往往不可能获得较详尽而可靠的渗透系数资料，此时可采用更简便的估算方法。当基坑在透水地基上时，可按照表4-3所列的参考指标来估算整个基坑的渗透流量。

表4-3　1m水头下1m²的基坑面积的渗透流量

土类	细砂	中砂	粗砂	砂砾石	有裂缝的岩石
渗透流量（m³/h）	0.16	0.24	0.30	0.35	0.05～0.10

二、人工降低地下水位

在经常性排水过程中，为了保持基坑开挖工作始终在干地上进行，常常要多次降低排水沟和集水井的高程，变换水泵站的位置，影响开挖工作的正常进行。此外，在开挖细砂土、沙壤土一类地基时，随着基坑底面的下降，坑底与地下水位的高差愈来愈大；在地下水渗透压力作用下，容易产生边坡脱滑、坑底隆起等事故，甚至危及邻近建筑物的安全，给开挖工作带来不良影响。

采用人工降低地下水位，可以改变基坑内的施工条件，防止流沙现象的发生，基坑边坡可以陡些，从而可以大大减少挖方量。人工降低地下水位的基本做法是：在基坑周围钻设一些井，地下水渗入井中后，随即被抽走，使地下水位线降到开挖的基坑底面以下，一般应使地下水位降到基坑底部0.5~1.0m处。

人工降低地下水位的方法按排水工作原理可分为管井法和井点法两种。管井法是单纯重力作用排水，适用于渗透系数$K_s=10~250\text{m/d}$的土层；井点法还附有真空或电渗排水的作用，适用于$K_s=0.1~50\text{m/d}$的土层。

（一）管井法降低地下水位

管井法降低地下水位时，在基坑周围布置一系列管井；管井中放入水泵的吸水管，地下水在重力作用下流入井中，被水泵抽走。管井法降低地下水位时，须先设置管井；管井通常由下沉钢井管制成，在缺乏钢管时也可用木管或预制混凝土管代替。井管的下部安装滤水管节（滤头），有时在井管外还需设置反滤层，地下水从滤水管进入井内，水中的泥沙则沉淀在沉淀管中。滤水管是井管的重要组成部分，其构造对井的出水量和可靠性影响很大。要求它过水能力大，进入的泥沙少，有足够的强度和耐久性。

井管埋设可采用射水法、振动射水法及钻孔法。射水下沉时，先用高压水冲土下沉套管，较深时可配合振动或锤击（振动水冲法），然后在套管中插入井管，最后在套管与井管的间隙中间填反滤层和拔套管。反滤层每填高一次便拔一次套管，逐层上拔，直至完成。

（二）井点法降低地下水位

井点法降低地下水位和管井法不同，它把井管和水泵的吸水管合二为一，简化了井的构造。井点法降低地下水位的设备，根据其降深能力分轻型井点（浅井点）和深井点等。其中，最常用的是轻型井点。轻型井点是由井管集水总管、普通离心式水泵、真空泵和集水箱等设备组成的一个排水系统。

轻型井点系统中地下水从井管下端的滤水管借真空泵和水泵的抽吸作用流入管内，沿井管上升汇入集水总管，流入集水箱，由水泵排出。轻型井点系统开始工作时，先开动真空泵，排除系统内的空气，待集水井内的水面上升到一定高度后，再启动水泵排水。水泵开始抽水后，为了保持系统内的真空度，仍需真空泵配合水泵工作。这种井点系统也叫真空井点。井点系统排水时，地下水位的下降深度取决于集水箱内的真空度与管路的漏气和水位损失。一般集水箱内真空度为80kPa（400~600mmHg），相当的吸水高度为5~8m，扣除各种损失后，地下水位的下降深度为4~5m。

当要求地下水位降低的深度为4~5m时，可以像管井一样分层布置井点，每层控制范围3~4m，但以不超过3层为宜。分层太多，基坑范围内管路纵横，妨碍交通，影响施工，也增加挖方量；而且当上层井点发生故障时，下层水泵能力有限，地下水位回升，基坑有被淹没的可能。

布置井点系统时，为了充分发挥设备能力，集水总管、集水管和水泵应尽量接近天然地下水位。当需要几套设备同时工作时，各套总管之间最好接通，并安装开关，以便相互支援。

井管的安设一般用射水法下沉。距孔口1.0m范围内，应用黏土封口，以防漏气。排水工作完成后，可利用杠杆将井管拔出。

深井点与轻型井点不同，它的每一根井管上都装有扬水器（水力扬水器或压气扬水器），因此它不受吸水高度的限制，有较大的降深能力。

深井点有喷射井点和压气扬水井点两种。

喷射井点由集水池、高压水泵输水干管和喷射井管等组成。通常一台高压水泵能为30～35个井点服务，其最适宜的降水位范围为5～18m。喷射井点的排水效率不高，一般用于渗透系数为3～50m/d、渗流量不大的场合。

压气扬水井点是用压气扬水器进行排水。排水时压缩空气由输气管送来，由喷气装置进入扬水管，于是管内容重较轻的水气混合液在管外水压力的作用下，沿水管上升到地面排走。为达到一定的扬水高度，就必须将扬水管沉入井中并有足够的潜没深度，使扬水管内外有足够的压力差。压气扬水井点降低地下水位最大，可达40m。

第四节　水利水电导截流工程施工度汛

一、施工度汛概述

在水利水电枢纽施工过程中，中后期的施工导流往往需要由坝体挡水或拦洪。坝体能否可靠拦洪与安全度汛，将影响工程的进度与成败。

施工度汛，需根据已确定的当年度汛洪水标准，制定度汛规划及技术措施（包括度汛标准论证、大坝及泄洪建筑物鉴定、水库调度方案、非常泄洪设施、防汛组织、水文气象预报、通信系统、道路运输系统、防汛器材准备等），并报上级审批。施工度汛是指从工程开工到竣工期间由围堰及未完建大坝坝体拦洪或围堰过水及未完建坝体过水，使永久建筑物不受洪水威胁、安全施工。施工度汛包括施工导流初期围堰度汛和后期坝体拦洪度汛。围堰及坝体能否可靠拦洪（或过水）与安全度汛，将关系到工程的建设进度与成败。

例如，龙羊峡水电站因拦洪成功而加快了施工步伐。所以，施工安全度汛是整个工程施工进度中的一个控制性环节，必须慎重对待。

水利水电工程施工安全度汛，一方面是指在工程施工导流规划设计阶段和工程施工过程中，对施工各期的导流和度汛做出周密妥善的安排；另一方面是指在工程施工过程中，由于施工进度拖后或遭遇超标准洪水时采取的度汛措施。施工期内，工程度汛项目包括建筑物度汛和辅助设施度汛。建筑物度汛包括挡水建筑物度汛和泄水建筑物度汛。挡水建筑物主要包括围堰、大坝（包括溢洪坝、河床式或坝后式电站厂房、升船机坝段等），泄水建筑物主要包括导流隧洞、导流明渠、放空洞、导流底孔、溢洪道、泄洪洞、坝体预留缺口等。辅助设施主要包括施工营地、场内道路、砂石混凝土系统、存料场、弃渣场、采石场等。

度汛失事是令人担心的，原因是：

（1）由于洪水变化等因素难以精确预测，国内外大坝的施工度汛失事的例子时有发生。

（2）一旦发生失事，不仅使部分已建工程被冲坏而前功尽弃，而且将导致推迟发电，同时会给下游的工农业生产和居民的安全带来灾难。

根据国内外有关资料可知，大坝度汛失事原因有如下几个方面：

（1）超标准洪水的袭击。

（2）库区大滑坡产生较大涌浪的冲击。

（3）污物或大塌方堵塞泄水建筑物。

（4）施工进度拖后，挡水建筑物未按时达到预定的高程。

（5）设计和计算失误。

（6）施工质量差，产生裂缝、不均匀沉陷、管涌、流土而导致事故。

（7）认识不足，或明知有问题而不去解决。

（8）地震或其他因素。

二、坝体拦洪的标准

施工期坝体拦洪度汛包括两种情况：一种是坝体高程修筑到无须围堰保护或围堰已失效时的临时挡水度汛；另一种是导流泄水建筑物封堵后，永久泄洪建筑物已初具规模，但尚未具备设计的最大泄洪能力，坝体尚未完建的度汛。这一施工阶段，通常称为水库蓄水阶段或大坝施工期运用阶段。此时，坝体拦洪度汛的洪水重现期标准取决于坝型及坝前拦洪库容。

三、拦洪高程的确定

一般导流泄水建筑物的泄水能力远不及原河道。洪水来临时的泄洪过程如图4-1所示。

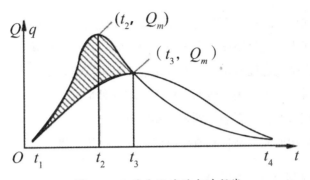

图4-1 入流和泄流洪水过程线

$t_1 \sim t_2$段，进入施工河段的洪水流量大于泄水建筑物的泄量，使部分洪水暂时存蓄在水库中，上游水位抬高，形成一定容积的水库，此时泄水建筑物的泄量随着上游水位的升高而增大，达到洪峰流量Q_m。到了入库的洪峰流量Q_m过后（即$t_2 \sim t_1$时段），入库流量逐渐减少，但入库流量仍大于泄量，蓄水量继续增大，库水位继续上升，泄量q也随之增加。直到t_3时刻，入库流量与泄流量相等时，蓄水容积达到最大值V_m，相应的上游水位达最高值H_m，即坝体挡水或拦洪水位，泄水建筑物的泄量也达最大值q_m，即泄水建筑物的设计流量。t_3时刻以后，Q继续减少，库水位逐渐下降，q也开始减少，但此时库水位较高，泄量q仍较大，且大于入流量Q，使水库存蓄的水量逐渐排出，直到t_4时刻，蓄水全部排完，回复到原来的状态。以上便是水库调节洪水的过程。显然，由于水库的这种调节作用，削减了通过泄水建筑物的最大泄量（见图4-1，由Q_m削减为q_m），但却抬高了坝体上游的水位，因此要确定坝体的挡水或拦洪高程，可以通过调洪计算，求得相应的最大泄量q_m与上游最高水位H_m。上游最高水位H_m再加上安全超高便是坝体的挡水或拦洪高程，用公式表示为：

$$H_f = H_m + \delta \qquad (4\text{-}3)$$

式中：H_m——拦洪水位，m。

δ——安全超高，m，依据坝的级别而定，1级$\delta \geq 1.5$，2级$\delta \geq 1.0$，3级$\delta \geq 0.75$，4级$\delta \geq 0.5$。

四、拦洪度汛措施

如果施工进度表明，汛期到来之前坝体不可能修筑到拦洪高程，必须考虑其他拦洪度汛措施，尤其当主体建筑物为土坝或堆石坝且坝体填筑又相当高时，更应给予足够的重视，因为一旦坝身过水，就会造成严重的溃坝后果。其他拦洪度汛措施因坝型不同而不同。

（一）混凝土坝的拦洪度汛

混凝土坝体是允许漫洪的。若坝身在汛期前不能浇筑到拦洪高程，为了避免坝身过水时造成停工，可以在坝面上预留缺口以度汛，待洪水过后再封填缺口，全面上升坝体。另外，如果根据混凝土浇筑进度安排，虽然在汛前坝身可以浇筑到拦洪高程，但一些纵向施工缝尚未灌浆封闭时，可考虑用临时断面挡水。在这种情况下，必须提出充分论证，采取相应措施，以消除应力恶化的影响。例如，湖南省柘溪工程的大头坝为提前挡水就采取了调整纵缝位置、提高初期灌浆高程和改变纵缝形式等措施，以改善坝体的应力状态。

（二）土石坝拦洪度汛措施

土坝、堆石坝一般是不允许过水的。若坝身在汛期前不能填筑到拦洪高程，一般可以考虑采取降低溢洪道高程、设置临时溢洪道并用临时断面挡水，或经过论证采取临时坝面过水等措施。

1.采用临时断面挡水

采用临时断面挡水时，应注意以下几点：

（1）临时挡水断面顶部应有足够的宽度，以便在紧急情况下仍有余地抢筑子堰，确保度汛安全。边坡应保证稳定，其安全系数一般应不低于正常设计标准。为防止施工期间由于暴雨冲刷和其他原因而坍坡，必要时应采取简单的防护措施和排水措施。

（2）上游垫层和块石护坡应按设计要求筑到拦洪高程，否则应考虑临时的防护措施。下游坝体部位，为满足临时挡水断面的安全要求，在基础清理完毕后，应按全断面填筑几米后再收坡，必要时应结合设计的反滤排水设施统一安排考虑。

2.采用临时坝面过水

采用临时坝面过水时，应注意以下几点：

（1）为保证过水坝面下游边坡的抗冲稳定，应加强保护或做成专门的溢流堰，比如利用反滤体加固后作为过水坝面溢流堰体等，并应注意堰体下游的防冲保护。

（2）靠近岸边的溢流体的堰顶高程应适当抬高，以减小坝面单宽流量，减轻水流对岸坡的冲刷。过水坝面的顶高程一般应低于溢流堰体顶高程0.5～2.0m或做成反坡式，以避免过水坝面的冲淤。

（3）根据坝面过流条件合理选择坝面保护形式，防止淤积物渗入坝体，特别要注意防渗体、反滤层等的保护。必要时上游可设置拦污设施，防止杂物淤积坝面、撞击下游边坡。

第五章　水利水电土石坝工程施工

Chapter 5

土石坝是指用当地的散粒土、石料或混合料，经过抛填、碾压等方法堆筑成的挡水坝。坝体材料以土和砂砾为主时称为土坝，以石渣、卵石、爆破石料为主时称为石坝。土石坝是历史最为悠久、最为古老的一种坝型。水利水电工程中，拦水坝多数为土石坝。

土石坝可以充分利用当地的材料。几乎所有的土料，只要不含大量的有机物和水溶性盐类，都可用于土石坝。它有利于群众性施工，将重型振动碾应用于石堆的压实，解决了混凝土面板漏水的问题。大型施工机械的广泛应用，施工人数的减少，工期的缩短，使得土石坝成为最广泛应用和发展的坝型。

土石坝工程的基本施工过程是开采、运输和压实。

第一节　水利水电土石料采运

对坝料进行完规划后，还需要对土石料进行开采和运输。对土石料开挖一般采用机械施工，挖运机械有挖掘机械、铲运机械、运输机械三类。而运输道路的布置对土石料的运输有重要的作用。下面将详细介绍土石料的开采和运输。

一、土石料的开采

土石料开采是指将合格的土、砂砾、石料运至指定位置，按设计要求填筑成建筑物的施工过程。水力发电工程的土石料填筑包括坝体、围堰、防洪堤、路基及各建筑物的基坑回填。根据填筑材料和所填工程不同，填筑工艺和质量要求也各异。

（一）挖掘机械

1.单斗式挖掘机

单斗式挖掘机是只有一个铲土斗的挖掘机械，其工作装置有正向铲挖掘机、反向铲挖掘机、拉铲挖掘机和抓铲挖掘机四种。

（1）正向铲挖掘机

电动正向铲挖掘机是单斗挖掘机中最主要的形式，其特点是铲斗前伸向上，强制铲土，挖掘力较大，主要用来挖掘停机面以上的土石方，一般用于开挖无地下水的大型基坑和料堆，适合挖掘 I～Ⅳ级土或爆破后的岩石渣。

（2）反向铲挖掘机

电动反向铲挖掘机是正向铲更换工作装置后的工作形式，其特点是铲斗后扒向下，强

第五章　水利水电土石坝工程施工

制挖土。它主要用于挖掘停机面以下的土石方，一般用于开挖小型基坑或地下水位较高的土方，适合挖掘Ⅰ~Ⅲ级土或爆破后的岩石渣，硬土需要先行刨松。

（3）拉铲挖掘机

电动拉铲挖掘机用于挖掘停机面以下的土方。由于卸料是利用自重和离心力的作用在机身回转过程中进行的，湿黏土也能卸净，因此最适于开挖水下及含水量大的土料。但由于铲斗仅靠自重切入土中，铲土力小，一般只能挖掘Ⅰ~Ⅲ级土，不能开挖硬土。挖掘半径、卸土半径和卸载高度较大，适合直接向弃土区弃土。

（4）抓铲挖掘机

电动抓铲挖掘机利用其瓣式铲斗自由下落的冲力切入土中，而后抓取土料提升，回转后卸掉。抓铲挖掘深度较大，适于挖掘窄深基坑或沉井中的水下淤泥及砂卵石等松软土方，也可用于装卸散粒材料。

2.多斗式挖掘机

多斗式挖掘机是一种由若干个挖斗依次连续循环进行挖掘的专用机械，生产效率和机械化程度较高，在大量土方开挖工程中运用。它的生产率从每小时几十立方米到上万立方米，主要用于挖掘不夹杂石块的Ⅰ~Ⅳ级土。多斗式挖掘机按工作装置不同，可分为链斗式和斗轮式两种。链斗式挖掘机是多斗式挖掘机中最常用的形式，主要进行下采式工作。

（二）土石料开挖的综合原则

在土石坝施工中，从料场的开采、运输，到坝面的铺料和压实各工序，应力争实现综合机械化。施工组织时应遵循以下原则。

1.确保主要机械发挥作用

主要机械是指在机械化生产线中起主导作用的机械，充分发挥它的生产效率，有利于加快施工进度，降低工程成本。

2.根据机械工作特点进行配套组合，充分发挥配套机械作用

连续式开挖机械和连续式运输机械配合；循环式开挖机械和循环式运输机械配合，形成连续生产线。在选择配套机械，确定配套机械的型号、规格和数量时，其生产能力要略大于主要机械的生产能力，以保证主要机械的生产能力。

3.加强保养，合理布置，提高工效

严格执行机械保养制度，使机械处于最佳状态，合理布置流水作业工作面和运输道路，能极大地提高工效。

（三）挖运方案的选择

坝料的开挖与运输是保证上坝强度的重要环节之一。开挖运输方案主要根据坝体结构

布置特点、坝料性质、填筑强度、料场特性、运距远近、可供选择的机械型号等因素，综合分析比较确定。坝料的开挖运输方案主要有以下几种。

1.挖掘机开挖，自卸汽车运输上坝

正向铲开挖、装车，自卸汽车运输直接上坝，适宜运距小于10km。自卸汽车可运各种坝料，通用性好，运输能力高，能直接铺料，转弯半径小，爬坡能力较强，机动灵活，使用管理方便，设备易于获得。

在施工布置上，正向铲一般采用立面开挖，汽车运输道路可布置成循环路线，装料时停在挖掘机侧的同一平面上，即汽车鱼贯式地装料与行驶。这种布置形式可避免汽车的倒车时间，正向铲采用60°～90°角侧向卸料，回转角度小，生产率高，能充分发挥正向铲与汽车的效率。

2.挖掘机开挖，胶带机运输上坝

胶带机的爬坡能力强，架设简易，运输费用较低，与自卸汽车相比可降低1/3～1/2费用，运输能力也较大，适宜运距小于10km。胶带机可直接从料场运输上坝；也可与自卸汽车配合，在坝前经漏斗卸入汽车做长距离运输，转运上坝；或与有轨机车配合，用胶带机做短距离运输，转运上坝。

3.采砂船开挖，机车运输，转胶带机上坝

在国内一些大、中型水电工程施工中，广泛采用采砂船开采水下的砂砾料，配合有轨机车运输。当料场集中、运输量大、运距大于10km时，可用有轨机车进行水平运输。有轨机车不能直接上坝，要在坝脚经卸料装置转胶带机运输上坝。

4.斗轮式挖掘机开挖，胶带机运输，转自卸汽车上坝

当填筑方量大、上坝强度高、料场储量大而集中时，可采用斗轮式挖掘机开挖。斗轮式挖掘机挖料转入移动式胶带机，其后接长距离的固定式胶带机至坝面或坝面附近经自卸汽车运至填筑面。这种布置方案可使挖、装、运连续进行，简化了施工工艺，提高了机械化水平和生产率。

坝料的开挖运输方案很多，但无论采用何种方案，都应结合工程施工的具体条件，组织好挖装、运、卸的机械化联合作业，提高机械利用率；减少坝料的转运次数；各种坝料的铺筑方法及设备应尽量一致，减少辅助设施；充分利用地形条件，统筹规划和布置。

二、土石料的运输

（一）土石料的运输概述

土石料在开采、加工合格后，视料物种类、用量多少和运输条件选择运输方案。一般土石料（见运输机械）有无轨运输、有轨运输、连续运输和水力运输四种方式。

1. 无轨运输

无轨运输除距料场较近（<500m）的土料填筑有用铲运机集挖、装、卸于一个工序外，一般多用自卸汽车运输，其优点是效率高、运量大、运距长、机动灵活，能将各种土石料直接卸至工作面不同位置。

2. 有轨运输

有轨运输运量大、运费低，但运营管理复杂，线路地形要求较高，工程建设投资大，而且料物不能直接卸至工作面。

3. 连续运输

连续运输常用带式输送机，运输成本低，运输强度高，能适应地形崎岖高低悬殊的料场至工作面的运输任务，从受料至填筑面，散料可以连续作业无空行程，但机动性差；一条带式输送机只能运送一种料物；运输途中一旦发生故障，迫令全线停工。

4. 水力运输

水力运输用高压水泵将开采土料借地形高差或机械形成泥浆，将土料直接输入填筑工作面，适用于土料黏粒含量较少、填筑量小、运距短，且有居高临下的有利地形的水力冲填工程。

（二）运输道路布置原则及要求

运输道路宜自成体系，并尽量与永久道路相结合。运输道路不要穿越居民点或工作区，尽量与公路分离。根据地形条件、枢纽布置、工程量大小、填筑强度、自卸汽车吨位，应用科学的规划方法进行运输网络优化，统筹布置场内施工道路。

连接坝体上下游交通的主要干线，应布置在坝体轮廓线以外。干线与不同高程的上坝道路相连接，应避免穿越坝肩处岸坡。坝面内的道路应结合坝体的分期填筑规划统一布置，在平面与立面上协调好不同高程的进坝道路的连接，使坝面内临时道路的形成与覆盖（或削除）满足坝体填筑要求。

运输道路的标准应符合自卸汽车吨位和行车速度的要求。实践证明，用于高质量标准道路增加的投资，足以用降低的汽车维修费用及提高的生产率来补偿。要求路基坚实，路面平整，靠山坡一侧设置纵向排水沟，顺畅排除雨水和泥水，以避免雨天运输车辆将路面泥水带入坝面，污染坝料。

道路沿线应有较好的照明设施，运输道路应经常维护和保养，及时清除路面上影响运输的杂物，并经常洒水，这样能减少运输车辆的磨损。

（三）上坝道路布置方式

坝料运输道路的布置方式有岸坡式、坝坡式和混合式三种，然后进入坝体轮廓线内，与坝体内临时道路连接，组成到达坝料填筑区的运输体系。

由于单车环形线路比往复双车线路行车效率高、更安全，所以应尽可能采用单车环形线路。一般干线多用双车道，尽量做到会车不减速；坝区及料场多用单车道。岸坡式上坝道路宜布置在地形较为平缓的坡面，以减少开挖工程量。

当两岸陡峻，地质条件较差，沿岸坡修路困难，工程量大时，可在坝下游坡面设计线以外布置临时或永久性的上坝道路，称为坝坡式。其中的临时道路在坝体填筑完成后消除。

在岸坡陡峻的狭窄河谷内，根据地形条件，有的工程用交通洞通向坝区。用竖井卸料以连接不同高程的道路，有时也是可行的。非单纯的岸坡式或坝坡式的上坝道路布置方式，称为混合式。

（四）坝内临时道路布置

1.堆石体内道路

根据坝体分期填筑的需要，除防渗体、反滤过渡层及相邻的部分堆石体要求平起填筑外，不限制堆石体内设置临时道路，其布置为"之"字形，道路随着坝体升高而逐步延伸，连接不同高程的两级上坝道路。为了减小上坝道路的长度，临时道路的纵坡一般较陡，为10%左右，局部可达12%～15%。

2.过防渗体道路

心墙、斜墙防渗体应避免重型车辆频繁压过，以免破坏。如果上坝道路布置困难，而运输坝料的车辆必须压过防渗体，应调整防渗体填筑工艺，在防渗体局部布置压过的临时道路。

第二节　水利水电土石料压实

一、土石料压实概述

土石料填筑的密实工序，是工程质量和建筑物安全的关键。在土石料压实过程中的铺料厚度及碾压遍数，一般均需根据材料特性和选用压实设备型号通过碾压试验确定，以保证建筑物达到设计要求的压实指标。当合格的土石料运至工作面后，需按指定位置顺序卸料，再按规定厚度铺平。常用的土石料压实机械有：

（1）依靠碾重的静力作用使土石料结构破坏，颗粒变位挤紧压实，如平碾、羊足碾和凸块碾，适用于细粒料压实。

（2）依靠土料的搓揉、拌和作用驱除土粒间滞留的空气压实，如气胎碾。

（3）依靠机械的振动频率和碾重，使土石料颗粒随之振荡，粒间摩擦阻力减少并发生相对位移，从而缩小颗粒间隙、压实，如振动碾。

（4）用重锤下落的冲击动能压实，如各种夯实机械，适用于各种黏性或无黏性土料，常用于防渗铺盖、堤身或坝体，一般铺土较厚，击实次数比碾压遍数少。在大型碾压设备所不能压到的边角和接头等特殊部位，常用小型夯实设备补压密实，如截水槽底部、混凝土齿墙两侧、坝体与岸坡或建筑物连接部位。

二、压实机械

压实机械采用碾压、夯实、振动三种作用力来达到压实的目的。碾压的作用力是静压力，其大小不随作用时间而变化。夯实的作用力为瞬时动力，其大小跟高度有关系。振动的作用力为周期性的重复动力，其大小随时间呈周期性变化，振动周期的长短随振动频率的大小而变化。

常用的压实机械有羊脚碾、振动碾、夯实机械。

（一）羊脚碾

羊脚碾是指碾的滚筒表面设有交错排列的截头圆锥体，状如羊脚。碾压时，羊脚碾的羊脚插入土中，不仅使羊脚端部的土料受到压实，也使侧向土料受到挤压，从而达到均匀压实的效果。

羊脚碾主要用来压实土壤，尤其是对大量的新填松土压实效果很好。它的特点是：单位面积的压力大，压实效果和压实深度均较同质量的光轮压路机高（重型羊脚碾压实厚度可达30~50cm）。

羊脚碾的开行方式有两种：进退错距法和圈转套压法。进退错距法操作简便，碾压、铺土和质检等工序协调，便于分段流水作业，压实质量容易保证。圈转套压法适合于多碾滚组合碾压，其生产效率高，但碾压中转弯套压交接处重压过多，容易超压；当转弯半径小时，容易引起土层扭曲，产生剪力破坏；在转弯的角部容易漏压，质量难以保证。

（二）振动碾

振动碾是一种静压和振动同时作用的压实机械。它是由起振柴油机带动碾滚内的偏心轴旋转，通过连接碾面的隔板，将振动力传至碾滚表面，然后以压力波的形式传到土体内部。非黏性土的颗粒比较粗，在这种小振幅、高频率振动力的作用下，内摩擦力大大降低；由于颗粒不均匀，受惯性力大小不同而产生相对位移，细粒滑入粗粒空隙而使空隙体积减小，从而使土料达到密实。然而，黏性土颗粒间的黏结力是主要的，且土粒相对比较均匀，在振动作用下，不能取得像非黏性土那样的压实效果。

振动碾的碾筒上有装置高频激振器。工作部分与普通碾压机械相比，增加了激振器、动力、传动和减震装置。振动碾有振动平碾、振动羊足碾、振动气胎碾等多种，主要靠振动力与静压力的共同作用，引起填料自振，造成颗粒之间位移而使填料密实。振动碾的效率取决于振动力、静压力、频率和振幅。由于振动力影响深度大、面积广，压实填料厚度为0.8~2.0m，而且压实遍数少，效果比一般碾压机械高得多。适用于各种土石料的压实。对于松散颗粒料，包括石块的压实，特别有效。水利工程中土石坝的压实多采用拖带式振动碾。

振动碾由机架、柴油机、传动机构、偏心振动机构组成。用动力使偏心块高速运转产生振动力，通过碾轮使被压料面受到碾体静重力共同作用达到密实。最大压实力可达50t，振动频率在1500~1800次/min。由于振动碾的碾轮为一曲面，与被压料面的接触面积较小，故其单位压实力强、影响范围大、压实深度较厚、效果好、生产率高，最适合压实土石坝的砂砾、堆石料等。自行式振动碾轮有平轮、羊足轮、凸块轮几种。

另外，振动碾使用注意事项如下：

1.发动机使用注意事项

（1）尽可能地采用内外双格式的空气滤芯，滤芯件的质量要好，以提高进气质量。若增加一套油浸式滤芯，也会起到一定的作用。

（2）经常检查风扇胶带的张紧装置是否工作正常及其磨损情况，出现问题时须及时检修或更换。

（3）经常检查风扇轴承是否正常。

（4）尽量保持冷却风通道的清洁和密封，以增加冷却风的流量和减少损失；对存有漏风较大的地方，要及时校正或修复；定期用压力空气，或在冷机时用压力水清洁冷却风的通道。

（5）经长期使用和比较，建议使用CD级机油，以确保不因机油质量问题而导致发动机损坏。

（6）尽量避免长时间的高速运转，一般应以中速为主。

（7）对工作上需要长期高速运转的发动机，建议更换进口的缸盖、进排气歧管及涡轮增压器。这样虽然费用比国产件要多花2万元左右，相当于发动机更换3次国产件的费用，但考虑到设备停修造成的损失，更换进口件还是合算的。

2.振动系统使用注意事项

（1）偏心轴支承轴承的封闭润滑系统是由两个油封来密封的，由于国产油封的质量尚不能完全过关，经常会产生因润滑油封损坏而泄漏润滑油的现象，而这种故障又比较隐蔽，不易被发现，因此有可能使轴承较长时间内在润滑及冷却不良的条件下工作而导致损坏。损坏的形式有轴承损坏、轴承座被磨损、连接齿轮被打坏和偏心轴断裂等。其中，以轴承座磨坏最难修复，主要是难以确保3根轴的同轴度。例如，笔者单位的两台发生这种故障的振动碾花费了大量的时间和财力去维修，修后的使用效果却很差，基本上不能使用。

（2）轮胎减振虽然具有减振效果好、结构简单的优点，但也有很多不足和问题。首先，两个轮胎的气压必须保证在0.5~0.55MPa，否则减振效果差，且长期气压不足会导致轮胎座和偏心轴磨损等故障的发生。其次，两个轮胎的气压差不能超过0.02MPa，否则由于两边高低不平，二级传动胶带会经常出现翻转或脱落，所以必须及时检查和补充轮胎气压。而由于设计上的问题，在拖动碾压时轮胎会相对于机架发生转动，气嘴有时会转到无法检查或充气的位置，为了充气必须将机架拆卸下来，增加了麻烦和难度。在使用这种振动碾的初期，我们经历了很多这样的事，后来我们对遮盖在轮胎外面的机架结构进行改动，才改变了这种被动局面。

（3）振动筒的焊接连接部位由于经常和石块摩擦使焊道易被磨穿，从而出现漏水。筒里的冷却水除冷却功能外还有加强筒身强度的作用，漏水后振动筒的强度下降，在强振动力下易损坏，重新焊接又费时、费力，影响使用。

3.提高振动碾的完好率、使用率

（1）堆石坝坝面的平整度要尽量地做好，所用的石块不要太大和严重超标，以减少振动碾因高低不平而产生的损害。

（2）严格坚持每台班检查轮胎气压，发生不足或不对称时应及时补充。

（3）经常检查偏心轴轴承润滑油有无泄漏，若发现泄漏应及时处理，以免造成更大的损坏。

（4）定期更换润滑油，确保油品质量。

（5）振动筒两端的4个限位轮必须工作正常。损坏后应及时检修或更换，以避免因振动筒左右摆动而带来不利的影响。

（6）在使用了2000h左右后，就检查偏心轴轴承的性能是否良好，须及时更换已工作不良的轴承，避免产生更严重的损坏。

（三）夯实机械

夯实机械是一种利用冲击能来击实土料的机械，用于夯实砂砾料或黏性土。其适于在碾压机械难以施工的部位压实土料。

1.强夯机

它是由高架起重机和铸铁块或钢筋混凝土块做成的夯砣组成的。夯砣的质量一般为

10~40t，由起重机提升一定高度后自由下落冲击土层，压实效果好，生产率高，用于杂土填方软基及水下地层。

2.挖掘机夯板

夯板一般做成圆形或方形，面积约1m²，质量为1~2t，提升高度为3~4m。主要优点是：压实功能大，生产率高，有利于雨季、冬季施工。但当被夯石块直径大于50cm时，工效大大降低；压实黏土料时，表层容易发生剪力破坏。目前，它有逐渐被振动碾取代之势。

三、压实标准

土料压实得越好，物理力学性能指标就越高，坝体填筑质量就越有保证。但对土料过分压实，不仅提高了费用，还会产生剪力破坏。因此，应确定合理的压实标准。现对不同土质的压实标准概括如下。

（一）黏性土和砾质土

黏性土和砾质土的压实标准，主要以压实干密度和施工含水量这两个指标来控制。

1.压实干密度确定

压实干密度用击实试验来确定。我国采用南实仪25击（87.95t·m/m³）作为标准压实功能，得出一般25~30组最大干密度的平均值$\gamma_{d,\ max}$（t/m³）作为依据，从而确定设计干密度γ_d（t/m³）。

此法对大多数黏土料是合理的、适用的。但是，土料的塑限含水量、黏粒含量不同，对压实度都有影响，标准压实功能87.95t·m/m³只是个经验数值，应进行以下修正：

（1）以塑限ω_p（下同）含水量为最优含水量，由试验从压实功能与最大干密度、最优含水量曲线上初步确定压实功能。

（2）考虑沉降控制的要求，即通过选定的干密度满足压缩系数α=0.0098~0.0196cm²/kg，控制压缩系数。

（3）当天然含水量与塑限含水量接近且易于施工时，选择天然含水量作为最优含水量来确定压实功能。

2.施工含水量确定

施工含水量是由标准击实条件时的最大干密度确定的，最大干密度对应的最优含水量ω_{op}（下同）是一个点值，而实际的天然含水量总是在某一个范围内变动。为适应施工的要求，必须围绕最优含水量规定一个范围，即含水量的上下限。

（二）砂土及砂砾石

砂土及砂砾石的压实程度与颗粒级配及压实功能关系密切，一般用相对密度D_r表示，其表达式为：

$$D_r = \frac{e_{max} - e}{e_{max} - e_{min}}$$

（5-1）

式中：e_{max}——砂石料的最大孔隙比。

e_{min}——砂石料的最小孔隙比。

e——设计孔隙比。

（三）石渣及堆石体

石渣及堆石体作为坝壳填筑料，压实指标一般用孔隙率表示。根据国内外的工程实践经验，碾压式堆石坝坝体压实后孔隙率应小于30%；为了防止过大的沉陷，一般规定为22%～28%（压实平均干密度为2.04～2.24t/m³）。面板堆石坝上游主堆石区孔隙率标准为21%～25%（压实平均干密度为2.24～2.35t/m³）；用砂砾料填筑的面板坝，砂砾料压实平均孔隙率为15%左右。

四、压实试验

坝料填筑必须通过压实试验，确定合适的压实机具、压实方法、压实参数及其他处理措施，并核实设计填筑标准的合理性。试验应在填筑施工开始前一个月完成。

（一）压实参数

压实参数包括机械参数和施工参数两大类。当压实设备型号选定后，机械参数已基本确定。施工参数有铺料厚度、碾压遍数、开行速度、土料含水量、堆石料加水量等。

（二）试验组合

压实试验组合方法有经验确定法、循环法、淘汰法（逐步收敛法）和综合法。一般多采用逐步收敛法。先以室内试验确定的最优含水量进行现场试验，通过设计计算并参照已建类似工程的经验，初选几种压实机械和拟定几组压实参数。先固定其他参数，变动一个参数，通过试验得到该参数的最优值；然后固定此最优参数和其他参数，再变动另一个参数，用试验求得第二个最优参数值。依此类推，通过试验得到每个参数的最优值。最后用这组最优参数再进行一次复核试验。倘若试验结果满足设计、施工的技术经济要求，即可作为现场使用的施工压实参数。

黏性土料压实含水量可分别取 $\omega_1 \neq \omega_p$，2%；$\omega_2 = \omega_p$，20%；$\omega_3 = \omega_p$，2%三种进行试

验。ω_p为土料的塑限。

（三）试验分析整理

按不同压实遍数n、不同铺土厚度h和不同含水量ω进行压实、取样。每一个组合取样数量为：黏土、砂砾石10~15个，砂及砂砾6~8个，堆石料不少于3个。分别测定其干密度、含水量、颗粒级配，可做出不同铺土厚度时压实遍数与干密度、含水量曲线。根据上述关系曲线，再做出铺土厚度h、压实遍数n、最大干密度ρ_{max}、最优含水量ω_{op}关系曲线。

在施工中选择合理的压实方式、铺土厚度及压实遍数，是由综合各种因素试验确定的。有时对同一种土料采用两种压实机具、两种压实遍数是最经济合理的。例如，陕西省石头河工程心墙土料压实，铺土厚度37cm，先采用8.5t羊脚碾碾压6遍，后用25~35t气胎碾碾压4遍，取得了经济合理的压实效果。

第三节　水利水电土料防渗体坝

碾压式土料防渗体坝，按坝体材料的不同可分为均质坝和分区坝。分区坝按土料组合和防渗设施的位置不同，可分为心墙坝、斜墙坝、多种土质坝。但都是由支撑体、防渗体和反滤过渡料构成的。只不过均质坝体的支撑体和防渗体融为一体，仅在护坡和排水体之间需要反滤过渡料。

不同土石料的填筑，由于其强度、级配、湿陷程度不同，施工采用的机械及工艺亦不尽相同。但其坝面填筑作业都有铺料、压实、取样检查三道基本工序，还有洒水、接缝处理等（对非黏性土，还有超径石处理等；对黏性土，还有清理坝面、刨毛等）附加工序。

坝面填筑有铺料、压实、取样检查三道基本工序，对不同的土石料根据强度、级配、湿陷程度不同还有其他处理。

一、铺料

坝基经处理合格后或下层填筑面经压实合格后，即可开始铺料。铺料包括卸料和平料，两道工序相互衔接，紧密配合完成。选择铺料方法主要与上坝运输方法、卸料方式和坝料的类型有关。

（一）自卸汽车卸料、推土机平料

铺料的基本方法有进占法、后退法和混合法三种。

堆石料一般采用进占法铺料，堆石强度为60～80MPa的中等硬度岩石，施工可操作性好。对于特硬岩（强度＞200MPa），由于岩块边棱锋利，施工机械的轮胎、链轨节等损坏严重，同时因硬岩堆石料往往级配不良，表面不平整影响振动碾压实质量，因此在施工中要采取一定的措施，如在铺层表面增铺一薄层细料，以改善平整度。

级配较好的（如强度30MPa以下的）软岩堆石料、砂砾（卵）石料等，宜用后退法铺料，以减少分离，有利于提高密度。

不管采用何种铺料方法，卸料时要控制好料堆分布密度，使其摊铺后厚度符合设计要求，不要因过厚而不予处理。尤其是以后退法铺料时更需注意。

1.支撑体料

心墙上、下游或斜墙下游的支撑体（简称坝壳）各为独立的作业区，在区内各工序进行流水作业。坝壳一般选用砂砾料或堆石料。由于堆石料往往含有大量的大粒径石料，不仅影响汽车在坝料堆上行驶和卸料，也影响推土机平料，并易损坏推土机履带和汽车轮胎。为此采用进占法卸料，即自卸汽车在铺平的坝面上行驶和卸料，推土机在同一侧随时平料。其优点是：大粒径块石易被推至铺料的前沿下部，细料填入堆石料间空隙，使表面平整，便于车辆行驶。坝壳料的施工要点是防止坝料粗细颗粒分离和使铺层厚度均匀。堆石料的铺层厚度根据施工前现场碾压试验确定，一般可达2.0m。

坝面超径石处理，对于振动碾压实，石料允许最大粒径可取稍小于压实层的厚度；气胎碾可取层厚的1/2～2/3。超径石应在料场内解碎，少量运至坝面的大块石或漂石，在碾压前应做处理。一般是就地用反铲挖坑将之掩埋在层面以下，或用推土机移至坝外坡附近，做护坡石料。少量超径石也可在坝面用冲击锤解碎。

2.反滤料和过渡料

反滤层和过渡层常用砂砾料，铺料方法采用常规的后退法卸料。自卸汽车在压实面上卸料，推土机在松土堆上平料。优点是：可以避免平料造成的粗细颗粒分离，汽车行驶方便，可提高铺料效率。要控制上坝料的最大粒径，允许最大粒径不超过铺层厚度的1/3～1/2，当含有特大粒径的石料（如0.5～1.0m）时，应清除至填筑体以外，以免产生局部松散甚至空洞，造成隐患。砂砾料铺层厚度根据施工前现场碾压试验确定，一般不大于1.0m。

3.防渗体土料

心、斜墙防渗体土料主要有黏性土和砾质土等，选择铺料方法主要考虑以下两点：一是坝面平整，铺料层厚均匀，不得超厚；二是对已压实合格土料不过压，防止产生剪力破坏。铺料时应注意以下问题。

（1）采用进占法卸料

进占法卸料，即推土机和汽车都在刚铺平的松土上行进，逐步向前推进。要避免所有的汽车行驶同一条道路。如果中、重型汽车反复多次在压实土层上行驶，会使土体产生弹簧破坏、光面破坏与剪切破坏，严重影响土层间结合质量。

（2）推土机功率必须与自卸汽车载重吨位相配

如果汽车斗容过大，而推土机功率过小（刀片过小），则每一车料要经过推土机多次推运，才能将土料铺散、铺平，在推土机履带的反复碾压下，会将局部表层土压实，甚至出现弹簧土[①]和剪切破坏，造成汽车卸料困难；更严重的是，很容易产生平土厚薄不均。

（3）采用后退法定量卸料

汽车在已压实合格的坝面上行驶并卸料，为防止对已压实土料产生过压，一般采用轻型汽车。根据每一填土区的面积，按铺土厚度定出所需的土方量（松方），使得推土机平料均匀，不产生大面积过厚、过薄的现象。

（4）沿坝轴线方向铺料

防渗体填筑面一般较窄，为了防止两侧坝料混入防渗体，杜绝因漏压而形成贯穿上下游的渗流通道，一般不允许车辆穿越防渗体，所以严禁垂直坝轴线方向铺料。特殊部位，如两岸接坡处、溢洪道边墙处以及穿越坝体建筑物等结合部位，当只能垂直坝轴线方向铺料时，在施工过程中，质检人员应现场监视，严禁坝料掺混。

（5）铺土厚度均匀，严禁超厚

保证措施是做到"随卸、随平、随检查"。汽车卸料后，应立即散铺，不能积压成堆。每一卸料地点只能允许卸一车料。在推土机平料过程中，应及时检查铺土厚度，严禁超厚；发现厚薄不均的部位，应及时处理。为了便于控制铺料厚度，防渗土料宜采用平地机平料。土料的铺层厚度根据施工前现场碾压试验确定，一般为20~50cm。

（6）后退法铺料

后退法铺料的做法是汽车在已压实合格的坝面上行驶并卸料。此法卸料方便，但对已压实土料容易产生过压，可以选用砾质土、掺和土、风化料。应采用轻型汽车（20t以下），在填土坝面重车行驶路线要尽量短，且不走同辙，控制土料含水率略低于最优值。

（二）移动式皮带机上坝卸料、推土机平料

皮带机上坝卸料适用于黏性土、砂砾料和砾质土。利用皮带机直接上坝，配合推土机平料，或配合铲运机运料和平料，其优点是不需专门道路，但随着坝体升高需要经常移动皮带机。为防止粗细颗粒分离，推土机采用分层平料，每次铺层厚度为要求的1/3~1/2，

---

① 弹簧土是指因土的含水量高于达到规定压实度所需要的含水量而无法压实的黏性土体。

推距最好在20m左右，最大不超过50m。

（三）铲运机上坝卸料和平料

铲运机是一种能综合完成挖、装、运、卸、平料等工序的施工机械，当料场位于距大坝800~1500m，散料距离在300~600m时，是经济有效的。铲运机铺料时，平行于坝轴线依次卸料，从填筑面边缘逐行向内铺料，空机从压实合格面上返回取土区。铺到填筑面中心线（约一半宽度）后，铲运机反向运行，接续已铺土料逐行向填筑面另一半的外缘铺料，空机从刚铺填好的松土层上返回取土区。

二、压实

（一）非黏性土的压实

非黏性土透水料和半透水料的主要压实机械有振动平碾、气胎碾等。

振动平碾适用于堆石与含有漂石的砂卵石、砂砾石和砾质土的压实。振动碾压实功能大，碾压遍数少（4~8遍），压实效果好，生产效率高，应优先选用。气胎碾可用于压实砂、砂砾料、砾质土。

除坝面特殊部位外，碾压方向应沿轴线方向进行。一般均采用进退错距法作业。在碾压遍数较少时，也可采用一次压够后再行错车的方法，即搭接法。铺料厚度、碾压遍数、加水量、振动碾的行驶速度、振动频率和振幅等主要施工参数要严格控制。分段碾压时，相邻两段交接带的碾迹应彼此搭接，垂直碾压方向，搭接宽度应为0.3~0.5m，顺碾压方向应为1.0~1.5m。

适当加水能提高堆石、砂砾石料的压实效果，减少后期沉降量。但大量加水需增加工序和设施，影响填筑进度。堆石料加水的主要作用，除在颗粒间起润滑作用以便压实外，更重要的是软化石块接触点，压实中搓磨石块尖角和边棱，使堆石体更为密实，以减少坝体后期沉降量。砂砾料在洒水充分饱和条件下，才能达到有效的压实。

堆石、砂砾料的加水量一般依其岩性、细粒含量而异。对于软化系数大、吸水率低（饱和吸水率小于2%）的硬岩，加水效果不明显，可经对比试验决定是否加水。对于软岩及风化岩石，其填筑含水量必须大于湿陷含水量，最好充分加水，但应视其当时含水量而定。

对砂砾料或细料较多的堆石，宜在碾压前洒水一次，然后边加水、边碾压，力求加水均匀。对含细粒较少的大块堆石，宜在碾压前洒水一次，以冲掉填料层面上的细粒料，改善层间结合。但碾压前洒水，大块石裸露会给振动碾碾压带来不利。对软岩堆石，由于振动碾碾压后表面产生一层岩粉，碾压后也应洒水，尽量冲掉表面岩粉，以利于层间结合。

当加水碾压将引起泥化现象时，其加水量应通过试验确定。堆石加水量依其岩性、风化程度而异，一般为填筑量的10%～25%；砂砾料的加水量宜为填筑量的10%～20%；对粒径小于5mm、含量大于30%及含泥量大于5%的砂砾石，其加水量宜通过试验确定。

（二）黏性土的压实

黏土心墙料压实机械主要用凸块振动碾，亦有采用气胎碾的。

1.压实方法

碾压机械压实方法均采用进退错距法，要求的碾压遍数很少时，可采用一次压够遍数、再错距的方法。分段碾压的碾迹搭接宽度：垂直碾压方向的为0.3～0.5m，顺延碾压方向的应为1.0～1.5m。碾压方向应沿坝轴方向进行。在特殊部位，如防渗体截水槽内或与岸坡结合处，应用专用设备在划定范围沿接坡方向碾压。碾压行车速度一般取2～3km/h。

2.坝面土料含水量调整

土料含水量调整应在料场进行，仅在特殊情况下可考虑在坝面做少许调整。

（1）土料加水

当上坝土料的平均含水量与碾压施工含水量相差不大，仅需增加1%～2%时，可在坝面直接洒水。

加水方式分为汽车洒水和管道加水两种。汽车喷雾洒水均匀，施工干扰小，效率高，宜优先采用。管道加水方式多用于施工场面小、施工强度较低的情况。加水后的土料一般应以圆盘耙或犁使其含水均匀。

粗粒残积土在碾压过程中，随着粗粒被破碎，细粒含量不断地增多，压实最优含水量也在提高。碾压开始时比较湿润的土料，随着碾压可能变得干燥，因此在碾压过程中要适当地补充洒水。

（2）土料的干燥

当土料的含水量大于施工控制含水量上限的1%以内时，碾压前可用圆盘耙或犁在填筑面进行翻松晾晒。

3.填土层结合面处理

当使用平碾、气胎碾及轮胎牵引凸块碾等机械碾压时，在坝面将形成光滑的表面。为保证土层之间结合良好，对于中、高坝黏土心墙或窄心墙，铺土前必须将已压实合格面洒水湿润并刨毛深1～2cm。对于低坝，经试验论证后可以不刨毛，但仍须洒水湿润，严禁表土干燥状态下在其上而铺填新土。

三、结合部位处理

（一）非黏性土结合部位

1.坝壳与岸坡结合部位的施工

坝壳与岸坡或混凝土建筑物结合部位施工时，汽车卸料及推土机平料易出现大块石集中、架空现象，且局部碾压机械不易碾压。该部位宜采取如下措施：与岸坡结合处2m宽范围内，可沿岸坡方向碾压。不易压实的边角部位应减薄铺料厚度，用轻型振动碾或平板振动器等压实机具压实。在结合部位可先填1～2m宽的过渡料，再填堆石料。在结合部位铺料后出现的大块石集中架空处，应予以换填。

2.坝壳填料接缝处理

坝壳分期分段填筑时，在坝壳内部形成了横向或纵向接缝。由于接缝处坡面临空，压实机械作业距坡面边缘留有0.5～1.0m的安全距离，坡面上存在一定厚度的松散或半压实料层。

（二）黏性土结合部位

黏土防渗体与坝基（包括齿槽）、两岸岸坡、溢洪道边墙、坝下埋管及混凝土墙等结合部位的填筑，须采用专用机具、专门工艺进行施工，确保填筑质量。

1.截水槽回填

当槽内填土厚度在0.5m以内时，可采用轻型机具（如蛙式夯等）薄层压实；当填土厚度超过0.5m时，可采用压实试验选定的压实机具和压实参数压实。基槽处理完成后，排除渗水，从低洼处开始填土。不得在有水情况下填筑。

2.铺盖填筑

铺盖在坝体内与心墙或斜墙连接部分，应与心墙或斜墙同时填筑；坝外铺盖的填筑，应于库内充水前完成。铺盖完成后，应及时铺设保护层。已建成的铺盖上不允许进行打桩挖坑等作业。

3.黏土心墙与坝基结合部位填筑

无黏性土坝基铺土前，坝基应洒水压实，然后按设计要求回填反滤料和第一层土料。铺土厚度可适当减薄，土料含水量调节至施工含水量上限，宜用轻型压实机具压实。黏性土或砾质土坝基，应将表面含水量调至施工含水量上限，用与黏土心墙相同的压实参数压实，然后洒水刨毛铺填新土。坚硬岩基或混凝土盖板上，开始几层填料可用轻型碾压机具直接压实，填筑至少0.5m后才允许用凸块碾或重型气胎碾碾压。

4.黏土心墙与岸坡或混凝土建筑物结合部位填筑

（1）填土前，必须清除混凝土表面或岩面上的杂物。在混凝土或岩面上填土时，应洒水湿润，并边涂刷浓泥浆、边铺土、边夯实。泥浆涂刷高度须与铺土厚度一致，并应与下部涂层衔接。严禁泥浆干后再铺土和压实。

（2）裂隙岩面处填土时，应按设计要求对岩面进行妥善处理，再按先洒水，后边涂刷浓水泥黏土浆或水泥砂浆、边铺土、边压实（砂浆初凝前必须碾压完毕）程序进行。涂层厚度可为5～10mm。

（3）黏土心墙与岸坡结合部位的填土，其含水量应调至施工含水量上限，选用轻型碾压机具薄层压实，不得使用凸块碾压实，黏土心墙与结合带碾压搭接宽度不应小于1.0m。局部碾压不到的边角部位可使用小型机具压实。

（4）混凝土墙、坝下埋管两侧及顶部0.5m范围内填土，必须用小型机具压实，其两侧填土应保持均衡上升。

（5）岸坡、混凝土建筑物与砾质土、掺和土结合处，应填筑宽1～2m的塑性较高的黏土（黏粒含量和含水量都偏高）过渡，避免直接接触。

（6）应注意因岸坡过缓，结合处碾压造成因侧向位移出现的土料"爬坡、脱空"现象，应采取防止措施。

5.填土接缝处理要求

斜墙和窄心墙内一般不应留有纵向接缝。均质土坝可设置纵向接缝，宜采用不同高度的斜坡与平台相间形式，平台间高差不宜大于15m。坝体接缝坡面可使用推土机自上而下削坡，适当留有保护层随坝体填筑上升，逐层清至合格层。结合面削坡合格后，要控制其含水量为施工含水量范围的上限。

第四节　水利水电面板堆石坝

一、钢筋混凝土面板的分块和浇筑

（一）钢筋混凝土面板的分块

混凝土防渗面板包括趾板和面板两部分。趾板设伸缩缝，面板设垂直伸缩缝、周边伸缩缝等永久缝和临时水平施工缝。面板要满足强度、抗渗、抗侵蚀抗冻要求。垂直伸缩缝从底到顶通缝布置，中部受压区，分缝间距一般为12～18m，两侧受拉区按6～9m布置。受拉区设两道止水，受压区在底侧设一道止水，水平施工缝不设止水，但竖向钢筋必须相连。

（二）防渗面板混凝土浇筑

1.趾板施工

趾板施工应在趾基开挖处理完毕，经验收合格后进行，按设计要求进行绑扎钢筋、设置锚筋、预埋灌浆导管、安装止水片及浇筑上游铺盖。在混凝土浇筑中，应及时振实，注意止水片与混凝土的结合质量，结合面不平整度小于5mm。混凝土浇筑后28d之内，20m以内不得进行爆破；20m以外的爆破要严格控制装药量。

对于河床段的趾板，应在基岩开挖完毕后立即进行浇筑，在大坝填筑之前浇筑完毕；岸坡部位的趾板必须在填筑之前一个月内完成。

通常，趾板施工的步骤是清理工作面、测量与放线、锚杆施工、立模安装止水片、架设钢筋、预埋件埋设、冲洗仓面、开仓检查、浇筑混凝土、养护。混凝土浇筑可采用滑模或常规模板进行。

趾板混凝土在周边缝一侧的表面用2m直尺检查，不平整度不应超过5mm。混凝土浇筑时，应保证止水片（带）附近混凝土的密实，并避免止水片（带）的变形和变位。

2.面板施工

面板施工在趾板施工完毕后进行。考虑到尽量避免堆石体沉陷和位移对面板产生的不利影响，面板在堆石体填筑全部结束后施工。面板混凝土浇筑宜采用无轨滑模，起始三角块宜与主面板块一起浇筑。面板混凝土宜采用跳仓浇筑。滑模应具有安全措施，固定卷扬机的地锚应可靠，滑模应有制动装置。面板钢筋采用现场绑扎或焊接，也可用预制网片现场拼接。混凝土浇筑中，布料要均匀，每层铺料250～300cm。止水片周围需人工布料，防止分离。在振捣混凝土时，要垂直插入，至下层混凝土内5cm，止水片周围用小振捣器仔细振捣。在振动过程中，防止振捣器触及滑模、钢筋、止水片。脱模后的混凝土要及时修整和压面。

浇筑质量检查要求：①趾板浇筑。每浇一块或每50～100m³至少有一组抗压强度试件；每200m³成型一组抗冻、抗渗检验试件。②面板浇筑。每班取一组抗压强度试件，抗渗检验试件每500～1000m³成型一组，抗冻检验试件每1000～3000m³成型一组，不足以上数量者，也应取一组试件。

二、沥青混凝土面板施工

（一）沥青混凝土施工方法分类

沥青混凝土的施工方法有碾压法、浇筑法、预制装配法和填石振压法四种。碾压法是将热拌沥青混合料摊铺后碾压成型的施工方法，用于土石坝的心墙和斜墙施工；浇筑法是将高温流动性热拌沥青混合材料灌注到防渗部位，一般用于土石坝心墙；预制装配法是把沥青混合料预制成板或块；填石振压法是先将热拌的细粒沥青混合材料摊铺好，填放块石，然后用巨型振动器将块石振入沥青混合料中。

（二）沥青混凝土防渗体的施工特点

（1）施工需专用施工设备和经过施工培训的专业人员完成。防渗体较薄，工程量小，机械化程度高，施工速度快。

（2）高温施工，施工顺序和相互协调要求严格。

（3）防渗体不需分缝分块，但与基础、岸坡及刚性建筑物的连接需谨慎施工。

（4）相对土防渗体而言，沥青混凝土防渗体因不开采土料、不破坏植被，利于环保。

（三）沥青混凝土面板施工

1.沥青混凝土面板施工的准备工作

（1）趾墩和岸墩是保证面板与坝基间可靠连接的重要部位，一定要按设计要求施工。岸墩与基岩连接，一般设有锚筋，并用作基础帷幕及固结灌浆的压盖。其周线应平顺，拐角处应曲线过渡，避免倒坡，以便于和沥青混凝土面板的连接。

（2）与沥青混凝土面板相连接的水泥混凝土趾墩、岸墩及刚性建筑物的表面在沥青混凝土面板铺筑之前必须进行清洁处理，潮湿部位用燃气或喷灯烤干。然后在表面喷涂一层稀释沥青或乳化沥青。待稀释沥青或乳化沥青完全干燥后，再在其上面敷设沥青胶或橡胶沥青胶。沥青胶涂层要平整均匀，不得流淌。若涂层较厚，可分层涂抹。

（3）对于土坝，在整修好的填筑土体或土基表面先喷洒除草剂，然后铺设垫层。堆石坝体表面可直接铺设垫层。垫层料应分层填筑压实，并对坡面进行修整，使坡度、平整度和密实度等符合设计要求。

2.沥青混合料运输

（1）热拌沥青混合料应采用自卸汽车或保温料罐运输。自卸汽车运输时应防止沥青与车厢黏结。车厢内应保持清洁。从拌和机向自卸汽车上装料时，应防止粗细骨料离析，每卸一斗混合料应挪动一下汽车位置。保温料罐运输时，底部卸料口应根据混合料的配合比和温度设计得略大一些，以保证出料顺畅。一般沥青混合料运输车或料罐运的运量应比其拌和能力或摊铺速度大。

（2）运料车应采取覆盖篷布等保温、防雨、防污染的措施，夏季运输时间较短时，也可不加覆盖。

（3）沥青混合料运至地点后应检查拌和质量。不符合规定或已经结成团块、已被雨淋湿的混合料不得用于铺筑。

3.沥青混合料摊铺

土石坝碾压式沥青混凝土面板多采用一级铺筑。当坝坡较长或因拦洪度汛需要设置临时断面时，可采用二级或二级以上铺筑。一级斜坡铺筑长度通常为120～150m。当采用多级铺筑时，临时断面顶宽应根据牵引设备的布置及运输车辆交通的要求确定，一般为10～15m。

沥青混合料的铺筑方向多采用沿最大坡度方向分成若干条幅，自下而上依次铺筑。当坝体轴线较长时，也有沿水平方向铺筑的，但多用于蓄水池和渠道衬砌工程。

4.沥青混合料压实

沥青混合料应采用振动碾碾压，此时要在上行时振动、下行时不振动。待摊铺机从摊铺条幅上移出后，用2.5～8t振动碾进行碾压。条幅之间接缝，铺设沥青混合料后应立即进行碾实，以获得最佳的压实效果。在碾压过程中有沥青混合料黏轮现象时，可向碾压轮洒少量水或洒加洗衣粉水，严禁涂洒柴油。

5.沥青混凝土面板接缝处理

为提高整体性，接缝边缘通常由摊铺机铺筑成45°。当接缝处沥青混合料温度较低（<60℃）时，对接缝处的松散料应予清除，并用红外线或燃气加热器将接缝处20～30cm加热到100～110℃后再铺筑新的条幅进行碾压。有时在接缝处涂刷热沥青，以增强防渗效果。对于防渗层铺筑后发现的薄弱接缝处，仍需用加热器加热并用小型夯实器压实。

第五节　水利水电砌石坝施工

砌石坝坝体结构简单，施工方便，可就地取材，工程量较小；坝顶可以溢流，施工导流和度汛问题容易解决，导流费用低，故在中、小型工程中常见此坝型。

砌石坝施工程序为：坝基开挖与处理，石料开采、储存与上坝，胶凝材料的制备与运输，坝体砌筑，施工质量检查和控制。

一、筑坝材料

（一）石料开采、储存与上坝

砌石坝所采用的石料有细料石、粗料石、块石和片石。细料石主要用作坝面石、拱石及栏杆石等，粗料石多用于浆砌石坝，块石用于砌筑重力坝内部，片石则用于填塞空隙。石料必须质地坚硬、新鲜，不得有剥落层或裂纹。

坝址附近应设置储料场，必须对料场位置、石料储量、运距和道路布置做全面规划。在中、小型工程中，主要靠人工进行石料及胶结材料的上坝运输。坝面过高，则使用常用设备运输上坝，如简易缆式起重机、塔式起重机、钢井架提升塔卷扬道、履带式起重机等。

（二）胶结材料制备

砌石坝的胶结材料主要有水泥砂浆和一、二级配混凝土。胶结材料应具有良好的和易性，以保证砌体质量和砌筑工效。

1.水泥砂浆

水泥砂浆由水泥、砂、水按一定比例配合而成。水泥砂浆常用的强度等级为M5.0、M7.5、M10.0、M12.5四种。对于较高或较重要的浆砌石坝，水泥砂浆的配比应通过试验确定。

2.细石混凝土

混凝土由水泥、水、砂和石子按一定比例配合而成。细石多采用5～20mm和20～40mm二级配，配比大致为1：1，也可根据料源及试验情况确定。混凝土常用的强度等级分为10.0MPa、15.0MPa、20.0MPa三种。为改善胶结材料的性能、降低水泥用量，允许在胶结材料中掺入适量掺和料或外加剂，但必须通过试验确定其最优掺量。

二、坝体砌筑

（一）坝体砌筑概述

坝体是土石料填料集中、土坝强度高、填筑方量大和质量要求高的水工建筑物，施工工艺比较复杂。一般要求运输过程中因防止不同坝料掺混、污染，以避免降低物理力学性能。坝面施工有严密组织和管理，各工序间相互衔接，分段流水；坝体不同高程各部位在施工中有明显标志，坝面层次清楚，大面平整，均衡上升，防止漏压、欠压或超压。根据不同坝料采用下述填筑方法：

（1）土料。铺土厚度用插杆法或设标志控制。当气候干燥，土表层水分蒸发较快或在运输和散铺过程中含水量损失较大时，铺土与压实表层均要适当均匀洒水润湿。洒水量以能控制在施工含水量范围内为原则。

（2）砂砾料和石料铺料后均要边洒水边碾压，但软化系数大的石料和在负温下施工时一般不洒水。

（3）反滤料填筑质量要求较高，铺料厚度控制较严。一般约每10m设一个厚度样板，用机械施工时单层水平宽度为3~4m，在坝体中与防渗土料平起成犬牙交错压实，有先土后砂和先砂后土两种施工方法，犬牙交错带宽一般为每层防渗土料厚的1.5~2.0倍。在分段铺筑时要做好接缝处理各层间的连接，使不发生层间错位、折断或混杂。对已铺好的反滤层要妥善保护，禁止车辆或行人通行，防止土料混杂和污水浸入。

（4）面板堆石坝的面板后垫层料，要求密实度高而渗透性小。一般采用级配良好的垫料薄层碾压，靠近上游面的松坡，削坡处理或用斜坡碾压设备碾压。施工期间下游排水必须畅通。

坝基开挖与处理结束，经验收合格后，进行坝体砌筑。块石砌筑是砌石坝施工的关键工作，砌筑质量直接影响坝体的整体强度和防渗效果，故应根据不同坝型，合理选择砌筑方法，严格控制施工工艺。

（二）拱坝的砌筑

（1）全拱逐层全断面均匀上升砌筑。这种方法是沿坝体全长砌筑，每层面石、腹石同时砌筑，逐层上升。一般采用一顺一丁砌筑法或一顺二丁砌筑法。

（2）全拱逐层上升，面石、腹石分开砌筑。也就是说，沿拱圈全长逐层上升，先砌面石，再砌腹石。该方法用于拱圈断面大、坝体较高的拱坝。

（3）全拱逐层上升，面石内填混凝土。也就是说，沿拱圈全长先砌内外拱圈面石，形成厢槽，再在槽内浇筑混凝土。这种方法用于拱圈较薄、混凝土防渗体设在中间的拱坝。

（4）分段砌筑，逐层上升。也就是说，将拱圈分成若干段，每段先砌四周面石，然后砌筑腹石，逐层上升。这种方法的优点是便于劳动组合，适用于跨度较大的拱坝，但增加了径向通缝。

（三）重力坝的砌筑

重力坝砌筑工作面开阔，通常采用沿坝体全长逐层砌筑、不分段的施工方法。但当坝轴线较长、地基不均匀时，也可根据情况进行分段砌筑，每个施工段逐层均匀上升。若不能保证均匀上升，则要求相邻砌筑面高差不大于1.5m，并做成台阶形连接。重力坝砌筑多用上下层错缝、水平通缝法施工。为了减少水平渗漏，可在坝体中间砌筑一水平错缝段。

三、施工质量检查与控制

砌石工程施工应符合《浆砌石坝施工技术规定》（SD 120—84），检查项目包括原材料、半成品及砌体的质量检查。

（一）浆砌石体的质量检查

在砌石工程施工过程中，要对砌体进行抽样检查。常规的检查项目及检查方法有下列几种：

1.浆砌石体表观密度检查

浆砌石体的表观密度检查是质量检查中比较关键的地方。浆砌石体表观密度检查有试坑灌砂法与试坑灌水法两种。以灌砂、灌水的手段测定试坑的体积，并根据试坑挖出的浆砌石体各种材料的重量，计算出浆砌石体的单位重。

2.胶结材料的检查

砌石所用的胶结材料应检查其拌和均匀情况，并取样检查其强度。

3.砌体密实性检查

砌体的密实性是反映砌体砌缝与饱满的程度、衡量砌体砌筑质量的一个重要指标。砌体的密实性以其单位吸水量表示。其值越小，砌体的密实性越好。单位吸水量用压水试验进行测定。

（二）砌筑质量的简易检查

1.在砌筑过程中翻撬检查

对已砌砌体抽样翻起，检查砌体是否符合砌筑工艺要求。

2.钢钎插扎注水检查

竖向砌缝中的胶结材料初凝后至终凝前，以钢钎沿竖缝插孔，待孔眼成型稳定后向孔中注入清水，观察5～10min。若水面无明显变化，说明砌缝饱满密实；若水迅速漏失，说明砌体不密。

3.外观检查

砌体应稳定，灰缝应饱满，无通缝；砌体表面应平整，尺寸符合设计要求。

第六章　水利水电工程建设项目管理

Chapter 6

第一节　水利水电工程项目管理基础内容

工程项目管理在提高工程项目质量、保障工程施工安全和控制项目施工成本等方面具有十分重要的作用。企业只有认识到工程管理中存在的问题，才能将建筑工程管理贯穿于工程项目建设施工的整个过程，做好各项管理措施的贯彻落实；才能真正地提高建筑工程管理质量，在确保建筑企业经济效益的基础上，促进建筑行业的稳定、持续、健康发展。

一、项目概念的界定

"项目"一词在社会生活的各个方面都得到了越来越广泛的应用。然而，目前国内外对于"项目"的概念和特征的认识，还处在不断完善之中，尚未形成权威的、统一的定义。ISO10006对项目给出了如下定义："项目具有独特的过程，有开始与结束的时期，由一系列相互受控和协调的活动构成。过程的实施是为了达到规定的目标，包括满足费用、时间和资源等限制。"在《项目管理知识体系》中，美国项目管理协会对项目给出了如下定义："项目是可以根据明确的起点和目标进行监督的任务。在现实中，多数项目目标的完成都有明确的资源限制。"美国项目管理专家约翰·宾（John Ben）在中国工业科技管理大连培训中心提出了在我国被广泛引用的观点："项目就是在一定的时间和预算规定的范围内，达到预定质量水平的一项一次性任务。"

综上所述，虽然大众对于项目定义的表述形式有所不同，但对其实质内容的认识是基本一致的。我们通常可以把项目定义为："项目就是作为管理对象，在一定约束条件下完成的，具有明确目标的一次性任务。"项目可以是一项基本建设，如建设一座水电站、一座水库、一个灌区、一处调水工程或建一座大楼、修一条公路等；项目也可以是一项新产品的开发，如新材料的研发、新技术和新工艺的应用等；项目还可以是科研活动，如国家863计划（高性能计算机、第三代移动通信、高速信息网络、深海机器人与工业机器人、天地观测系统、海洋观测与探测、新一代核反应堆、超级杂交水稻、抗虫棉、基因工程等方面已经在世界上占有一席之地；重视高技术集成创新和培育战略性新兴产业，在生物工程药物、通信设备、高性能计算机、中文信息处理平台、人工晶体、光电子材料与器件相关项目）、973计划（数学机械化、高性能科学计算理论及软件设计新概念、长江和黄河流域水资源演化规律及主要的淡水湖泊富营养化方面的研究、恶性肿瘤、心脑血管疾病和老年病等重大疾病发病机理研究等）等。

二、项目的主要特征

作为被管理的对象，项目主要具有以下几个特征。

（一）单件性特征

所谓项目的单件性是指就任务本身和最终成果而言，没有与这项任务完全相同的另一项任务。例如，要修建两座装机容量都是100万千瓦的水电站，因所处的位置、环境、水文地质条件及参加人员等不同，其设计、施工、组织等差异可能也非常大。一般情况下，项目都具有特定开始、结尾和实施过程。项目的单件性并不意味着项目历程短，而恰恰相反，很多大型项目都历时数年、十几年乃至几十年。例如，著名的三峡工程，经过几十年的论证，仅施工期就长达17年。只有认识到项目的单件性，我们才能有针对地根据项目的特殊情况和要求进行有效、科学的管理。

（二）长时间的生命周期特征

任何项目都有其明确的起点、实施和终点。它有一个开始和一个结束，是不能被重现的。项目起点是项目开始的时间，项目终点是项目的目标已经实现或者已经无法实现从而中止项目的时间。不管项目持续多久，都有自己的生命周期。当然，项目的生命周期与项目所创造出的产品或服务的全生命周期是不同的。大多数项目的生命周期相对较短，而项目所创造的产品或服务的生命周期是长期的。例如，三峡工程项目实施的时间是有限的，但工程投入运行后的有效时间可能是几代人。

（三）目标性特征

项目的目标性是指任何一个项目都是为实现特定的组织目标和产出物进行目标服务的。任何一个项目都必须有明确的组织目标和项目目标。项目目标主要包括两个方面：一方面是项目工作本身的目标，是项目实施的过程；另一方面是项目产出物的目标，是项目实施的结果。例如，对于一项水利工程建筑物的建设项目而言，项目工作的目标主要包括项目工期、造价、质量、安全环保、文明施工等各方面工作的目标，项目产出物的目标主要包括建筑物的特性、功能、使用寿命、安全性等指标。

（四）完整性特征

任何项目的实施都不是一个孤立的活动，而是一系列活动的有机结合，从而形成一个不可分割的整体过程。

（五）不确定性特征

项目的不确定性主要是由于项目的独特性造成的，因为一个项目的独特之处多数是需要进行不同程度的创新，而创新又涉及各种不确定性。项目的不可重复性也增加了项目的不确定性。项目所处的环境大多是开放的，且相对多变，这就导致了项目的不确定性。

（六）约束性特征

项目的约束性是指每个项目都在一定程度上受到内在和外在条件约束的特性。项目只有在满足约束条件下获得成功才有意义。内在条件的约束主要是对项目质量、寿命和功能的约束（要求）。外在条件的约束主要是对项目资源的约束，包括财力资源、人力资源、物力资源、时间资源、技术资源和信息资源等方面。项目的约束性是决定一个项目成功与失败的关键特征。

三、工程项目的定义及其主要特征

（一）工程项目的定义

工程项目是以实物形态表示的具体项目，如建造一栋大楼或公共游乐场、建造一座大坝或一座水电站等。在我国，工程建设项目是固定资产投资项目的简称，主要包括基本建设项目（新建、扩建、改建等扩大生产能力的项目）和更新改造项目（以改进技术、增加产品品种、提高质量、治理"三废"、执业健康安全、节约资源等为主要目的的项目）。

（二）工程项目的主要特征

与事业机关的行政活动、企业一般的生产活动和其他经济活动相比，工程建设项目具有其特殊性，除了具有项目的一般特征外，还有其自身的特征及规律性。

1.固定性

工程项目通常具有庞大的体型和较为复杂的构造，大多以大地为基础建造在某一固定的地方，不能移动，只能在建造的地点作为固定资产使用。不同于一般工业产品，工程项目的消费空间受到约束。

2.系统性

工程项目是一个复杂的开放性系统，这也是工程项目的主要特征。工程项目是由若干单项工程和分部分项工程构成的一个有机体。从管理的层面来看，一个项目系统是由人、技术、时间、资源、空间和信息等多种因素组合在一起，为实现一个特定的项目目标而形成的一个有机体。

3.一次性

建筑产品不仅结构复杂、体型庞大，而且建造地点、时间、地形、地质及水文条件、材料来源等都不尽相同，因此建筑产品存在着千差万别的一次性特征。

（三）工程项目的建设特征

由于工程项目大多是以基础建设的形式体现着，因此在建设过程中还具有一些特殊的技术经济特征。

1.生产周期长

一般的工业生产都是一边消耗物力、人力和财力，一边生产、销售产品，较快地回收资金。而工程建设项目的生产周期较长，在较长时间周期内会耗用大量的资金。由于工程建设项目体型庞大、工程量巨大、建设周期长，只有待项目基本建成后才能开始回收投资。在漫长的工程项目建设期内，大量耗用人力、物力、财力，长期占用大量的资金而生产不出任何完整的产品，当然也不能获得收益。因此，在建设管理上要千方百计地缩短工期，按期或提前建成投产，形成生产能力。

2.高风险

工程建设项目往往具有投资大的特点，尤其是水利水电工程类项目建设周期长、规模大，一旦失事，对国民经济和人民生命财产将带来重大损失；受自然环境的影响也较大（可能遇到不可抗力和特殊风险损失），构成项目的非重现性特点要求项目必须一次成功，因而项目承受的风险也大。

3.生产的流动性

流动性是指在施工过程中反映出来的劳动者和劳动资料的流动，也是由施工项目的固定性质决定的。建筑工程作为劳动对象，固定在施工现场，不能移动，劳动者和劳动资料必须经常转移。施工项目开始后，施工人员和施工机具将从其他地点转移到工程施工现场，工程完成后再转移到其他地点。在一个项目工地上，还包含着许多小的流动。一个作业队和施工机具在一个工作面上完成了某项专业工作后，就要撤离，转移到另一个工作面上。施工流动性给项目管理工作、施工成本和职工生活安排带来很大影响。它涉及施工队伍的建制、职工生活和施工附属企业的安排、当地材料的开发利用、交通运输的安排和使用，以及现场各种临时设施的安排和使用问题。

4.建设过程的协作性和连续性

项目建设过程的连续性是由项目的特点和经济规律决定的。建设过程的连续性意味着项目的所有参与单位必须有良好的合作。在工程建设的各个阶段和环节，必须按照统一的施工计划，将各项工作有机地组织起来，使施工工作在时间上不间断，在空间上不间断地有序进行。如果管理不善或某个过程受阻或中断，就会导致停工、减速和资源损失，从而延误施工。

5.自然和环境的制约性强

基本建设项目由于规模大、固定不动，而且常常处在复杂的自然环境之中，所以受地形、地质、水文、气象等诸多自然因素的影响大。在工程建设中，露天、水下、地下、高空作业多，还往往受到不良地质条件的威胁，工程的投资或成本、质量、工期和施工安全常因此而受到严重影响。工程建设还受到社会环境的影响和制约。例如，拆迁涉及地方政府和城乡居民，项目建设涉及当地物资、水电供应、交通、通信、生活条件等社会条件。显然，这些社会环境同样对工程项目投资、工期和质量产生影响。

水利建设工程是一项以开发利用水资源、防治旱涝灾害为目的的基础设施建设工程。除上述特点外，水利建设项目还具有规模大、工程设施投资大、国民经济和社会效益大、财政效益低的显著特点。水利建设项目管理不仅具有一般投资项目管理的特点，而且在项目规模、建设性质、经济性、经营性等方面表现出复杂性和多样性。

四、工程项目的主要管理内容

在经济高速发展的趋势之下，项目正成为一个经济发展的重要构成要素。而项目管理作为管理项目的重要手段已经渗透到各行各业。建筑业作为国民经济的重要组成部分，在整个城乡建设中广大建筑企业承担着艰巨的任务。要完成这样艰巨而繁重的任务，最终落脚点还是工程项目，而工程项目建设的成败取决于项目管理。工程项目管理是项目管理的一个重要分支，它是指通过一定的组织形式，用系统工程的观点、理论和方法，对工程项目管理生命周期内的所有工作，包括项目建议书、可行性研究、项目决策、设计、设备询价、施工、签证、验收等系统运动过程，进行计划组织、指挥、协调和控制，以达到保证工程质量、缩短工期、提高投资效益的目的。由此可见，工程项目管理是以工程项目目标控制（质量控制、进度控制和投资控制）为核心的管理活动。参与工程项目建设的各方在工程项目建设中均存在着项目管理问题。业主、设计单位和施工单位各自处于不同的地位，对同一个项目各自承担的任务不同，其项目管理的任务也不相同。例如：在费用控制方面，业主要控制整个项目建设的投资总额，而施工单位考虑的是控制该项目的施工成本。在进度控制方面，业主应控制整个项目的建设进度，而设计单位主要控制设计进度，施工单位则控制所承包部分的工程施工进度。工程项目管理的类型主要可以归纳为以下几种。

（一）业主的工程项目管理

作为工程项目的发起人和投资者，业主与项目建设有着最为密切的利害关系，因此业主必须对工程项目建设的全过程加以有效、科学和必要的管理。由于业主的工程项目管理委托了监理公司，所以偏重于重大问题的决策，如项目立项、咨询公司的选定、承包方式的确定及承包商的确定。除此以外，业主及其项目管理班子要做好必要的协调和组织工作，为咨询公司、承包商的项目管理做好必要的支持和配合工作。业主的项目管理贯穿于建设项目的各个组成部分和项目建设的各个阶段，即业主的项目管理是全过程、全面的项目管理。就项目管理而言，业主的项目管理处于核心地位。

（二）工程施工的项目管理

工程施工项目管理即为施工承包单位（建筑企业）进行的工程项目管理。从系统的角度看，工程施工项目管理是通过一个有效的管理系统进行管理。这个系统通常分为以下几个子系统。

1.工程项目的方案及资源管理系统

工程项目的方案及资源管理系统的基本任务是确定施工方案、做好施工准备。该系统的主要内容包括以下几个方面：一是通过施工方案的技术经济比较，选定最佳的方案；二是选择适用的施工机械；三是编制施工组织设计，确定各种临时设施的数量和位置；四是确定各种工人、机具和材料物资的需要量。

2.工程项目的施工管理系统

工程项目的施工管理系统的基本任务是编制施工进度计划，在施工过程中检查执行情况，并及时进行必要的调整，以确保工程按期完成。

3.工程项目的造价管理系统

工程项目的造价管理系统的基本任务是投标报价、签订合同、结算工程款、控制成本、保证效益。施工项目管理的对象是施工项目寿命周期各阶段的工作，施工项目寿命周期可分为：投标、签约阶段；施工准备阶段；施工阶段；交工验收阶段；保修期服务阶段五个阶段。

（三）工程咨询的项目管理

建设工程咨询服务，即专业咨询机构为甲方提供建设工程全方位和全过程的项目管理服务。工程咨询是第三方进行工程项目管理的一种方式。它是工程项目管理发展到一定阶段分化出来的一个分支学科和管理方式。随着工程建设规模的增加，工程技术日趋复杂化，工程项目管理更加专业化。通常情况下业主缺乏这类专业管理人员，因此专门从事工程咨询活动的专业公司应运而生。工程监理是工程咨询的一种最典型的咨询活动。这是一项目标性很明确的具体行为，它包括视察、检查、评价、控制等一系列活动，以保证目标的实现。工程监理通过对工程建设参与者的行为进行监控、督导和评价，并采用相应的管理措施，保证工程建设行为符合国家法律、法规和有关政策，制止建设行为的盲目性和随意性，促使工程建设费用、进度、质量按计划实现，确保工程建设行为合法性、合理性、经济性、科学性。

（四）政府的工程建设管理

政府工程建设管理是指国家对建设行为、活动和建设行业进行监督、管理。管理方式首先是通过立法。也就是说，国家的权力机关制定一系列直接针对建设行为的或与建设行为相关的法律，如《中华人民共和国招标投标法》《中华人民共和国建筑法》《中华人民共和国水法》《中华人民共和国土地管理法》《中华人民共和国合同法》等一系列法律，作为管理和监督的依据，而且地方人大也针对本地区的建设行为制定和颁布了相应的法规。其次是执法。中央政府及地方各级政府设立建设行政主管部门，并会同其他相应政府管理部门，根据国家的有关法律、法规，制定有关建设活动管理的规定、规范及规程，并对建设活动及从业单位的设立和升级、对从业人员的资格审定等进行管理，即政府管理。我国在国务院设立住房和城乡建设部，作为全国范围内的建设行政管理部门；在各级地方政府及国务院的水利、工业、交通等部门，设立或指定地方或部门内的建设行政主管部门，对建设活动的管理还涉及发改委、土地、工商等政府管理部门。政府的建设管理具有执法性、强制性、宏观性、全面性等特点。

第二节　水利水电工程管理内容

随着我国经济快速的发展与人口的不断增多，水利工程事业的重要性日益凸显。水利工程事业是我们国民经济中的命脉，在基础产业中的地位也越来越高。由此可见，对于我们的整个社会来说，做好水利工程事业是造福人民的大事。那么如何做好水利工程管理，并确保我们的安全？那就是我们要做好项目管理，确保我们水利工程的质量，促进我国整体的国民经济建设。

一、水利工程管理的主体特征与作用

（一）水利工程管理的主体特征

水利工程管理属于一种事业性质工作，它是搞社会效益，是以灌溉农用耕地、服务于农业及其他行业为主要目的。但是，随着国家经济体制的改革，水利工程管理单位按国家有关规定属于事业性质的生产服务单位，按企业的要求进行管理，实行财务包干、结余留用的办法。水利工程管理单位应在保证工程安全的前提下，做到以下几点：一是充分发挥工程效益。二是积极利用管理范围内的水土资源和已有的工程设施，发挥自身优势。三是广开生产门路，增加收入，努力做到经费自给有余。四是因地制宜地开展乡镇供水、养殖、水电、加工等综合经营。

（二）水利工程管理的主要作用

水利工程管理的主要作用是确保工程安全、充分发挥工程效益、开展综合经营、不断提高管理水平。其具体作用如下：

第一，积极做好工程设施管理工作，经常进行水利工程检查、观测，划定水利工程设施保护范围，防止破坏和损坏工程设施，搞好维修养护，做到不垮不淤、不漏少渗，保证工程安全，不断提高效益能力。

第二，搞好用水管理，保证有效灌溉面积的用水，争取多引多灌，开源节流，合理配水，节约用水，扩大效益，树立服务观念，做好服务工作。

第三，完善公共管理机构，构建健全用水户代表大会和用水户协会机构，定期召开用水户代表大会及用水户协会会议，公布管理情况，讨论研究有关问题。积极明确规定各自职责，制定有关制度和政策。

第四，搞好经营管理，实行水费收费，实行多种经营，增加收入，减少支出，实现自给自足。

第五，做好水利用领域的调查研究，包括水利用领域的基本情况，如人口、面积、耕地、社会经济等。

第六，量力而为，积极开展科学研究，搞好科技工作，做好水量、雨量观测工作。计算水费台账，做好重点建筑物的观测，及时发现工程设施病害。并进行灌溉试验和调查，做好运行记录，进而做好节水工作。

第七，对用水区域进行调查，清理项目固定资产，检查管理单位的内外部债务。

第八，构建工程档案，包括工程技术档案、管理单位人事档案、经营管理档案等。

第九，宣传水利工作的方针、政策，制定和修订有关管理制度，推广先进技术。

二、水利工程管理的基本原则

（一）优化效率原则

优化效率原则是最优化的社会效益、经济效益与生态效益相统一的原则，其要求是：在有利于社会进步、有利于生态平衡的前提下，创造尽可能多的符合社会需要的物质产品和精神产品，让现有工程设施和现有的人力、物力、财力发挥出尽可能多的灌溉效益与经济效益。

贯彻优化效率原则，我们需要正确处理好以下三大效益关系：一是正确处理微观经济利益与宏观经济效益之间的关系。在社会主义条件下，宏观经济效益与微观经济效益之间的关系在根本上是一致的，前者是后者的保证，后者是前者的基础。例如：在水利管理中，有的地区为了能够保收，不准向外地区（县、乡或村）供水；或渠道放水时，"渠首放敞无人管，渠尾灌不满"。这种只考虑局部利益的现象在某种程度上严重地影响了宏观经济效益。二是要正确处理社会效益和经济效益之间的关系。一般来说，经济效益好，社会效益也就好。但在水利管理的工作中，在短期内却不一定，由于多年来水利工作重建轻管，重视社会效益，不重视经济效益。三是要正确处理生态效益与经济效益的关系。近年来，在一些水库上游或渠道上游，由于水土流失日趋严重，导致水库被淤积、渠道被淤塞，严重地影响了水利工程的社会效益和经济效益的发挥。

（二）行政管理和集中统一管理的相融合的原则

行政管理和集中统一管理相融合的原则是指在社会主义的管理活动中，扩大劳动者充分享有当家做主的权利，并参与管理的同时，国家和领导机关对整个管理活动的统一领导、统一指挥、统一计划和统一政策的原则，它是民主集中制原则在管理活动中的具体应用。在水利管理工作中，我们要注意以下两个原则：一个是水利工程管理单位内部的行政管理和集中统一管理相结合的原则；另一个是用水区的行政管理和集中统一管理相结合的原则，其需要处理好以下几个方面的关系：一是处理好管理单位与上级业务、上级行政部门之间的关系，这个关系的主流是下级服从上级。二是处理好平级相关单位的关系，如用水区的行政单位、公安、财政等，这个关系是协调关系、平等关系。三是处理好管理单位和用水区群众之间的关系，这是服务与被服务、顾客与顾主的关系。四是管理单位和用水户代表大会的关系，管理单位是用水户代表大会的常设办事机构。五是管理单位和用水户协会的关系，这种关系是领导和被领导的关系。

（三）正确处理国家、集体、个人利益关系的原则

在社会主义制度下，国家、集体、个人三者的利益关系在根本上是一致的。但是，在整体利益、局部利益和个人利益方面，在长期利益和短期利益上，由于直接和间接的关系不同或轻重缓急的时间要求不同，有时也会发生矛盾，例如，有的单位搞吃光分光，有的单位挪用工程维修款，有的单位私卖固定资产，有的单位泛发奖金等现象，就是没有正确处理好国家、集体和个人三者的利益关系。如何正确处理好三者的利益关系呢？要把责、权、利、效有机地结合起来，即在管理活动中，国家、集体、个人承担一定的经济责任，都应该具有与其责任相适应的经济权力，都要把经济利益同责、权、利、效实施的好坏挂

起钩来，构建和实行责、权、利、效相统一的"岗位—经济责任制"。这是调节四者关系，处理好国家、集体和个人三者关系的重要管理制度。在这一制度中，经济—岗位责任是基础，经济—岗位权力是保证，经济利益是动力；在这一制度中，要用科学的、合理的分配制度去激发劳动者的社会主义积极性和创造性，发挥工程的最大效益，充分显示社会主义制度的优越性。

三、水利管理单位的权力与职责

（一）水利工程管理单位的主要权力

水利工程管理单位具有以下几个方面的权力：一是工程设施的管理权，即对其所属的全部工程设施具有管理权和保护权，以及按照规定处理工程设施被破坏的权力。二是有执行用水户代表大会决议的权力，有水量控制权、计收水费权等。三是有工程维修养护权力。四是对管理单位内部有人事管理权、资金使用权和生产经营权。

（二）水利工程管理单位的主要职责

水利工程管理单位主要的职责如下：一是贯彻执行国家的有关方针、政策、法令、上级的有关文件和用水户协会（或代表大会）的决议。二是保证工程安全，维持工程正常运行，防止工程老化。三是搞好管理工作，挖掘工程内在潜力和管理单位的内部潜力，让工程发挥最大的灌溉效益和经济效益。四是构建健全的各种管理制度。五是按规定标准搞好水费征收。六是建立健全用水户代表大会和用水户协会机构，让各机构正常开展工作。

四、水利工程的设施管理

（一）水利工程设施的检查观测

1.水利工程设施检查观测工作的意义

水利工程完成后，每时每刻处在运行过程中，并经常受到各种外界因素的影响，建筑物各部位的状态和工作情况始终都在不断地变化着，工程建筑究竟有没有病害，能否安全运行和发挥作用，就必须通过全面系统的检查和观测，随时掌握其动态变化过程，并以此来分析判断建筑物有无病害情况。事物的发展都有一个从量变到质变的发展过程。大量事实证明，建筑物的破坏事故，都是逐渐发生的。如果事前就对其进行检查观测，一旦发生不正常的情况，及时采取加固及相关措施，可将不安全因素消灭在萌芽状态。

如果事先对其进行检查和观察，我们能够得到以下成果：一是可以及时发现异常，分析原因，采取措施或完善运行方式。二是了解其动态变化，为正确运行提供依据。三是掌握变化规律，验证设计，鉴定施工质量，为提高设计、施工水平和科学研究提供依据。

2.水利工程设施检查工作的类型

按照检查的时间和目的，水利工程设施检查工作可分为以下四种，即经常检查、定期检查、特别检查和安全鉴定。经常检查就是对容易破坏、损坏和不稳定，易变化的建筑物经常进行检查，经常检查由专管人员负责。定期检查就是在每年的汛前汛后，运行使用前后对所需检查的内容进行定期检查，由管理单位负责组织检查。特别检查就是当发生特大洪水、暴风、强烈地震，工程非常运行及发生重大事故情况时，管理单位负责人应及时组织力量进行检查，必要时报请上级主管部门及有关单位共同检查。安全鉴定就是对重要建筑物每隔3~10年进行一次全面的安全检查与鉴定。

3.水利工程设施检查观察工作的主要内容

（1）土工建筑物的检查观察

土工建筑物的检查观察工作的主要内容如下：一是坝身有无裂缝、塌坑、滑坡及隆起现象。二是有无虫害、兽害等现象；迎水坡有无风浪冲刷。三是背水坡有无散浸和集中渗漏现象，有无管涌现象，坝头、坝坡有无绕坝渗漏现象，减压工程和排水防渗设施有无堵塞、破坏、失效现象，铺盖的防渗性是否良好，等等。

（2）混凝土建筑物的检查观察

混凝土建筑物的检查观察工作的主要内容如下：一是有无裂缝、渗漏、剥蚀、冲蚀、磨损、气蚀等现象。二是伸缩缝止水设施有无损坏，填充物有无流失。三是坝墩及基座岩体是否稳定。四是坝头岩坡及坝址有无集中渗漏现象。

（3）金属结构的检查观察

金属结构的检查观察工作的主要内容如下：一是结构有无变形、裂纹、气蚀、油漆脱落、磨损、振动。二是有无焊缝开裂、脱落、铆钉或螺栓松动等。

（4）渠道及渠系建筑物的检查观察

渠道及渠系建筑物的检查观察工作的主要内容如下：一是渠道有无漏水、缺口、沉陷、滑坡、冲刷、坍塌、淤积。二是渠道有无砖石、土块、杂草等障碍物；渠道的衬砌灰缝有无脱落，石块有无松动。三是渠道防渗有无裂缝、剥蚀、坍塌等。

（5）水流形态观察

水流形态观察工作的主要内容如下：一是进水口水流是否平顺。二是闸后堰后水流形态是否正常。三是堰后水流形态是否平稳，有无不正常流态和冲刷淤积现象；拦污栅、拦鱼设施是否有堵塞现象。四是检查附属设施、高压线路和观测设备是否完好。

4.水利工程设施观测工作的主要内容

水利工程设施观测工作的主要内容如下：一是水文气象观测。其主要内容为降雨量、气温、湿度、来水量、用水量、水库渗漏水量、溢洪量。二是重要建筑物观测。其观测的主要内容为枢纽建筑物沉陷量，渠系建筑物的位移量、沉陷量。三是水库水位观测。

四是放水流量及放水历时观测。

5.水利工程设施检查观测工作的基本要求

水利工程设施检查观测工作的基本要求如下：一是制定检查观测的表格或提纲。二是做到四固定，即人员固定、时间固定、测次固定、仪器固定。三是做到四谁，即谁观测、谁记录、谁校核、谁整理。四是做到四无，即无缺、无漏、无不合要求、无违时。五是资料的整理，要绘制图表、编写报告、得出结论。

（二）水利工程设施的养护维修

1.水利工程设施的养护维修的目的和意义

在复杂的自然条件影响下，在各种外力的作用下，水利工程设施的状态随时都在变化。例如，由于设计不当、施工不完善和管理运用不当，都很容易使工程产生缺陷。在管理运行中，如不及时养护维修，则缺陷必将逐步发展，影响其安全运行，严重的甚至会导致失事。相关水利工程设施管理实践表明，有些水利工程设施，虽然原来是病险工程，但由于采取了积极的养护维修措施，延长了工程的寿命，保证了水利工程的正常运行。

2.水利工程设施的养护维修的原则

水利工程设施的养护维修的原则如下：一是经常养护，随时维修，养重于修，修重于抢，发现缺陷，及时维修。二是小坏小修，随坏随修。三是防止缺陷扩大。在维修工作中，必须坚持多快好省的方针。四是制定维修方案时，必须根据检查观测成果，吸取先进经验，因地制宜，就地取材；自身难以解决的问题，可请示上级单位协作处理。

3.水利工程设施的养护维修的工作内容

水利工程设施的养护维修的工作内容如下：一是对在检查观测中发现的问题，及时进行养护维修。二是对金属或木质设备，每年应油漆一次。三是对机械设备应定期检修，试验运行。四是对需润滑之处经常打油。五是渠道要定期清淤，渠堤要经常养护。六是坝坡定期清污。

（三）水利工程设施控制运用

1.制定并执行完整的技术操作程序

对于水利工程设施或者机械设备，我们都要根据工程设施或机械设备的特点和操作运行要求，制定出完整合理的操作运行规程。技术操作规程一般包括如下几项内容：一是运行前的检查工作。二是运行前的试运行。三是操作运行的程序。四是操作运行的注意事项，如温度、电阻、电流、电压、湿度、异常声响等。五是运行结束后的复查工作。

2.观察操作过程中的动态变化

在工程设施和机械设备的运行过程中，我们必须注意其动态变化，如出现异常或运行中的某些指标超过规定标准，就要及时进行分析和查找原因，必要时停止运行，进行维修。

3.做好运行记录

水利工程设施操作人员要对运行中的指标特别是异常现象进行真实记录，找出原因并向相关领导汇报。

五、水利工程经营管理

水利工程管理单位属于事业性质，但是为了能维持简单再生产，就要求在搞好工程管理和灌溉管理的同时，必须狠抓经营管理，将企业管理的方法用于水利工程的经营管理。水利工程管理单位属于事业性质企业管理。这规定水利工程管理单位在追求社会效益（灌溉效益）的同时，还必须追求经济效益，树立管理理念。水利工程管理单位的经营管理，主要是在摸清家底、丈量灌溉面积、清点固定资产的基础上紧紧地抓住"一把钥匙、两个支柱"不放松。一把钥匙是管理责任制。管理责任制是指要建立健全各种管理责任制度，包括各种技术操作规范、各种管理措施、各种岗位—经济责任制度。两个支柱是水费和综合经营。

水费是水利工程维持简单再生产必不可缺少的经费收入，也是稳定管理队伍、巩固水利建设成果、搞好工程管理、充分发挥效益的重要保证。现在由于各级政府的重视，水费已有了政策上的保证，但是根据各地的情况，水费征收还存在一些问题。我国相关部门主要是从以下几个方面着手的：一是要将灌溉面积落实到户。二是每次放水要检查灌溉情况，做好记录。灌溉结束后，必须组织力量到实地进行灌溉效果、保收情况的详细调查。如因旱情严重使农作物受了影响或未得到灌溉而使农作物未能保收的，要实地估产，为计收水费和减免水费提供可靠依据。三是召开用水户代表大会和用水户协会落实水费，必须有文字依据，最好以政府名义行文。四是在水费征收期间，成立水费征收问题解答组，认真解答群众提出的问题，宣传水费征收政策。五是做好当地政府的工作，向他们宣传水费政策，解释他们提出的问题，请他们参加用水区会议，要求他们协助执行水费政策。六是对抗交或拖欠水费的钉子户，管理单位要请示当地政府，请当地派出所、政府主管领导等一同出面拔掉钉子户，并加收滞纳金和相应罚款。

第三节 水利水电工程基本建设及程序

一、工程基本建设相关内容

（一）工程基本建设的定义

工程基本建设是国家为了扩大再生产而进行的增加固定资产的建设工作。工程基本建设是发展社会生产、增强国民经济实力的物质基础，也是改善和提高人民群众物质生活水平和文化水平的重要手段，更是实现社会扩大再生产的必要条件。工程基本建设是指国民经济各部门利用国家预算拨款、自筹资金、国内外工程基本建设贷款及其他专项基金而进行的以扩大生产能力或增加工程效益为主要目的的新建、扩建、改建、技术改造、更新和恢复工程及其有关工作，如建造工厂、铁路、矿山、电站、水库、港口、学校、医院、商店、住宅、购置机器设备、车辆、船舶等活动，以及与之紧密相连的征用土地、房屋拆迁、移民安置、勘测设计、人员培训等工作。

工程基本建设就是指固定资产的建设，即建筑、安装和购置固定资产的活动及与之相关的工作。它是通过对建筑产品的施工、拆迁或整修等活动形成固定资产的经济过程，也是以建筑产品为过程的产出物。工程基本建设不仅需要消耗大量的建筑材料、劳动力、施工机械设备及资金，还需要多个具有独立责任的单位共同参与，对时间和资源进行合理有效的安排，这是一项复杂的系统工程。在工程基本建设活动中，以建筑安装工程为主体的工程建设是实现工程基本建设的关键。

（二）工程基本建设的主要内容

工程基本建设包括以下几个方面的工作。

1.建筑安装工程

建筑安装工程是工程基本建设的重要组成部分，也是通过勘测、设计、施工等生产活动创造建筑产品的过程。这部分工作包括建筑工程和设备安装工程两个部分。建筑工程包括各种建筑物和房屋的施工、金属结构的安装、设备的安装、基础施工等工作。设备安装工程包括生产、动力、起重、运输、输配电等需要安装的各种机电设备的装配、安装、调试等工作。

2.购买设备及工器具

设备及工器具的购买是建设单位为建设项目需要向制造业采购或自制达到标准（使用年限一年以上和单件价值在规定限额以上）的机电设备、工具、器具等的购置工作。

3.其他工程基本建设工作

其他工程基本建设工作是指不属于上述两项的工程基本建设工作，如勘测、设计、科学试验、淹没及迁移赔偿、水库清理、施工队伍转移、生产准备等工作。

（三）工程基本建设项目的类型

工程基本建设项目一般是指具有一个计划任务书和一个总体设计进行施工，由一个或几个单项工程组成，经济上实行统一核算，行政上有独立组织形式的工程建设实体。在工业建设中，一般是以一个企业或联合企业为建设项目，如独立的工厂、水库、矿山、港口、水电站、引水工程、医院、学校等。企事业单位按照规定，用工程基本建设投资单纯购置设备、工具、器具，如车、船、飞机、勘探设备、施工机械等，虽然属于工程基本建设范围，但不作为工程基本建设项目。凡属于一个总体设计中的主体工程和相应的附属配套工程、综合利用工程、环境保护工程、供水供电工程及水库的干渠配套工程等，都只作为一个建设项目。工程基本建设项目可以按不同标准进行分类，常见的有以下几种分类方法。

1.根据性质进行分类

工程基本建设项目按其建设性质不同，可划分为工程基本建设项目和更新改造项目两大类。一个建设项目只有一种性质，在项目按总体设计全部建成之前，其建设性质是始终不变的。

（1）工程基本建设项目

工程基本建设项目是投资建设用于进行以扩大生产能力或增加工程效益为主要目的的新建、扩建工程及有关工作。该项目主要包括以下几个方面：一是新建项目。它是指以技术、经济和社会发展为目的，从无到有的建设项目，亦即原来没有，现在新开始建设的项目。有的建设项目并非从无到有，但其原有基础薄弱，经过扩大建设规模，新增加的固定资产价值超过原有固定资产价值的3倍以上，也可称为新建项目。二是扩建项目。它是指企业为扩大生产能力或新增效益而增建的生产车间或工程项目，以及事业和行政单位增建业务用房等。三是恢复项目。它是指原有企业、事业和行政单位，因自然灾害或战争，使原有固定资产遭受全部或部分报废，需要进行投资重建来恢复生产能力和业务工作条件、生活福利设施等的建设项目。四是迁建项目。它是指企事业单位由于改变生产布局或环境保护、安全生产及其他特别需要，迁往外地的建设项目。

（2）更新和转换项目

更新和转换项目是指用于企事业单位原有设施的技术改造或固定资产更新的建设资金，以及相应的辅助生产、生活、福利项目和相关工作的建设资金。改造工程包括挖潜工程、节能工程、安全工程、环境工程。更新改造项目应掌握专款专用、少搞土建不搞外延原则进行。更新改造项目以提高原有企业劳动生产率、改进产品质量或改变产品方向为目的，而对原有设备或工程进行改造的项目。有的项目是为了提高综合生产能力，增加一些附属或辅助车间和非生产性工程，也是改造项目。

2.根据用途进行分类

工程基本建设项目还可按用途划分为生产性建设项目和非生产性建设项目。

（1）生产性建设项目

生产性建设项目是指直接用于物质生产或满足物质生产需要的建设项目，如建筑业、工业、水利、农业、气象、运输、邮电、商业、物资供应、地质资源勘探等建设项目。该项目主要包括工业建设、农业建设、基础设施和商业建设四个方面。工业建设包括工业、国防和能源建设。农业建设包括农、林、牧、渔、水利建设。基础设施包括：交通、邮电、通信建设，地质普查、勘探建设，建筑业建设，等等。商业建设包括商业、饮食、营销、仓储、综合技术服务事业的建设等。

（2）非生产性建设项目

非生产性建设项目是指只用于满足人民物质和文化生活需要的建设项目，如在住宅、文教、卫生、科研、公用事业、机关和社会团体等方面的建设项目。非生产性建设项目包括用于满足人民物质和文化、福利需要的建设和非物质生产部门的建设，主要包括以下几个方面：一是国家各级党政机关、社会团体和企业管理机构等办公建筑。二是住宅、公寓、别墅等居住建筑。三是科学、教育、文化艺术、广播电视、卫生、体育、社会福利事业、公共事业、咨询服务、宗教、金融、保险等公共建筑。四是不属于上述各类的其他非生产性建设等其他建设。

3.根据规模或投资大小进行分类

工程基本建设项目按建设规模或投资大小分为大型项目、中型项目和小型项目。国家对工业建设项目和非工业建设项目均规定有划分为大、中、小型的标准，各部委对所属专业建设项目也有相应的划分标准。例如，水利水电建设项目就有对水库、水电站、堤防等划分为大、中、小型的标准。划分项目等级的原则如下：

第一，按批准的可行性研究报告（或初步设计）所确定的总设计能力或投资总额的大小，依据国家颁布的《基本建设项目大中小型划分标准》进行分类。

第二，凡生产单--产品的项目，一般按产品的设计生产能力划分；生产多种产品的项目，一般按照其主要产品的设计生产能力划分；产品分类较多，不易分清主次，难以按产品的设计能力划分时，可按投资额划分。

第三，对国民经济和社会发展具有特殊意义的某些项目，虽然设计能力或全部投资不够大、中型项目的标准，但经国家批准列入大中型计划或国家重点建设工程的项目，也按大、中型项目管理。

第四，更新改造项目一般只按投资额分为限额以上和限额以下项目，不再按生产能力或其他标准划分。

4.根据隶属关系进行分类

工程基本建设项目按隶属关系可分为国务院各部门直属项目、地方投资国家补助项目、地方项目和企事业单位自筹建设项目。

5.根据建设阶段进行分类

工程基本建设项目按建设阶段可分为探讨项目、前期工作项目、施工项目、建成投产项目、收尾项目和竣工项目等。

探讨项目是指按照中长期投资计划拟建而又未立项的建设项目，只作为初步可行性研究或提出设想方案供参考，不进行建设的实际准备工作。前期工作项目是指经批准立项，正在进行前期准备工作而尚未开始施工的项目。施工项目是指本年度计划内进行建筑或安装施工活动的项目，包括新开工项目和续建项目。建成投产项目是指年内按设计文件规定建成主体工程和相应配套辅助设施，形成生产能力或发挥工程效益，经验收合格并正式投入生产或交付使用的建设项目，包括全部投产项目、部分投产项目和建成投产单项工程。收尾项目是指以前年度已经全部建成投产，但尚有少量不影响正常生产使用的辅助工程或非生产性工程，在本年度继续施工的项目。竣工项目是指已经全部建成，工程施工结束并通过验收的项目。国家根据不同时期国民经济发展的目标、结构调整任务和其他一些需要，对以上各类建设项目制定不同的调控和管理政策、法规、办法。因此，系统地了解上述建设项目各种分类对建设项目的管理具有重要意义。

二、工程基本建设程序

工程基本建设程序中的工作环节，多具有环环相扣、紧密相连的性质。其中任意一个中间环节的开展，至少要以一个先行环节为条件，即只有当它的先行环节已经结束或已进展到相当程度时，才有可能转入这个环节。基建程序中的各个环节，往往涉及好几个工作单位，需要各个单位的协调和配合；否则，稍有脱节，就会带来牵动全局的影响。基建程序是在工程建设实践中逐步形成的，它与工程基本建设管理体制密切相关。水利工程建设要求严格按建设程序进行。水利工程建设程序一般分为项目建设书、可行性研究报告初步设计、施工准备（包括招标设计）、建设实施、生产准备、竣工验收、后评价等阶段。水利工程基本建设项目的实施，必须首先通过工程基本建设程序立项。水利工程基本建设项目的立项报告要根据党和国家的方针政策、已批准的江河流域综合治理规划、专业规划和水利发展中长期规划，由水行政主管部门提出，通过工程基本建设程序申请立项。

（一）水利工程建设项目的类型

根据功能和作用，水利基本建设项目可以分为三类，即公益性、准公益性和经营性。公益性项目是指具有防洪、排涝、抗旱和水资源管理等社会公益性管理和服务功能，自身无法得到相应经济回报的水利项目，如堤防工程、河道整治工程、蓄滞洪区安全建设工程、除涝、水土保持、生态建设、水资源保护、贫苦地区人畜饮水、防汛通信、水文设施等。准公益性项目是指既有社会效益又有经济效益的水利项目，其中大部分是以社会效益为主，如综合利用的水利枢纽（水库）工程、大型灌区节水改造工程等。经营性项目是指以经济效益为主的水利项目，如城市供水、水力发电、水库养殖、水上旅游、综合用水管理等水利项目。

根据对社会和国民经济发展的影响，水利基本建设项目可以分为中央水利基本建设项目和地方水利基本建设项目。中央水利基本建设项目是指对国民经济全局、社会稳定和生态环境有重大影响的防洪、水资源配置、水土保持、生态建设、水资源保护等项目，或中央认为负有直接建设责任的项目。地方水利基本建设项目是指局部受益的防洪除涝、城市防洪、灌溉排水、河道整治、供水、水土保持、水资源保护、中小型水电站建设等项目。

（二）水利工程建设项目的管理体制及职责

目前，我国的基本建设管理体制大体方向如下：一是对于大中型工程项目，国家通过计划部门及各部委主管基本建设的司（局），控制基本建设项目的投资方向。二是国家通过建设银行管理基本建设投资的拨款和贷款。三是各部委通过工程项目的建设单位，统筹管理工程的勘测、设计、科研、施工、设备材料订货、验收及筹备生产运行管理等各项工作。四是参与基本建设活动的勘测、设计施工、科研和设备材料生产等单位，按合同协议与建设单位建立联系或相互之间建立联系。

我国对水资源实行流域管理与行政区域管理相结合的管理体制。国务院水行政主管部门负责全国水资源的统一管理和监督工作。国务院水行政主管部门在国家确定的重要江河、湖泊设立的流域管理机构，在所管辖的范围内行使法律、行政法规规定的权限和国务院水行政主管部门授予的水资源管理和监督职责。县级以上地方人民政府水行政主管部门按照规定的权限，负责本行政区域内水资源的统一管理和监督工作。国务院有关部门按照职责分工，负责水资源开发、利用、节约和保护的有关工作。县级以上地方人民政府有关部门按照职责分工，负责本行政区域内水资源开发、利用、节约和保护的有关工作。水利工程建设项目管理实行统一管理、分级管理和目标管理，逐步建立水利部、流域机构和地方水行政主管部门及建设项目法人分级、分层次管理的管理体系。水利工程建设项目管理要严格按照建设程序进行，实行全过程的管理、监督、服务。水利工程建设要推行项目法人责任制、招标投标制和建设监理制，积极推行项目管理。

水利部是国务院水行政主管部门，对全国水利工程建设实行宏观管理。水利部建设与管理司是水利部主管水利建设的综合管理部门，在水利工程建设项目管理方面，其主要管理职责有以下几个方面：一是贯彻执行国家的方针政策，研究制定水利工程建设的政策法规，并组织实施。二是对全国水利工程建设项目进行行业管理。三是组织和协调部属重点水利工程的建设。四是积极推行水利建设管理体制的改革，培育和完善水利建设市场。五是指导或参与省属重点大中型工程、中央参与投资的地方大中型工程建设的项目管理。流域机构是水利部的派出机构，对其所在流域行使水行政主管部门的职责，负责本流域水利工程建设的行业管理。省（自治区、直辖市）水利（水电）厅（局）是本地区的水行政主管部门，负责本地区水利工程建设的行业管理。水利工程项目法人对建设项目的立项、筹资、建设、生产经营、还本付息及资产保值增值的全过程负责，并承担投资风险。代表项目法人对建设项目进行管理的建设单位是项目建设的直接组织者和实施者，负责按项目的建设规模、投资总额、建设工期、工程质量实行项目建设的全过程管理，对国家或投资各方负责。

（三）水利工程建设程序中各阶段的工作要求

1.水利项目建议书阶段

项目建议书应按照国民经济和社会发展规划、流域综合规划、区域综合规划、专业规划，按照国家产业政策和国家有关投资建设方针进行编制，是对拟进行建设项目提出的初步说明。项目建议书的编制一般委托由相应资质的工程咨询或设计单位承担。

2.水利项目初步设计阶段

水利项目初步设计是根据批准的可行性研究报告和必要而准确的勘察设计资料，对设计对象进行通盘研究，进一步阐明拟建工程在技术上的可行性和经济上的合理性，确定项目的各项基本技术参数，编制项目的总概算。其中，概算静态总投资原则上不得突破已批准的可行性研究报告估算的静态总投资。由于工程项目基本条件发生变化，引起工程规模、工程标准、设计方案、工程量的改变，其概算静态总投资超过可行性研究报告相应估算的静态总投资在15%以下时，要对工程变化内容和增加投资提出专题分析报告；超过15%以上（含15%）时，必须重新编制可行性研究报告并按原程序报批。

初步设计报告经批准后，主要内容不得随意修改或变更，并作为项目施工实施的技术文件依据。在工程项目建设标准和概算投资范围内，依据批准的初步设计原则，一般非重大设计变更、生产性子项目之间的调整由主管部门批准。在主要内容上有重要变动或修改

（包括工程项目设计变更、子项目调整、建设标准调整、概算调整）等，应按程序上报原批准机关复审同意。初步设计任务应选择由项目相应资格的设计单位承担。

3.水利项目施工准备阶段（包括招标设计）

水利项目施工准备阶段是指建设项目的主体工程开工前，必须完成的各项准备工作。其中，招标设计是指为施工及设备材料招标而进行的设计工作。

4.水利项目建设实施阶段

水利项目建设实施阶段是指主体工程的建设实施，项目法人按照批准的建设文件，组织工程建设，保证项目建设目标的实现。

5.水利项目生产准备（运行准备）阶段

水利项目生产准备（运行准备）是指在工程建设项目投入运行前所进行的准备工作，完成生产准备（运行准备）是工程由建设转入生产（运行）的必要条件。项目法人应按照建管结合和项目法人责任制的要求，适时做好有关生产准备（运行准备）工作。生产准备（运行准备）应根据不同类型的工程要求确定，一般包括以下几个方面的主要工作内容：一是生产（运行）组织准备。建立生产（运行）经营的管理机构及相应管理制度。二是招收和培训人员。按照生产（运行）的要求，配套生产（运行）管理人员，并通过多种形式的培训，提高人员的素质，使之能满足生产（运行）要求。三是生产（运行）管理人员要尽早介入工程的施工建设，参加设备的安装调试工作，熟悉有关情况，掌握生产（运行）技术，为顺利衔接基本建设和生产（运行）阶段做好准备。四是生产（运行）技术准备，主要包括技术资料的汇总、生产（运行）技术方案的制定、岗位操作规程制定和新技术准备。五是生产（运行）物资准备，主要是落实生产（运行）所需的材料、工器具、备品备件和其他协作配合条件的准备。六是正常的生活福利设施准备。

6.水利项目竣工验收

水利项目竣工验收是工程完成建设目标的标志，是全面考核建设成果、检验设计和工程质量的重要步骤。竣工验收合格的工程建设项目即可以从基本建设转入生产（运行）。竣工验收按照《水利水电建设工程验收规程》进行。

7.水利项目验收后评价

工程建设项目竣工验收后，一般经过1~2年生产（运行）后，要进行一次系统的项目后评价，主要内容包括：一是影响评价——对项目投入生产（运行）后对各方面的影响进行评价。二是经济效益评价——对项目投资、国民经济效益、财务效益、技术进步和规模效益、可行性研究深度等进行评价。三是过程评价——对项目的立项、勘察设计、施工、建设管理、生产（运行）等全过程进行评价。水利项目后评价一般按三个层次组织实施，即项目法人的自我评价、项目行业的评价和计划部门（或主要投资方）的评价。项目后评价工作必须遵循公正、客观、科学的原则，做到分析合理、评价公正。

第七章　水利水电工程管理分类

Chapter 7

第七章　水利水电工程管理分类

第一节　水库的控制运用管理

为指导水库管理单位科学编制水库控制运用计划，确保水库运行安全，充分发挥水库综合效益，水库控制运用计划编制应以国家和省颁布的有关法律法规和技术规范、批准的流域洪水调度方案（或防御洪水方案）、抗旱预案（或应急水量调度方案）和工程设计、工程安全状况等为依据，坚持以人为本、安全第一、局部服从整体、兴利服从防洪的原则，科学处理防洪与兴利的关系。

一、水库控制运用计划包括防洪调度计划和兴利调度计划

水库防洪调度计划编制应结合本水库工程运用、水文气象特征、库区土地征用和居民迁移、下游河道堤防防御能力及分滞洪区的实际设防情况，综合确定水库汛期运行的各特征水位和蓄泄方案，科学安排，做到有计划地蓄水和泄洪，充分发挥水库的蓄洪、滞洪和削峰作用。水库兴利调度计划编制应按工程设计的开发目标确定主次关系，以"保证重点、兼顾一般"为原则，充分发挥水库的兴利功能，最大限度地利用水资源。水库管理单位应及时了解和掌握水库所在流域及有关区域的水文气象、社会经济、保护对象、下游河道防洪工程建设、库区回水影响范围内实际情况及各用水部门的需水要求等方面的历史和最新情况，为编制水库控制运用计划提供完整、可靠的基础资料。

二、基本情况

（一）水库概况

水库及与本水库运行调度直接相关的其他水库的地理位置、集水面积（包括引水面积）、批复的工程任务、特征水位、防洪及兴利等指标。水库坝址以上主要河流的分布情况、暴雨及洪水的成因和时空分布特性。最近一次批复的工程等别、各建筑物的级别及防洪、抗震设计标准。现状枢纽建筑物的总体布置，各主要建筑物的布置及结构尺寸。

（二）水库控制运用情况

1.特大暴雨洪水

水库投运以来发生的特大暴雨及其时空分布特征，特大洪水的入库流量过程线及洪水

总量。

2.调度运行简况

水库投运以来的多年平均年降水量、年入库径流量，实际发生的最丰年和最枯年的年份及其年降水量、年入库径流量。水库投运以来的历史最高、最低水库水位及出现的时间，最大出库流量（含各泄水建筑物的流量及总流量）及相应的水库上下游水位和泄洪设施运行情况（包括闸门开启数量、开度、开启时间）。水库多年平均年供水量，年最大、最小供水量及相应年份；水库多年平均年发电量，年最大、最小发电量及相应年份。

3.水雨情监测及洪水预报

调度水库水情、雨情测报系统及其运行情况；水库洪水预报调度系统及其运用情况。

4.交通、通信、电力

水库对外交通、通信状况及供电保障运行情况。

5.工程安全监测、监视系统

工程现有的安全监测、监视项目、测点布置及观测（监测）仪器的完好情况。

6.上年度调度运用总结

（1）雨情

年降雨量，降雨的时空分布及特点。年内最大次降雨的时间、历时、降雨量、降雨过程。

（2）水情

年入库径流总量、径流系数，年内径流分布特点。年内发生较大洪水的时间、历时、洪水总量、最大入库洪峰流量及出现的时间，以及年内发生最小径流的时间、历时和流量。

（3）兴利

年供水量、供水过程线，列表说明各用水部门月供水量、发电量、发电总量及相应的耗水量。

（4）调度运用情况

上级部门核定的控制运用计划主要内容。年内较大洪水的实时调度情况及效果，包括各次洪水的水库拦蓄洪水总量及百分比，入库洪峰流量、最大出库流量、削减洪峰流量及百分比，错峰时间（h），水库最高水位及下游控制断面最高水位等，附入库流量、出库流量及相应的水库上、下游水位等过程线。年供水情况与需水计划的对比分析，水库实际运行与控制运行计划的对比分析。水库控制运用中发现的问题、经验教训，对控制运用计划的改进意见。

三、防洪调度计划

（一）防洪调度计划的内容

研究确定水库本年度各防洪特征水位；研究确定不同频率洪水调度运用的方式及判别条件；编制防洪调度图及相关图表；明确防洪调度权限；资料收集。

（二）库容

目前采用的"水位—面积—库容"。

（三）泄流能力

现状泄水（含输水）建筑物组成，各建筑物的堰顶高程或孔口中心高程、主要控制尺寸、消能型式、下游防冲设计标准、设计或水工模型试验的水位—泄流能力图表。

（四）库区情况

库区征地及移民的设计标准、高程以及实际征地、移民情况，列表说明不同高程的未征土地、未迁居民及房屋等情况；库区防洪工程的设计标准及实施的具体情况。

（五）下游情况

下游防洪控制断面的位置、安全流量（水位）的设计及实际情况。

（六）大坝安全状况

1.大坝安全鉴定及隐患处理

最近一次大坝安全鉴定的时间、组织单位、鉴定结论，存在问题的处理情况，分析遗留问题对工程安全的影响。

2.水库安全检查

汛后检查结果，重点描述发现的异常现象及处理情况。

3.安全监测

工程安全监测发现的问题或异常，最近一次观测资料分析结论。

4.质量检测

水库工程质量检测情况，主要结论，存在问题的处理情况。

（七）洪水

最近批复或复核的水库设计洪水成果（不同频率）及下游防洪控制断面的洪水成果。

1.大坝安全评估

综合检查、观测资料分析、质量检测、缺陷处理及设备维护等情况，对大坝安全状况进行总体评估，提出影响控制运用的主要问题。

2.水库防洪特征水位

水库防洪特征水位包括汛期限制水位、起调水位、防洪高水位、设计洪水位及校核洪水位。

3.汛期限制水位

汛期限制水位简称汛限水位，指水库在汛期允许兴利蓄水的上限水位。采用分期控制运用的水库分为梅汛期汛限水位和台汛期汛限水位，不考虑分期控制运用的水库为全汛期汛限水位。

4.起调水位

起调水位指水库洪水调节计算的起始水位。由于水库的库区移民或者下游河道防洪能力未达设计要求，为使库区移民达到其设计标准或者为减轻下游河道防洪压力，需要将水库的防洪库容适当加大，因此水库调洪的起始水位必须降至汛期限制水位以下，起调水位即指水库在洪水来临前允许蓄水的上限水位。

5.防洪高水位

防洪高水位指水库遇下游防洪保护对象的设计洪水时在坝前达到的最高水位，下游防洪保护对象有多级时为最高一级。

6.设计洪水位

设计洪水位指水库遇大坝的设计洪水时在坝前达到的最高水位。

7.校核洪水位

校核洪水位指水库遇大坝的校核洪水时在坝前达到的最高水位。

（八）防洪特征水位的确定

1.一类坝及新建（扩建、改建及加固）的水库

（1）库区土地征用和居民迁移、下游防洪安全状况均满足工程设计要求的，水库防洪特征水位即为最近批复的指标。

（2）新建水库在试运行期，应根据工程任务及工程设施的运行状态，拟订试运行期控制运用方案，确定各防洪特征水位。

（3）库区土地征用和居民迁移、下游防洪安全状况有一项及以上不能达到工程设计要求的，应综合考虑库区、下游实际的防洪能力（标准），重新确定水库的防洪特征水位。

①库区土地征用未达到工程设计要求的。

②居民迁移未达到工程设计要求的，一般以尚未迁移居民的最低高程满足相应防洪

标准为目标，经调洪演算确定汛限水位（起调水位），其他各防洪特征水位由调洪演算确定。仅有少量居民未按设计要求迁移或返迁的，防洪特征水位不做调整，但需明确防洪预警及人员转移的措施。

③下游实际防洪能力未达到工程设计要求的，防洪特征水位一般不做调整。可根据下游河道的最大过流能力，降低下游河道防洪保护标准，调整调洪原则，确保洪水前期下游防洪安全。如果下游防洪要求较高，经综合分析上下游防洪要求，也可通过调洪演算确定汛限水位（起调水位），其他各防洪特征水位由调洪演算确定。

④居民迁移、下游防洪能力均未达到设计要求的，综合分析上下游防洪要求，明确防洪重点，按照确保重点兼顾一般的原则，计算确定汛限水位及其他各防洪特征水位。

2.二类坝水库

首先，根据大坝存在的安全隐患情况，经综合计算分析并留有一定余地，确定能满足大坝安全运行要求的水库最高水位。然后依据下游的防洪安全实际状况确定洪水调度原则，通过降低汛限水位运行，分析确定其他各防洪特征水位。

3.三类坝水库或检查发现有安全隐患的水库

仅防洪标准未达要求的三类坝水库，或者经检查发现有安全隐患，但大坝工作状态基本正常、在一定控制运用条件下能安全运行的水库，先确定能满足大坝安全运行要求的水库最高水位，然后依据下游的防洪安全实际状况确定洪水调度原则，通过降低汛限水位运行，分析确定其他各防洪特征水位。其他三类坝水库或者经检查发现水库有较严重安全隐患影响水库正常运行的，需要专题论证分析确定各防洪特征水位。

（九）防洪调度及运用

1.泄洪调度

泄洪调度必须确定水库下泄流量的控制、各泄洪建筑物投入使用的条件、泄洪闸门的操作规程（包括开启的数量、次序和开度等），明确相应的调度权限。水库控泄级别，按下游排涝、保护农田、保障城镇及交通干线安全等不同防护要求划分；依据其防护对象的重要程度和河道主槽、堤防、动用分洪措施的行洪能力，确定各级的安全标准、安全泄量和相应的调度权限。同时，还要明确规定遇到超过下游防洪标准的洪水后，水库转为保坝为主加大泄流的判别条件。判别条件应简明易行，一般以库水位为判别条件。下游承担防洪标准不同的多项防洪任务的水库，采用分级水位控制下泄流量（由小到大，逐级控制），一般分为三级：（1）一级。考虑下游河道两岸农田的排涝要求，控制河道水位较低，允许下泄小于河道安全流量。（2）二级。考虑河道堤防内农田不受淹，要求以河道泄量控制。（3）三级。主要考虑下游交通干线和城镇的安全，以保护区的主要堤防确定许可下泄流量。水库分级控制水位的确定：由不同频率的入库洪水和河道控制断面的各级流量（水位），通过水库调洪计算和河道洪水演算，求得相应的水库水位，逐次试算、优选确定水库的分级控制水位和下游控制断面相应的分级控制流量（水位）。洪水初期，应充分利用下游河道的行洪能力泄洪；入库洪峰出现之前，应控制出库流量不得大于入库流量，以避免人为洪峰；入库洪峰已过且出现水库最高水位后的水位消落阶段，在不影响大坝安全和下游河道堤防安全的前提下，应合理安排下泄流量，尽快腾空防洪库容，必须在下场洪水到来之前将水库水位回降至汛限水位或起调水位。当遇到预报水库水位将超过水库校核标准的洪水时，要及时向下游报警并尽可能采取紧急抢护措施，力争保主坝和重要副坝的安全。需要采取非常泄洪措施的，要预先慎重拟定启用非常泄洪措施的条件，制定下游居民的转移方案，按审批权限经批准后实施。

2.汛期临时超蓄运用

汛期临时超蓄运用是指在特定的时段内，水库按略高于汛限水位的临时蓄水位运行，在接到台风或降雨预报后，能通过预泄及时将水库水位降至汛限水位或起调水位的运用方式。大坝为一类坝的大型水库和重要中型水库，当具有可靠的预泄设施、水雨情自动测报系统、洪水预报调度系统和必要的兴利需求时，可采用汛期临时超蓄运用。采用汛期临时超蓄运用的水库应在保证大坝及下游防洪安全的基础上，根据气象预报精度、水雨情测报、水库预泄能力、下游河道安全流量（下游组合流量不得大于河道安全泄量）及兴利要求等，综合分析确定汛期临时超蓄水位。汛期临时超蓄水位不得高于水库正常蓄水位。实行汛期临时超蓄的水库必须经过专题论证分析，并按权限报经有关部门批准后确定。

3.串、并联水库防洪联合调度

串联及并联水库防洪联合调度，在水库的泄洪调度或汛期临时超蓄运用时是相互影响的，应当根据流域洪水调度方案（或防御洪水方案），合理安排水库的蓄泄关系。一般而言，串联的上下级水库防洪，其蓄泄关系应是"上游水库先蓄、下游水库先泄"；并联的两级水库防洪，其蓄泄关系应是"防洪能力大的水库先蓄、防洪能力小的水库先泄"；串联的上级水库泄洪应考虑坝址至下级水库的区间洪水，应采用补偿调度或错峰调度进行控泄，以减轻下级水库及其库区防洪压力。串联的下级水库泄洪，当下游河道防洪相对安全时，应合理安排水库泄量以尽快腾空防洪库容，以迎接上级水库的洪水。并联的两级水库泄洪，应根据暴雨的时空分布进行合理安排。位于暴雨中心的水库应适当加大泄量，而与之并联的水库则适当减小泄量，实施错峰调度，以减轻或者保证并联水库下游的防洪安全。当暴雨时空分布相对均匀时，应安排调蓄能力较小的水库先泄洪，以减轻其库区的防洪压力。

4.防洪调度图的绘制

以水库水位为纵坐标、时间为横坐标，将水库汛期限制水位、正常蓄水位、防洪高水位、设计洪水位、校核洪水位绘制水位过程线，注明水库各控制水位与相应的控制方式、调度权限等，形成水库防洪调度图。

将各暴雨分期不同频率洪水的调洪成果汇总列入表，以供实时洪水调度参照使用。

（十）兴利调度计划

兴利调度计划一般应包括以下内容：各部门的用水量；确定水库的兴利特征水位；编制兴利调度图。水库投运以来历年实测径流资料或降雨资料。多年平均径流深、径流总量、多年平均月径流量等水文特征值分析。水库实测水文资料系列在30年以上的，可直接利用；实测资料系列在30年以下、10年以上的，除利用实测资料外，还需要利用邻近站插补延长；实测资料系列少于10年的，采用邻近站的资料。从水库近年来的供水过程中，选取满足各用水部门的供水过程，根据用水增长趋势适当扩大后，作为计划年度各部门的需水过程。若因水库功能调整导致供水情况变化较大的，采用功能调整后或供水情况变化后的供水资料。若用水部门情况发生变化，则采用变化后的需水量。新建水库可根据水库设计的需水量及配套设施建设情况等综合确定。水库兴利的特征水位应以大坝安全为前提进行确定，包括兴利上限水位及兴利下限水位。承担供水任务的水库应当根据当地有关抗旱预案（应急水量调度方案）、下游各类需水、水库调节能力等综合确定分类分级供水控制水位，以确保城乡居民生活用水。兴利上限水位指水库兴利的最高水位，一般与正常蓄水位或汛期限制水位相同。兴利上限水位应根据水库工程的安全状况、库区土地征用及居民迁移安置的实际情况，并充分考虑防洪库容的重复利用综合确定。

1.兴利下限水位

兴利下限水位指水库兴利的最低水位，一般为死水位。兴利下限水位应根据水库工程的安全状况和各用水部门的需水要求，结合输水建筑物的进口高程、通航水深、泥沙淤积、水电站最低工作水头、水库工程保护、旅游和渔业及环境保护等因素，经综合平衡后确定。

2.兴利调节计算

水库兴利调节计算方法主要有典型年法和长系列法。两种方法都是根据水量平衡方程，按逆序逐时段调节计算水量的余与缺来确定兴利调度线。考虑到水库目前的资料和技术条件，本文则以典型年法为例进行详细介绍，在此基础上对长系列法进行说明。

3.典型年法

（1）设计枯水年入库径流量的确定

设计枯水年入库径流量（W_p）是指水库兴利保证率对应的水库入库径流量。先将水库历年入库年径流总量由大到小次序排列，并进行频率计算（适线法），绘制频率曲线。

（2）入库径流典型枯水年选择

选取水库年径流量接近于设计枯水年入库径流量（W_p）的若干实际年作为典型枯水年。选择的原则为：典型枯水年的年入库径流量（$W_{典型}$）与设计枯水年入库径流量（W_p）的相对差异不超过±（5% ~ 10%）；能概括径流的年内分配特征，包括对水库兴利调节为最不利的径流分配；典型枯水年不应少于3年。

4.长系列法

（1）兴利调节计算

以水库长系列入库径流资料（n≥30年）为水库的来水过程（入库水量过程），各用水单位综合需供水量过程为用水过程，假定计算初始水位，通过水库水量平衡方程逆序逐时段调节计算水量的余与缺、水库的回蓄量、供水量及相应各时段的库水位，比较初始水位和长系列计算的最终库水位是否一致。若相差较大，重新选取初始库水位（采用初次算出的最终库水位），再次逆序调节计算，直至初始和最终库水位基本相等。

（2）兴利调度图的绘制

长系列调节计算成果，以时间为横坐标、库水位为纵坐标，点绘所有年份的调度过程线。再将所有调度线各时段的最大纵坐标值连接起来，便可得到防破坏线；将所有调度线各时段的最小纵坐标值点连接起来，便可得到限制供水线。根据上述调节计算方法，用水量只包括生活、重要工业等用水部门和安全应急需水，再次进行调节计算，取三条调度过程线的下包线作为保证水位线。将三条线平滑修正后，即为初步确定的兴利调度线。利用该调度线进行长系列顺时序兴利调节计算，看是否满足供水需求；如不满足，需对调度线再次修正。

（3）兴利调度图的应用及修正

①兴利调度图的应用。在实时调度中，应根据当时的库水位和前期来水情况，参照调度图和水文气象预报，调整调度计划。对于多年调节水库，在正常蓄水情况下，一般应控制调节年度末库水位不低于规定的年消落水位，为连续枯水年的用水储备一定的水量。当实时库水位落在加大供水区时，水库可加大发电或做其他需求供水（加大下游水生态用水等）。当实时库水位落在限制供水区时，按用水部门的重要性程度，以"保重点、限中等、停一般"的原则进行控制。通常按以下次序进行：保证城镇居民生活用水、医院等公共单位正常用水；保证重要工业（不能因停水而停产）正常用水；压缩农业灌溉用水；压缩一般工业用水；压缩其他用水。当实时库水位落在城乡生活供水区时，按用水部门的重要性程度，以"限重点、停中等和一般"的原则进行控制。通常按以下次序进行：压缩城镇居民生活用水、医院等公共单位用水；压缩重要工业（不能因停水而停产）用水；停止农业灌溉用水；停止一般工业用水；停止其他用水。也可根据各水库实际情况，必要时由当地政府进行调度供水。

②兴利调度图的修正。随着水库实测水文系列的增加，出现了更为不利的年内径流分配，或下游用水量发生较大变化，或水库出现险情隐患，需临时降低蓄水等情况时，均应即时计算修正水库兴利调度图，使之更趋于现实性、可靠性和合理性。

四、小型水库调度运用制度

为规范小型水库调度，保证水库安全运行，最大限度地发挥小型水库的防洪减灾及综合运用效益，制定本制度。

（一）水库调度运用工作主要内容

水库调度运用工作主要内容包括：编制水库防洪和兴利调度运用计划；进行短期、中期、长期水文预报；进行水库实时调度运用；编制或修订水库防洪抢险应急预案。

（二）水库调度运用的主要技术指标

水库调度运用的主要技术指标应包括校核洪水位、设计洪水位、防洪高水位、汛期限制水位、正常蓄水位、死水位，下游河道的安全水位及流量。

（三）防洪调度

在保证水库安全的前提下，按下游防洪需要，对入库洪水进行调蓄，充分利用洪水资源；汛期限制水位以上的防洪库容调度运用，应按各级防汛指挥部门的调度权限，实行分级调度；按照批准的防洪调度方案，科学、合理地实施调度；根据水情、雨情的变化，及时修正和完善洪水预报方案；入库洪峰尚未达到时，应提前预降库水位，腾出防洪库容，保证水库安全。

（四）兴利调度

满足城乡居民生活用水，兼顾工业、农业、生态等需求，最大限度地综合利用水资源；计划用水、节约用水。在实施兴利调度时，要实时调整兴利调度计划，并报主管部门备案。当遭遇特殊干旱年，需重新调整供水量，报主管部门核准后执行。

（五）控制运用

根据批准的防洪和兴利调度计划或上级主管部门的指令，实施涵闸的控制运用。执行完毕后，应向上级主管部门报告。在溢洪闸需超标准运用时，应按批准的防洪调度方案执行。在汛期，尽量不用输水涵洞进行泄洪运用。闸门操作运用遵守下列要求：

1.当初始开闸或较大幅度增加流量时，应采取分次开启的方法，使过闸流量与下游水位相适应。

2.闸门开启高度须避免处于发生振动的位置。

3.过闸水流应保持平稳，避免发生集中水流、折冲水流、回流、漩涡等不利流态。

4.在关闸或减少泄洪流量时，要避免下游河道水位降落过快。

5.输水涵洞应避免洞内长时间处于明满流交替状态。

（六）闸门开启前须做好下列准备工作

1.检查闸门启闭状态有无卡阻。

2.检查启闭设备是否符合安全运行要求。

3.检查闸下溢洪道及下游河道有无阻水障碍。

4.及时通知下游。

（七）溢洪闸操作须遵守下列规定

1.手电两用启闭机，当手摇启闭时，应切断电源；电动时应取下手柄，拉开离合器。

2.启闭用力和速度不得超过设计规定，应避免闸门歪斜。当用力达到设计规定标准，仍启闭不动时，应立即停车检查，找出原因，进行处理，不得强行启闭。

3.溢洪闸为多孔闸，各孔要尽可能均衡使用，不要集中使用某一孔或几孔闸门。

4.闸门启闭顺序要求由中间四号、三号、五号、二号、六号、一号、七号依次对称启闭。关闭由边孔向中间依次对称关闭。各孔的闸门开高一般应保持同高，如要求开高正好处于发生振动的位置，则可采用单双数稍为错开的方式，避免振动。在特殊情况下，要求泄小流量时，可根据试验开启部分或一孔闸门。

5.在操作过程中，如发现闸门有沉重、停滞、卡阻、杂声等异常现象，应立即停止运行，并进行检查处理。

6.当闸门开启接近最大开度或关闭接近底槛时，应加强观察并及时停止运行；闸门关闭不严时，应查明原因进行处理。

（八）放水洞闸门启闭操作须遵守下列规定

1.放水洞启闸放水时，应在慢起2~4cm停一下。待洞内适当充水后，再行正常开启。

2.洞内的流量不得增减频繁。

3.放水时，闸门开度应避免在闸门振动区（0.2或0.8闸门高度）。如要求开高正好处在发生振动位置，则可适当加大、减少开高或利用坝后闸阀控制。

4.闭闸过程要慢速适当延长，保持通气孔畅通，以避免洞内产生超压、负压、气蚀和水锤等现象。

5.每次放水时，放水流量与通知单要求流量差不得大于 ±10%，水位差不得大于 ±3 cm。启闭时间差不得超过 10 min。

五、冰冻期间运用

冰冻期间应因地制宜地采取有效的防冻措施，防止建筑物及闸门受冰压力损坏和冰块撞击。一般采取在建筑物及闸门周围凿1 m宽的不冻槽。在闸门启闭前，应消除闸门周边和运转部位的冻结。解冻期间溢洪闸如需泄水，应将闸门提出水面或小开度泄水。雨雪后应立即清除建筑物表面及其机械设备上的积雪和积水，防止冻坏设备。

第二节　土石坝的运用管理

土石坝因其具有就地取材、施工简单、价格低廉等优点而被应用广泛。本节比较全面地介绍了土石坝日常管理中易发生主要问题的处理措施，对以后的管理工作具有一定的指导作用。土石坝是指用当地土料、石料或混合料经过铺土、整平、碾压等工序填筑而成的挡水坝，是目前应用最为广泛的一种坝型。由于土石料间的联结强度低、抗剪能力小、颗粒间的孔隙大等，故在运用中易发生裂缝、渗漏、护坡破坏等现象。为确保土石坝的正常运用，除认真做好检查、维护工作外，还应发现问题及时处理，现将处理措施介绍如下。

一、裂缝处理

土石坝的裂缝是较为常见的。往往大坝的滑坡、渗漏等破坏，是由细小的裂缝发展而成的。因此，认真分析裂缝的种类、原因，以采取有效的措施处理土坝的裂缝。一般应在裂缝稳定后进行。常用的方法有以下几种。

（一）开挖回填法

开挖回填法，顾名思义就是在裂缝部位先开挖、后分层回填土料的一种处理方法，在深度浅的表层裂缝中使用最多。为准确掌握裂缝的长度和深度，开挖前应向缝中灌白灰水。对于较深的缝开挖过程中要随时注意边坡稳定与安全。开挖后应及时做好防护。回填中要控制好土料的铺土厚度、含水量以及压实遍数，以达到或超过坝体原有的干密度。

（二）灌浆法

灌浆法是靠浆液自重或机械压力灌入裂缝的一种处理方法，通常用于裂缝较深的内部裂缝。裂缝灌浆的浆液，可采用纯黏土或黏土水泥浆。灌浆时，布孔要先稀后密，浓度要先稀后稠；压力要有控制，防止压力过大而使坝体变形或被顶起。

（三）挖填灌浆结合法

挖填灌浆结合法是将上述两种方法结合起来使用的一种方法，主要用于不易全部开挖或开挖困难的裂缝。其做法是：先对上部裂缝开挖回填，再通过预埋灌浆管对下部裂缝进行灌浆。

二、渗漏处理

土石坝渗漏现象是不可避免的，但对于引起土体渗透破坏或渗漏量过大的异常渗漏，必须及早发现并及时处理，以防止形成不可弥补的重大事故。土石坝的渗漏首先要检查其产生的部位、性质、现象，并对浸润线、渗漏量、渗流水质进行监测、分析，判断是否存在危险性渗漏，以便采取相应的处理措施。下面介绍几种常用的处理方法。

（一）上游截渗法

上游截渗法很多，主要包括黏土斜墙、抛土或放淤、灌浆、防渗墙、黏土铺盖等。

1.黏土斜墙法

黏土斜墙法主要用于坝体、坝端渗漏严重的情况，可在上游坝坡和坝端岸坡修筑贴坡黏土斜墙截渗。

2.抛土或放淤法

抛土或放淤法用于黏土铺盖、黏土斜墙等局部破坏的抢护，或岸坡较平坦时堵截绕渗和接触渗漏。其做法是：通过船只向渗漏部位抛土或在坝顶用输泥管放淤封堵。

3.灌浆法

灌浆法用于坝体、坝基渗漏严重的情况，可采用黏土水泥或化学材料进行灌浆形成一道防渗帷幕，效果较好。

4.防渗墙法

防渗墙法常用于坝体、坝基、绕坝和接触渗漏处理。其做法是：利用专门的机械造孔，并在孔内灌注混凝土形成一道直立连续的混凝土墙。这种方法其防渗效果较为可靠，因此在土坝及堤防工程中应用很多。

5.黏土铺盖法

黏土铺盖法用于黏土铺盖防渗能力不足或遭到破坏，而附近有丰富的符合要求的黏土情况。

6.截水墙法

当坝基渗漏、岸坡透水严重时，可采用此法，比较可靠。

（二）下游导渗法

为了增强坝体稳定性，应在保证坝体不产生渗透破坏的情况下，及时将坝内渗水顺利排出坝外。常用的下游排水导渗法包括导渗沟、贴坡排水、导渗砂槽、排渗沟、排水盖、减压井等。

1.导渗沟法

在坝背水坡面上开挖浅沟，沟内回填砂、砾、卵石或碎石而成的排水导渗沟。导渗沟按平面布置形状可分为I、Y和W三种形式。

2.贴坡排水法

贴坡排水法主要用于坝坡出现大面积较严重的渗漏。土坝的浸润线逸出点较高，坝坡湿润软化已处于不稳定状况时，采用这种措施，对于排除坝体渗水和增强坝坡稳定均有较好作用。

3.导渗砂槽法

当散浸严重，坝坡较缓，采用上述两种方法不易解决时，可采用此法处理。其做法是：在渗漏严重的坝坡上用钻机钻成相互搭接的排孔，搭接1/3孔径。一般要求孔径较大，孔深排水要求确定。在孔槽内回填透水材料，孔槽要各排水体相连，形成一条条导渗砂槽。

4.排渗沟法

这种方法适用于坝基渗漏严重，造成坝后长期积水，使坝基湿软、承载力降低、坝体浸润线抬高的情况；或因坝基面有较薄的弱透水层，坝后产生渗透破坏，而在上游难以防渗处理时，可在下游坝基设排渗沟。排渗沟可分为明沟和暗沟，明沟应与坝轴线垂直布置，两端分别与排水体和排水渠相连；暗沟是由无砂混凝土管或其他透水材料做成，一般平行坝轴线布置，并连接排水沟将渗水排出。

5.排水盖重法

对于较软弱的坝基，因浸湿将地面隆起，而导致坝基失稳，可采用排水盖重法进行处理。先清理相关部位的坝基，在渗水出露地段上铺设反滤层，然后在反滤层上铺筑石块，需要厚度较大的可先填上土后铺块石护面。这样既能使渗水排出，又能使覆盖层加重，以达到增加渗透稳定性的目的。

（三）护坡修理

护坡破坏的修理，按其工作性质可分为以下几种。

1.临时性紧急抢护

（1）抛石压盖法。该方法用于风浪较大，局部护坡已有冲掉、坍塌的情况。一般应先抛0.3~0.5 cm厚的卵石或碎石层，然后抛石，石块大小应视抛石体稳定情况而定，一般块越大越好。

（2）石笼压盖法。该方法适用于风浪大、护坡破坏严重的情况。块石可先装笼（如竹笼、铁丝笼），然后用机械或人力移至破坏部位。如破坏面积较大，可数个块石笼并列，笼间用钢丝扎牢，以增强整体性。临时性防浪、防冰抢护措施较多，可参考防汛与抢险有关内容。

2.永久性加固修理

（1）填补翻修法。对于护坡原材料质量差、施工质量差而引起的局部脱落、塌陷、崩塌和滑动等现象，可采用填补翻修法。如干砌石、浆砌石、混凝土、堆石、沥青油渣和草皮护坡等，就行清除破坏部位和抢护用的压盖物，然后依次按设计要求修复反滤层、护坡。（2）干砌石缝粘结法。它就是用水泥砂浆、细石混凝土等粘结材料填塞、灌注块石间的缝隙，将块石粘结成整体，形成整体护坡。它适用于护坡石块尺寸小、施工质量差、不能抵御风浪冲刷的情况；施工时，应注意先清理缝隙并冲洗干净，分隔距离留缝排水，然后向缝内充填粘结材料。（3）混凝土盖重法。它多用于砌块尺寸太小、厚度不足、强度不够而且风浪较大的干砌石或浆砌石护坡的加固。其做法是：先清洗护坡表面，然后浇混凝土盖面，厚度控制在5～7 cm，每隔3～5 cm用沥青板分缝。（4）框格加固法。它常用于石块较小、砌筑质量差的干砌石护坡的修理，如浆砌石框格、混凝土框格。其优点在于：充分利用框格增强整体性；当护坡遭到破坏时，只局限在个别框格内，避免了大面积的崩塌和整体滑动。

第三节　水闸的运用管理

一、水闸的科学运用

为了对水闸（包括涵闸、船闸）工程进行科学管理，正确运用，以确保工程完整、安全，充分发挥工程效益，更好地促进工农业生产和国民经济的发展，特制定本通则。本通则适用于大中型水闸工程，小型水闸工程可参照本通则进行管理工作。水闸工程竣工验收前，由管理筹备机构会同设计、施工单位，根据本通则和水闸设计有关规定，结合工程具体情况，制定水闸工程管理办法和有关规定。现有大、中型水闸管理单位，均应根据本通则，结合工程具体情况，制定或修订所管水闸工程的管理办法及有关规定，报上级主管部门批准后执行。水闸管理单位应根据工程运用情况，每隔一定时期，对管理办法进行检查修订，审批程序同上。水闸工程管理办法，应按照本通则规定的内容，结合工程具体情况制定外，还应包括工程概要、设计指标、管理体制、人员编制、分工职责、管理范围等内容。本通则中未作规定或只有简单要求的，如机电设备的运行和维修、水文、船闸、过木等，应参照各有关规定或另定具体办法。

二、管理单位的任务和职责

（一）任务与工作内容

水闸管理单位的任务是：确保工程完整、安全，合理利用水利资源，充分发挥工程效益。在管好工程的前提下，开展综合经营。积累资料，总结经验，不断提高管理工作水平。其主要工作内容是：贯彻执行有关方针、政策和上级主管部门指示；对工程进行检查观测，及时分析研究，随时掌握工程状态；进行养护修理，消除工程缺陷，维护工程完整，确保工程安全；做好工程控制运用；掌握雨情、水情，做好防洪、防凌工作；做好工程安全保卫工作；因地制宜地利用水土资源，开展综合经营；监测水质；结合业务，开展科学研究和技术革新；收水费、电费等；加强职工政治思想工作和技术培训，关心职工生活；制订或修订本工程的管理办法及有关规定并贯彻执行。

（二）其他应进行的工作

水闸管理单位应在岗位责任制的基础上，建立健全以下管理工作制度：计划管理制度；技术管理制度；经营管理制度；水质监测制度；安全生产和安全保卫制度；请示报告和工作总结制度；财务、器材管理制度；事故处理报告制度；考核和奖惩制度。

（三）明确工程管理范围

水闸工程均应根据工程安全需要，明确划定工程管理范围，并树立标志。现有水闸工程，凡未划定管理范围的，管理单位应予补办手续，报请上级主管部门同意并通过地方政府批准，明确划定。水闸管理单位要建立责任制。重要的大型水闸要配备主任工程师或工程师，一般大型和中型水闸要配备工程师或技术员。技术负责人的主要职责是：从技术上保障工程安全，提出合理利用水利资源和控制运用的方案，提出工程技术管理细则和技术管理计划等，并在上级批准后，负责组织实施。研究解决、审查有关本工程的技术问题。水闸控制运用，必须按上级主管部门批准的文件或计划执行。只接受上级主管部门的指令，不得接受其他任何部门或个人的指令。必须变更时，应报请上级主管部门批准。水闸管理单位应组织全体职工学习政治、管理业务、科学文化，有计划地培训职工，不断提高管理人员的政治、文化和科学技术水平。水闸管理人员，特别是管理单位的负责人，应该熟悉本工程各部位的结构、工程规划、设计意图、施工情况和工程存在的问题，并掌握控制运用、检查观测和养护修理等各项业务。

每年汛前，水闸管理单位应在上级防汛指挥部门领导下，会同有关部门建立防汛组织，备好防汛物资，做好防汛抢险的准备。位于冰冻地区的水闸工程，应制定冬季管理工作制度，做好防凌、防冻工作。水闸管理单位应经常与原设计、施工和有关科研部门联系，根据管理运用中的经验和发现的问题，共同总结工程在设计、施工方面的经验教训，以改进工作，并为科学管理提供依据。水闸管理单位应掌握水质污染动态，了解水质污染情况，发现水质污染及时向上级和有关部门提出报告。

三、检查观测

（一）水闸工程检查观测的任务

水闸工程检查观测的任务是：监视水情和水流状态、工程状态变化和工作情况，掌握水情、工程变化规律，为管理运用提供科学依据；及时发现异常迹象，分析原因，采取措施防止发生事故，保证工程安全；通过原形观测，对建筑物设计理论、计算方法和设计指标进行验证；根据水质变化动态，做出水质恶化预报。

（二）水闸工程检查工作的分类

水闸工程检查工作，分为经常检查、定期检查、特别检查和安全鉴定。（1）经常检查。水闸管理单位应对建筑物各部位、闸门和启闭机械、动力设备、通信设施、管理范围内的堤防和水流形态，进行经常检查观测，应指定专人按有关规定或细则进行。（2）定期检查。每年汛前、汛后、用水期前后，冰冻严重地区在冰冻期，应对水闸工程及各项设施进行定期检查。定期检查由管理单位负责组织领导，对水闸工程各部位进行全面检查，必要时请上级主管部门派人参加。汛前应着重检查岁修工程完成情况、度汛存在问题、防汛组织和防汛物料以及通信、照明设备等，及时做好防汛准备工作。汛后应着重检查工程变化和损坏情况，据以拟订岁修计划。冰冻期应着重检查防冻措施的落实和冰凌压力对建筑物的影响等。（3）特别检查。当发生特大洪水、暴雨、强烈地震和重大工程事故时，管理单位应及时组织力量进行全面检查。必要时报请上级部门会同检查，着重检查工程有无损坏等。（4）安全鉴定。水闸工程必须每隔一定时期对工程进行一次安全鉴定。水闸建成后，在运用头3~5年进行一次安全鉴定，以后每隔6~10年进行一次。安全鉴定按管理体制，由主管部门组织，管理、设计、施工、科研等单位及有关专业人员共同参加；各种检查、鉴定都必须认真进行，详细记载，存入技术档案。定期检查、特别检查和安全鉴定均应做出检查、鉴定分析报告，报上级主管部门。大型水闸的安全鉴定报告应报流域机构和水利部。

（三）主要检查内容

对工程的重要部位，薄弱部位和易发生问题的部位，要特别注意检查观察。根据建筑物不同类别，主要检查内容有：土工建筑物的检查观察，应注意堤身有无雨淋沟、塌陷、滑坡、裂缝、渗漏；排水系统、导渗和减压设施有无堵塞、损坏和失效；堤防与闸端接头有无渗漏、管涌迹象等；土工建筑物的检查观察，应注意护坡块石有无松动、塌陷、隆起和人为破坏，浆砌石结构有无裂缝、倾斜和滑动等现象；混凝土和钢筋混凝土建筑物的检查观察，应注意有无裂缝、渗漏、剥落、冲刷、磨损和气蚀；伸缩缝止水有无损坏、填充物有无流失等现象；闸门和启闭机的检查观察，应注意结构有无变形、裂纹、锈蚀、焊缝开裂、铆钉或螺栓松动，闸门止水设备是否完整，启闭机运转是否灵活，钢丝绳有无断丝，转动部分润滑油是否充足，机电及安全保护设施是否完好；钢丝网水泥与钢筋混凝土闸门，应注意有无漏网、露筋、裂缝、脱壳、面板漏水和其他损坏等；浮体闸和翻板闸等还应注意支铰有无磨损，锚固体有无锈蚀和松动等现象；水流流态的观察，应注意进口段是否平顺、闸后水流形态是否正常，以及上下游冲刷淤积情况。

（四）水闸工程观测的基本要求

检查水闸附属设施，如动力、照明、交通、通信、安全防护和观测设备等是否完好。水闸工程观测的基本要求是：水闸工程应进行全面的观测，相互关联的项目应配合进行。观测工作应保持系统性与连续性，按照规定的项目、测次和时间进行。掌握特征测值和有代表性的测值，研究工程运转情况是否正常，了解工程重要部位和薄弱部位的变化情况。观测成果要真实、准确，精度要符合规定。

四、对观测成果应及时进行整理分析，并定期做好观测资料的整编工作

大型水闸和位置重要的中型水闸必须观测的项目有：上、下游水位，过闸流量；沉陷、伸缩缝、扬压力、水流形态、上下游河床变形。结合水闸的具体情况和需要，必要时，增测以下有关项目：位移、裂缝、冰凌、绕渗震动、波浪、闸附近的地下水脉动压力等。水闸管理单位的负责人，应经常组织观测人员汇报观测工作及其成果，了解建筑物工作状态变化。技术负责人要审查观测成果研究建筑物工作状态是否正常，分析研究观测资料的变化规律；必要时，应提出单项观测资料分析报告。建筑物的观测测次间隔，应根据规范规定和水闸运用情况决定，要求观测到运用过程各测点变形的最大值和最小值。在施工阶段、第一次挡水、运用初期和尚未掌握建筑物变化规律的情况下，如发现不正常现象或地震等，应增加测次特点；必要时增加观测项目。每次观测结束后，应及时对观测成果进行整理分析。对相互联系的观测项目成果，以及其他相关因素，要统一进行分析。年终

应对观测资料进行整编。

五、养护修理

为维护水闸工程安全、完整，水闸管理单位应对土、石、混凝土建筑物，闸门启闭机械、机电动力设备、通信、照明、集控装置及其他附属设施等，必须进行经常养护和定期检修，保持设备良好，运转正常。养护修理应本着"经常养护，随时维修，养重于修，修重于抢"的原则进行。养护修理一般分为经常性的养护维修、岁修、大修和抢修。

（一）经常性的养护维修

根据经常检查发现的缺陷和问题，进行日常的保养维护和局部修补，保持工程设施完整、清洁。

（二）岁修

根据汛后检查所发现的工程缺陷或问题，对工程设施进行必要的整修和局部改善。水闸管理单位应每年编制岁修计划，报上级主管部门批准后进行。

（三）大修

当工程发生较大损坏，修复工作量大，技术较复杂时，水闸管理单位应报请上级主管部门组织有关单位研究制订专门的修复计划，报批后进行。岁修、大修工程均应建立岗位责任制、定额管理和质量检验等制度。岁修、大修的经费，必须专款专用，不得挪用。岁修和大修工程，均应进行总结验收，并将总结验收文件报上级主管部门。无论是经常性维修，还是岁修、大修，均应以保持和恢复工程原设计标准或局部改善原有结构为原则。如需变更设计标准，应做出扩建、改建设计，列入基建计划，按基建程序报批后进行。

（四）土工建筑物的养护修理

1.当发现土工建筑物表面有淋沟、浪窝、塌陷时，应立即进行修补。

2.当土工建筑物发生裂缝、滑坡，应立即分析原因，根据情况分别采用开挖回填或灌浆方法处理。滑坡裂缝不宜采用灌浆方法处理。

3.土木建筑物遭受水流冲刷危及安全时，应立即抢护。

4.堤防、拦河坝等应定期进行锥探，检查有无隐患。发现蚁穴兽洞、裂缝等，应采用灌浆或开挖回填等方法处理。

（五）混凝土建筑物养护修理

1.浆砌石结构表面应平整。护坡如有塌陷、隆起，应重新翻砌。无垫层或垫层失效的均应补设和整修。遇有勾缝脱落或开裂，应洗净后重新勾缝。浆砌石岸墙、挡土墙发生倾覆或滑动迹象时，可采取降低墙后填土高度或增加拉撑等办法处理。

2.干砌石护坡、护底应嵌结牢固，表面平整，如有塌陷、隆起、错动等，应予更换或灌水泥砂浆。

3.混凝土及钢筋混凝土建筑物表面应保持清洁完好，苔藓、蚧贝等附着生物应定期清除。混凝土表面脱壳、剥落和机械损坏时，可根据缺陷情况采用水泥砂浆、环氧砂浆、混凝土、喷浆等修补措施。对混凝土裂缝，应分析原因及其对建筑物的影响，拟定修补措施。对于不影响结构强度的裂缝，可采用灌水泥浆、表面涂环氧砂浆方法处理。影响结构强度的应力裂缝和贯通裂缝，应采用凿开锚筋回填混凝土、钻孔锚筋灌浆等方法补强。发丝裂缝无变化的，一般可不予处理。水闸上游，特别是底板、闸门槽和消力池内的砂石，应定期清理打捞，防止表面磨损。伸缩缝填料如有流失，应及时填充。止水片损坏时，应凿槽补设或采取其他有效措施修复。

4.闸门、启闭机械、机电设备、通信设施和线路等，应定期检修、经常清理、保持清洁。操作及运行范围内不得堆放他物。

金属闸门的钢木结构，应定期油漆，防锈防腐。闸门滚轮、吊耳、弧门支铰等活动部位应定期清洗，经常加油润滑。闸门门叶如发生变形、杆件弯曲或断裂、焊缝开裂、铆钉或螺栓松动，都应立即恢复或补强。部件和止水设备损坏时，应及时修理更换。钢丝网水泥闸门，应经常清理表面泥垢及苔藓等水生物。如有保护层剥落、脱壳、露筋、露网等，应用高标号水泥砂浆或环氧砂补修。橡胶坝袋闸定期检查是否老化，打捞漂浮物，防止刺伤坝袋。坝袋如有损坏、脱胶等，应及时修补。坝袋锚固装置，压板、螺栓、螺帽等如有松动、脱落，必须立即旋紧补齐。启闭机制动器应灵活、准确、可靠。传动部分、钢丝绳、螺杆等构件，防止松动、变形、断丝，并经常涂油润滑防锈。电源、电气线路、机电设备、动力设施、各类仪表和集控装置等，均应经常保养，定期检查维修，使其运用灵活、准确有效，安全可靠。检修闸门及其附属起吊、运输设备，应妥善保护。备用电源、照明、通讯设施，应经常处于良好状态。避雷设施每年雨季前应全面检修。导航标志、导航设施、过闸讯号装置等，应保持完好。位于冰冻地区的水闸工程，每年冰冻前，应准备好冬季管理所需物料、设备和工具。清除建筑物上的积水。检查并填充伸缩缝内的填充料。为防止水闸承受过量压力，应在建筑物周边开凿不冻槽，使冰层与建筑物隔开。为防止闸门、门槽和门轴冻结，应采用保暖措施，使其维持不冻，或在启闭前先行解冻。

六、控制运用

所有水闸工程均应明确规定下列指标，作为控制运用的依据：上、下游最高水位、最低水位；最大过闸流量，相应单宽流量；最大水位差及相应的上、下游水位；上、下游河道的安全水位和流量；兴利水位及兴利引水流量。

七、允许双向运用的水闸，应有相应的上述指标

水闸管理单位应根据运用指标，结合工程具体情况和有关部门的合理要求，参照历史水文规律和工程运用经验以及当年水情预报等，制订年度控制运用计划，报上级主管部门批准后执行。例如，实际运用过程中，水闸管理单位应根据水情和工程情况，在年度运用计划范围内制订具体运用计划进行操作运用。如确实需要改变年度控制运用计划时，应报上级主管部门批准。如因特殊要求，需要在超过规定的上、下限指标运用时，必须经过验算和鉴定，必要时应采取加固措施，并报经上级主管部门批准。水闸工程控制运用，一般按照以下原则进行（对于负担湖泊洼地调蓄任务的水闸，尚应按照水库控制运用有关规定）：必须在保证工程安全的条件下，合理地利用水资源，充分发挥工程效益。当兴利与防洪矛盾时，兴利应服从防洪。按照有关规定和协议以及上级主管部门的指示，合理分配水量，定额配水，经济用水。在分配水量时，一般应照顾下游和原有用水户。水闸工程的运用，必须与上、下游工程相配合，并与河道堤防的防洪能力或上、下游排水、蓄水能力相适应。水闸管理单位应与河道上、下游的工程管理单位密切联系，互相配合，防止人为灾害。

（一）在保证工程安全，不影响工程效益的前提下，应尽量满足以下要求

有淤积问题的水闸，应研究采取妥善的运用方式防淤、冲淤、排砂。在通航河道上的水闸，应尽量保持上、下游河道水位相对稳定和最小通航水深。位于鱼类回游河道上的水闸，应尽可能设法通过控制运用使鱼类回游。水质污染水域，尽可能通过合理运用防止或减少污染。

（二）照顾小水电要求

单向运用的水闸，需要双向运用时，必须经过验算鉴定，提出相应的运用指标和办法，并报经上级主管部门批准后执行。水闸工程的控制运用，应按照运用计划和上级主管部门的指令进行，不得接受其他任何单位和个人的指令。水闸管理单位对上级主管部门的指令应详加记录、复核并妥为保存。启闭闸门应由专职人员进行操作，固定岗位，明确责任。闸门启闭前，要对启闭机械、闸门位置、电源、动力设备、仪表、上下游水位、流态、有无船只或漂浮物、行水障碍物等情况详加检查。闸门启闭后，要对闸门启闭时间、次序、开度、流态、上下游水位变化以及建筑物和启闭设备等情况，详加记载，妥为保

管。闸门启闭，要有两种启闭措施，有条件的要做到电动、手摇两用。电动启闭闸门应有备用电源。有自动装置的必须做到巡检和手选。水闸工程在放水、停水、加大或减少流量以及泄水凌前，均应事先通知上、下游有关部门做好准备，避免事故。闸门操作运用的基本要求是：过闸流量必须与下游水位相适应，使水跃发生在消力池内。过闸水流要平稳，避免产生集中水流、折冲水流、回流、漩涡等不正常现象。涵洞及涵洞式水闸，应避免洞内长时间处于明、满流交替状态。当闸门运行接近最大开度或关闭接近闸底时，要减速运行，特别注意及时停车。避免闸门在发生震动的位置运用。冬季为防止冰块壅塞河道，一般可采用使闸上游水位平稳并尽可能高一些、维持最小流速的办法，使上游形成冰盖，冰盖形成后上游水位尽量不变动。融冰期间，一般应不放水或少放水，避免发生流水现象。

八、科学实验和技术革新

水闸管理单位应结合管理工作需要，积极开展科学研究和技术革新，不断改善劳动条件，提高劳动生产率和管理水平。

科学研究和技术革新要结合生产和管理需要，有计划地开展，着重研究以下方面：改进和革新观测技术、观测手段和观测资料整理分析方法，提高观测精度。改进和革新养护维修技术与设备，研究养护维修的新材料、新工艺、新设备，改进通信工作，提高通信质量，完善通信体系。

根据水闸运用需要和可能，研究采取工程自动控制，配备运动装置。水闸管理单位应结合工程具体情况，积极开展水闸控制运用、闸门防腐冲淤等专题研究。

九、经营管理

水闸管理单位，在确保工程安全完整、充分发挥工程效益、管好用好工程的前提下，应充分利用水土资源，因地制宜地开展综合经营，发展生产，增加收入，逐步做到经费自给或自给有余。水闸管理单位，在经营管理中，应实行经济核算，加强经济管理，提高经济效益，积累经验，逐步完善经营管理的各项制度。根据国家规定的收费办法，向用水、用电等单位收费。用水、用电等单位必须向管理单位交付水费、电费。对违章引水、用水、超计划用水、严重浪费水量以及不照章交费的单位，催交无效，管理单位根据情况有权限量供水，累进加价收费，直至停止供水。

十、安全保卫

根据水闸工程的规模及重要程度，应设民兵、经济民警或公安派出所，特别重要的工程要有部队守卫。水闸管理单位应根据本工程的特点，制定安全操作规程，并对全体职工经常进行安全保卫和遵守安全规程的教育，组织职工学习安全知识，搞好安全生产。有关人身安全的工程部位，应设置安全保护装置；对于照明、避雷设备等，要经常维护，定期检修，保持正常状态。在进行检查观测、养护修理和使用机械、动力、电气等设备时，操作人员必须严格按照操作规程进行。

十一、奖励与惩罚

水闸管理单位要加强职工的思想政治工作，通过考核评比，对完成任务好、成绩显著的单位、集体和个人，按其贡献大小给予表扬或物质奖励。凡是污染水质、损害水利工程设施，或工作不负责任、违章运行、违反操作规程、擅离职守、虚报情况、伪造资料、偷盗物料等，使人民生命和国家财产造成损失的，均应根据其性质、情节、损失大小，分别给予行政处分、经济处罚。触犯法律的，应追究法律责任。水闸管理单位和职工，对一切损害水利工程的行为有权监督、检举和控告，并应受到法律保护。

第四节　渠系建筑物的运用管理

渠系建筑物（canal structure）是为渠道正常工作和发挥其各种功能而在渠道上兴建的水工建筑物。为了安全合理地输配水量以满足农田灌溉、水力发电、工业及生活用水的需要，在渠道（渠系）上修建的水工建筑物，统称渠系建筑物。在农田水利工程建设中，蓄水、引水等枢纽工程，只有与渠系工程配套使用，才能达到兴利的目的，故渠系建筑物又称灌区配套建筑物。灌区工程配套是挖掘现有灌溉设施潜力、发挥工程效益的重要措施。

一、渠系建筑物的作用

渠系建筑物的作用可分为：（1）渠道。它是指为农田灌溉、水力发电、工业及生活输水用的、具有自由水面的人工水道。一个灌区内的灌溉或排水渠道，一般分为干、支、斗、农四级，构成渠道系统，简称渠系。（2）调节及配水建筑物。它用以调节水位和分配流量，如节制闸、分水闸等。（3）交叉建筑物。它是渠道与山谷、河流、道路、山岭等相交时所修建的建筑物，如渡槽、倒虹吸管、涵洞等。（4）落差建筑物。它是在渠道落差集中处修建的建筑物，如：跌水、陡坡等。（5）泄水建筑物。它是为保护渠道及建筑物安全或进行维修，用以放空渠水的建筑物，如泄水闸、虹吸泄洪道等。（6）冲沙和沉沙建筑物。它是为防止或减少渠道淤积，在渠首或渠系中设置的冲沙和沉沙设施，如冲沙闸、沉沙池等。（7）量水建筑物。它是用以计量输配水量的设施，如量水堰、量水管嘴等。渠系中的建筑物，一般规模不大，但数量多，总的工程量和造价在整个工程中所占比重较大。为此，应尽量简化结构，改进设计和施工，以节约原材料和劳力、降低工程造价。

二、渡槽

渡槽是输送渠道水流跨越河流、渠道、道路、山谷等障碍的架空输水建筑物，是灌区水工建筑物中应用最广的交叉建筑物之一。渡槽的作用是：用于输送渠道水流外，还可以供排洪和导流之用。渡槽由输水的槽身、支承结构、基础及进出口建筑物等部分组成。渡槽的类型，按施工方法分，可分为现浇整体式、预制装配式及预应力渡槽等；按建筑材料分类，则有木渡槽、砌石渡槽、混凝土渡槽及钢筋混凝土渡槽等；按槽身结构形式分，有矩形、U形、梯形、椭圆形及圆管形等；按支承结构的形式分为梁式、拱式、桁架式、组合式、悬吊式或斜拉式。

目前常用的渡槽形式，按支承结构分为梁式和拱式；按槽身断面形式分为矩形和U形。渡槽总体布置工作包括：槽址位置的选择，槽身支承结构的选择，基础及进出口的布置。渡槽水力计算任务是：合理确定槽底纵坡、槽身断面尺寸；计算水头损失；根据水面衔接计算确定渡槽进出口高程。一般先按通过最大流量Q拟定适宜的槽身纵坡和槽身净宽B、净高h，后根据通过设计流量计算水流通过渡槽的总水头损失值。如Z等于规划规定的允许水头损失，则可确定最后纵坡、B、h值，进而定出有关高程和渐变段长等。纵坡i加大，则有利于缩小槽身断面，减少工程量；但过大的纵坡，会加大沿程水头损失，降低渠水位的控制高程，还可能使上、下游渠道受到冲刷。

梁式渡槽由槽身、槽墩（排架）及基础三部分组成。槽身既起输水作用，又起纵向梁作用。分类：简支梁式、双悬臂梁式和单悬梁式三种主要形式。简支梁式优点是：结构简单，施工吊装方便，槽身伸缩缝的止水结构简单可靠。缺点是：跨中弯矩值较大，底板受拉，对抗裂防渗不利。梁式渡槽槽身结构计算要点是：按满槽水情况进行，弯矩及剪力求出后，对于矩形渡槽，可将侧墙作为纵梁考虑，按受弯构件计算其纵向正应力和剪应力，并进行配筋和抗裂。拱式渡槽由墩台、主拱圈、拱上结构三部分组成。其中，主拱圈分为板拱、肋拱、双曲拱等。主拱圈结构基本尺寸包括跨度、矢高、拱宽、拱脚高程。

三、倒虹吸管

由于倒虹吸具有布置形式多样化、工程量少、施工方便、节省动力及三材、造价低而且便于清除泥沙等特点，现广泛用于各国的农田水利建设、城市供水、大型调水工程。对于倒虹吸的设计，必须全面考虑、统筹兼顾、合理优化，才能设计出既经济、安全又能满足功能的倒虹吸。随着我国跨流域调水工程的增多，作为主要交叉输水建筑物的倒虹吸被广泛应用。在南水北调工程中，由于其跨度很大，与很多河流都有交汇，通过三条调水线路与长江、黄河、淮河和海河四大江河的联系，构成以"四横三纵"为主体的总体布局，所以被广泛地使用倒虹吸工程。

（一）倒虹吸作用及工作原理

当渠道与道路或河沟高程接近，处于平面交叉时，需要修一建筑物，使水从路面或河沟下穿过，此建筑物通常叫作倒虹吸。其工作原理与虹吸一样，倒虹吸在立面上也呈弓形，不同的是，其弓弯向上。而且，虽然倒虹吸管和虹吸管的输水原理相同，即都借助上下游的水位差，但倒虹吸在开始工作时不需人为地制造管中的真空，因而更为普及。

（二）倒虹吸管的构造

倒虹吸管一般由进口段、出口段、段身三部分组成。

（三）倒虹吸管的设计

倒虹吸管的设计包括管路及进出口布置、管身及镇墩的形式选择、水力计算和结构设计。由于倒虹吸管检修较困难，在设计中应注意为检修创造条件。

（四）管路布置形式及特点

根据管路埋设情况及高差大小，倒虹吸管有下列几种布置形式：竖井式、斜管式、曲线式和桥式四种。（1）竖井式。竖井多用于内压水头较低、流量较小、穿越道路的倒虹吸。这种形式的倒虹吸管结构简单，管路短，但水流条件差，一般用于规模较小的倒虹吸管。（2）斜管式。斜管式多用于内水头较小、穿越渠道或河流的倒虹吸。渠道或河流主槽底部设置水平管段，两端用斜管段与进、出口相连，水流条件好，且构造简单，施工方便，在实际工程中应用较多。（3）曲线式。当河谷宽阔，岸坡较缓，地形较复杂时，倒虹吸管可随地形敷设成曲线形。曲线倒虹吸管开挖量小，施工方便，且水流条件好，但温度影响及地基不均匀沉陷易造成管身裂缝，引起渗漏甚至危及工程安全。（4）桥式。当渠道通过较深的复式断面河道或窄深式河谷时，为降低管道内压水头、减少水头损失、缩短管长和减小施工难度，可在深槽部位建桥，将管道敷设于桥面上或者直接支撑于桥墩或排架上。管道在桥头山坡转弯处设镇墩，并在镇墩上设置虹吸管放水孔，兼作维修、清淤入孔，以便检查维修。

1.进出口渐变段的设计

对于按照渠系规划给出了一定水头的倒虹吸工程而言，渐变段消耗水头越多，管身允许消耗的水头将越少，这将使管身断面加大，增加建筑物投资，因此必须对进出口渐变段进行优化设计。渐变段长度不宜过长。当渐变段长度达到一定值时，再增加渐变段长度已对减少水头损失效果不大。同时，渐变段底坡不宜过大。当渐变段进出口底部高程相差较大时，宜适当增加渐变段长度，这样可减少渐变段底坡，从而减小水头损失。

2.管身形式及闸墩设计

管身有圆管、方管等形式。由于圆管施工较复杂，不宜现浇制模，同时会增加管座的工程量，故采用矩形孔口多孔一联的形式。该形式施工较方便，亦不需对地基进行特殊处理。墩头形状对水头损失有一定的影响。流线形墩头在闸门全开时水头损失比半圆形墩头要略小，但闸门不全部开启时，流线形墩头对进水口水流影响较半圆形墩头要大，损失显著增加。

3.水力计算

倒虹吸管的水利计算任务是根据灌区规划中已确定的设计流量、进出口渠底高程、允许水头损失，选择合适的管内流速、经济过水断面或管径，验算进出口水面衔接等。

（1）管内流速

倒虹吸管内的流速，应根据技术经济比较确定。一般若流量一定，采用较小的管内流速，水头损失较小，出口水位较高，能自流灌溉的田间面积大，但管径大，工程造价及工程量较高，且管内易淤积；采用较大的管内流速则反之。因此，适宜的管内流速V，应是在满足灌溉要求的前提下尽量选用较大值，以减少造价和管内淤积。

（2）管径或过水断面

倒虹吸的管径D或过水断面积A，可根据初选的管内流速V及设计流量Q，按公式$Q=VA$确定。

（3）输水能力和水头损失验算

当管径或管断面积、进出口水头损失值一定时，倒虹吸管的输水能力Q可按有压管流公式$Q=Ma（2g）$进行计算。

（4）下游渠底高程

根据通过设计流量时的上游水位∇、下游水深h_t及虹吸管总水头损失Z，倒虹吸管出口下游渠底$\nabla_{下底}=\nabla-Z-h_t$。

（5）进、出口水面衔接

确定管径和下游渠底高程后，还需要验算，通过加大流量时进口水面壅高和通过减小流量时进口水面跌落两种情况下，虹吸管进口段水面衔接形式。

4.结构计算

（1）荷载计算

作用于倒虹吸管上的荷载，主要有自重、管内水重、垂直与水平填土压力、内水压力、外压力、地面荷载、温度荷载、地基反力、地震荷载等。荷载效应组合。倒虹吸管在施工、运用期间可能出现的不利荷载效应有以下情况：穿越河流的倒虹吸，管内正常输水，河流处于枯水期或断流时；洪水期，河流出现洪水位，而管内无水。

（2）结构计算

①计算长度。对管道较长、水头较高的倒虹吸管，计算时一般根据地形条件，将其按高程差10 m或5 m分成若干段，每段取最大水头处断面验算管壁厚度和计算配筋。对于中小型工程，若斜管段不长且荷载变化不大时，也可以不分段，只取最不利断面进行计算。②横向结构计算。通常取1 m长管段作为计算单元，按弹性中心计算各种荷载单独作用管段不同截面处的内力，然后进行叠加，据之配筋计算。（3）向结构计算。其目的是求出纵向拉力和纵向弯矩，以进行强度和抗裂验算。倒虹吸管是在渠道同道路、河渠或谷地相交时，修建的压力输水建筑物。它与渡槽相比，具有造价低且施工方便的优点，不过它的水头损失较大，而且运行管理不如渡槽方便。它应用于修建渡槽困难，或需要高填方建渠道的场合；在渠道水位与所跨的河流或路面高程接近时，也常用倒虹吸管。

（3）倒虹管由进口、管身、出口三部分组成，分为斜管式和竖井式

进口段包括渐变段、闸门、拦污栅，有的工程还设有沉沙池。进口段要与渠道平顺衔接，以减少水头损失。渐变段可以做成扭曲面或八字墙等形式，长度为3~4倍渠道设计水深。闸门用于管内清淤和检修。不设闸门的小型倒虹吸管，可在进口侧墙上预留检修门槽，需用临时插板挡水。拦污栅用于拦污和防止人畜落入渠内被吸进倒虹吸管。在多泥沙河流上，为防止渠道水流携带的粗颗粒泥沙进入倒虹吸管，可在闸门与拦污栅前设置沉沙池。对含沙量较小的渠道，可在停水期间进行人工清淤；对含沙量大的渠道，可在沉沙池末端的侧面设冲沙闸，利用水力冲淤。沉沙池底板反侧墙可用浆砌石或混凝土建造。

出口段的布置形式与进口段基本相同。单管可不设闸门；若为宏管，可在出口段侧墙上顶留检修门槽。出口渐变段比进口渐变段稍长。由于倒虹吸管的作用水头一般都很小，管内流速仅在2.0 m/s左右，因而渐变段的主要作用在于调整出口水流的流速分布，使水流均匀平顺地植入下游渠道。

管身断面可为圆形或矩形。圆形管因水力条件和受力条件较好，大、中型工程多采用这种形式。矩形管仅用于水头较低的中、小型工程。根据流量大小和运用要求，倒虹吸管可以设计成单管、双管或多管。管身与地基的连接形式及管身的伸缩缝和止水构造等与土坝坝下埋设的涵管基本相同。在管路变坡或转弯处应设置镇墩。为防止管内淤沙和为放空管内积水，应在管段上或镇墩内设冲沙放水孔（可兼作进入孔），其底部高程一般与河道枯水位齐平。管路常埋入地下或在管身上填土。当管路通过冰冻地区，管顶应在冰冻层以下；穿过河床时，应置于冲刷线以下。管路所用材料可根据水头、管径及材料供应情况选定，常用浆砌石、混凝土、钢筋混凝土及预应力钢筋混凝土等。其中，后两种应用较广。

四、倒虹管水力计算

1.已知通过流量和允许水头损失值，确定管的断面形式和尺寸。

2.已知管的断面尺寸和允许水头损失值，校核过水流量。

3.已知过水流量和拟定管内流速，校核水头损失值是否在规划允许值范围内。

五、落差建筑物

当渠道要通过坡度过陡的地段时，为了保持渠道的设计纵坡，避免大填方和深挖方，可将水流的落差集中，并修建建筑物来连接上、下游渠道，这种建筑物称为落差建筑物，主要有跌水和陡坡两类。凡是水流自跌水口流出后，呈自由抛投状态，最后落入下游消力池内的为跌水；而水流自跌水口流出后，受陡槽的约束而沿槽身下泄的叫陡坡。

（一）跌水

跌水根据落差大小，分为单级跌水和多级跌水两种形式。跌水由进口、跌水墙、侧墙、消力池和出口部分组成。

（二）陡坡

当渠道过地形陡的地段时，利用倾斜渠槽连接该段上、下游渠道，这种倾斜渠槽的坡度一般比临界坡度大，称为陡坡。由进口段、陡坡段、消能设施和出口段组成。

六、渠道

（一）渠道的作用和分类

渠道是灌溉、发电、航运、给水与排水等广为采用的输水建筑物，它是具有自由水面的人工水道。渠道按用途可分为灌溉渠道、动力渠道（引水发电用）、供水渠道、排水渠道和通航渠道等。

（二）渠道设计

渠道设计包括渠道线路的选择、断面形式和尺寸的确定、渠道的防渗设计等。渠道线路选择是渠道设计的关键，可结合地形、地质、施工、交通等条件初选几条线路，通过技术经济比较，择优选定。渠道选线的一般原则是：（1）尽量避开挖方或填方过大的地段，最好能做到挖方和填方基本平衡。（2）避免通过滑坡区、透水性强和沉降量大的地段。（3）在平坦地段，线路应力求短直，受地形条件限制；必须转弯时，其转弯半径不宜小于渠道正常水面宽的5倍。（4）通过山岭，可选用隧洞；遇山谷，可用渡槽或倒虹吸管穿越，应尽量减少交叉建筑物。渠道断面形状，在土基上呈梯形，两侧边坡根据土质情况和开挖深度或垣筑高度确定，一般用1：1～1：2，在岩基上接近矩形。

（三）渠道上的桥梁

桥梁的分类方法颇多，而渠道上的桥梁通常按结构特点可分为梁式和拱式两种类型。按荷载等级可分为农村交通桥及低标准公路桥两种类型。农村交通桥是供行人及牛马车、小四轮拖拉机或机耕拖拉机行驶的桥梁。低标准公路桥，一般为县与县或县与乡镇之间的公路桥梁。

七、量水设施

量水设施是渠道上可量测水流流量的水工建筑物及特设量水设施的总称。它的作用是：按照用水计划准确、合理地向各级渠道和田间输送水量；为合理征收水费提供依据。其测量方法有：测定渠道平均流速来确定流量；利用渠道Q-H关系确定流量；利用水工建筑物量水；利用特设的量水设施测定流量；综合现代化量水。

第五节　渠道建筑物的运用管理

小型渠系建筑物工程包括机耕桥、人行桥、排洪渡槽、渠下涵、溢流侧堰、客水入渠、分水闸、节制闸、退水闸及取水码头等。本工程共有机耕桥/人行桥7座，渠下涵3座，排洪渡槽3座，客水入渠共有11座，水闸6座。

一、水电及道路布置

（一）水电布置

（1）施工供水。在渠系建筑物拌和机附近备容积为6 m³的移动式铁皮水箱，采用水车随时供水或抽取附近地面水，用水管引至渠系建筑物各施工部位，以满足施工需要。

（2）施工供电。施工区无电网电源，在渠系建筑物附近设置移动式柴油发电机组供施工用电。

（二）道路布置

施工道路利用附近的乡镇公路，在渠道内靠征地边线修筑临时施工便道至渠系建筑物位置，路面进行简单压实处理。

1.测量控制点加密

测量组对设计单位提供的GPS控制点复测，经业主和监理审批同意使用该控制点后，对渠段增设加密控制点。所有控制点平面坐标和高程精度均满足施工要求，并报经业主和监理审批同意使用。

2.试验

试验室对工地所有的砂石骨料、水泥、钢筋等原材料进行了检测，原材料各项试验结果均满足要求，并按相关试验规范制定混凝土配合比。

（三）施工方法

1.土方开挖

土方开挖施工程序：测量放样→机械设备开挖→人工辅助清理及基础面处理→承载力试验→质检验收。主要施工方法：开挖前，测量人员根据设计院提供的并经监理复核的控制坐标点及高程基准点，建立自己的施工控制网，控制点做埋石标记。测量原始地形，确定开挖边线，整理成图后报监理工程师批准。开挖过程中测量人员随时检查开挖各参数，确保基础开挖的高程及边坡坡比，严禁超欠挖。土方开挖采用$1.0m^3$反铲，开挖临近设计高程时，预留20～30cm厚保护层，用人工清挖，修整到设计底板基础高程。易风化崩解的土层，开挖后应保留保护层至下道工序施工前再修整挖除。如开挖至设计基础面后，基础与设计图纸不符的，及时报告现场监理工程师，以便调整。

2.土方填筑

（1）施工程序

土方填筑从最低洼部位开始，水平分层填筑，分层厚度通过碾压试验确定，施工程序为：基础清理、验收→测量放样→进料→摊铺→平整→机械碾压→填筑层验收→转入上一填筑层面。

（2）填筑施工方法

填筑材料均为设计要求的合格土料，填筑施工分段分层进行。在穿渠底建筑物的渠道上下游侧各50m范围内，填筑高程与建筑物顶高程不宜相差过大。待建筑物混凝土达到指定的强度后，立即回填建筑物两侧的，再进行该部位的填筑。

①原地面处理。所有填筑基面和接触面均按设计要求做好相应清理，清除基础表面腐殖土、杂物，清除厚度约为30cm。基面清理遇沟槽时，先将沟槽填平压实，确保基础表

面平整。地面横坡陡于1∶5时，原地面应挖成台阶后填筑；地面横坡陡于1∶2.5时，应做削坡处理直至设计要求，防止渠堤沿基底滑动。

②测量放样。基础清理完毕后，测量组应及时进行测量放样。测量放样采用全站仪确定填筑边线、桩号、高程等样点。

③土料铺填。土料由自卸汽车运输进入填筑部位，采用后退法直接卸料。填筑部位底部开始几层填料采用人工薄层摊铺，填筑至基岩以上0.5 m后，采用推土机摊铺，并辅以人工整平，层厚均按照相关规范及现场试验确定。在填筑时，为保证碾压质量，每层铺料至坡边时，在设计边线外侧超填30 cm；在填筑每上升1 m左右测量确定边线，削掉设计边线30 cm以外的边坡部分就地回填，减少后面的削坡量。相邻的分段作业面均衡上升，减少施工接缝。如段与段之间不可避免出现高差时，采用1∶3~1∶5的斜坡相接，并按有关技术要求进行处理。

④洒水。在土料铺筑完成后，如果土料含水量低，则采取洒水车在该土层表面直接洒水湿润，要求洒水均匀。

⑤土料压实。填筑部位底部宽度较小的开始几层人工摊铺的填料，以及与混凝土结构物接合的部位，采用轻型机具（振动平板夯、蛙夯机等）压实；推土机摊铺的填料层，采用振动碾压实。

⑥刨毛作业。在压实检验合格后，下一层填筑前对上一层填筑表面进行刨毛处理。刨毛采用推土机履带在填筑层面上反复行走进行刨毛。对填筑面进料运输线路上散落的松土、杂物以及车辆行驶、人工践踏、内平台形成的干硬光面，应于铺土前彻底清除，并洒水湿润。

⑦整平削坡。在填筑完毕后，采用反铲辅以人工削坡处理，并进行整坡压实。对其表面严格按照设计坡度进行整平压实。

3.质量措施

（1）填土前对各种建基面均要经过验收合格后才能进行填筑。

（2）土料填筑铺料时，去除回填土料中不能用于回填的含植物根须、杂物、有机物和易碎易腐物质，包括粗砾砂、砾卵石等。当填土料含水量大于最佳含水量时，可在渠道外晾晒，也可在堤基上用铧犁翻拌晾晒；当含水量不足时，可用水车洒水补充，使填土达到最佳含水量的要求，确保达到压实标准。

（3）土方压实控制应按本标段设计压实度标准进行干密度控制，必要时应进行相对密度校核。

（4）雨季施工时，填筑表面应适当加大横坡坡度，以利于排水。土料摊铺后及时碾压成型，防止填土被雨水泡软。

4.混凝土施工

（1）渠系建筑物砼施工程序

渠系建筑物砼施工程序是地基处理→场地平整→测量放样→支架搭设→测量放样→底模铺设→钢筋制安→侧模安装→质量检查验收→混凝土浇筑→养护、待凝→拆模。①地基处理。搭设支架前，清除地表软土，换填50 cm厚的砂砾石，碾压密实。②模板及支架。满堂支架采用钢管搭设。模板采用组合钢模，外露面采用多层胶合板整块。③钢筋制安。板梁钢筋在加工厂加工，平板汽车运输至现场，人工绑扎分布钢筋，钢筋接头采用绑扎搭接或双面焊焊接，绑扎搭接长度为35～40 d，焊接接头长度为5 d。④混凝土浇筑。混凝土由拌和机集中拌制，自卸车运输至施工现场，反铲入仓。混凝土采用平铺的方式浇筑，采用ϕ50 mm插入式振动棒捣固密实。⑤模板拆除。侧模在混凝土强度达到3.5 MPa后即可拆除，底模在混凝土强度达到设计强度的100%后可拆除。⑥混凝土养护。混凝土浇筑收仓6～18 h或初凝后，开始对混凝土进行洒水养护，保持混凝土表面湿润。混凝土养护设专人负责，并做好养护记录。

（2）交叉建筑物混凝土施工

①混凝土垫层施工。基础采用反铲开挖人工修整，基础坑内集水，采用潜水泵排出坑外。基础验收合格后，及时浇筑垫层混凝土。自卸汽车运至现场，人工配合摊铺、振捣和整平。混凝土浇筑完毕后，洒水养护。②混凝土管座施工。模板采用组合钢模，对拉拉条和外侧钢管围檩固定。混凝土由拌和站集中拌制，5 t自卸汽车运输，简易提升机入仓，混凝土采用平铺的方式，铺层厚度30～40 cm，采用ϕ50 mm插入式振动棒捣固密实。混凝土浇筑完毕后，洒水养护7 d。

5.浆砌石砌筑

（1）石料砌筑

①砌石体采用铺浆法砌筑。就近工作面布置一台移动式砂浆拌和机拌制砂浆，砂浆稠度为30～50 mm。当气温变化时，适当调整，并提前做好砂浆配合比试验，选送合格的配合比并报请监理人批准。砂浆拌和均匀，随拌随用，一次拌料在其初凝前使用完毕。②地基处理。砌筑前完成清基整平工作，对表面的腐殖土、杂物等清除干净，并按要求进行压实或夯实。③砌筑基础第一层石块坐浆，并将大面向下。毛石基础的扩大部分，如做成阶梯形，上级阶梯的石块至少压砌下级阶梯的1/2，相邻阶梯的毛石相互错缝搭砌。④毛石砌体分皮卧砌，上下错缝、内外搭接，不得采用外面侧立石块、中间填心的砌筑方法。⑤采用浆砌法砌筑的砌石体转角处和交接处同时砌筑，对不能同时砌筑的面，留置临时间断处，并砌成斜槎。⑥铺砌灰浆前，将石料洒水湿润，不得残留积水。毛石砌体灰缝厚度一般为20～30 mm，较大空隙先用砂浆填塞后用碎石嵌实，不得采用先摆碎石块后塞砂浆或干填碎石块的方法，石块间不相互接触。

（2）水泥砂浆勾缝

①砌体表面勾缝保持块石砌合的自然接缝，力求美观、匀称、块石形状突出、表面平整。②勾缝砂浆单独拌制，严禁与砌筑砂浆混用；勾缝砂浆采用细砂和较小的水灰比，灰砂比控制在1∶1～1∶2。③清缝在砌筑24 h后进行，清缝宽不小于砌缝宽度，勾缝宽不小于砌体缝宽的2倍；勾缝前先将槽缝冲洗干净，不得残留灰渣和积水，并保持缝面湿润。④当勾缝完成和砂浆初凝后，砌体表面刷洗干净，至少用浸湿物覆盖保持21 d；养护期间经常洒水，保持砌体湿润，避免碰撞和震动。

（3）养护

砌体外露面，在砌筑后12～18 h及时养护，经常保持外露面的湿润。混凝土养护期时间，严格执行招标文件《技术条款》的规定。

二、质量安全措施

1.开挖过程中，经常校核测量开挖平面位置、水平标高、控制桩号、水准点和边坡坡度等是否符合施工图纸要求

土质边坡在人工削坡时应打桩连线，确保坡面平整度符合设计要求。边坡的护面和加固工作在雨季前按照施工图纸要求完成。土石方明挖严禁自下而上或采取倒悬的开挖方法，雨季施工做好防止水流冲刷边坡和侵蚀地基土壤。混凝土建筑物强度达到设计强度的75%后，并且龄期超过7 d后方可填筑。

2.混凝土施工质量措施

为保证混凝土施工质量，在混凝土施工过程中，必须按规范及设计要求，对混凝土生产的原材料、配合比及仓面作业等混凝土生产过程中的各主要环节，进行全方位、全过程的质量控制，不断提高混凝土生产质量水平。

（1）钢筋等结构材料，必须有厂家或有关方面提供的出厂证明和试验报告，并按招标文件和规范的规定进行抽检。材料进场后，必须堆放在有通风防潮的仓库内。

（2）混凝土浇筑仓面准备作业质量控制。①测量放样采用先进的测量方法和测量仪器进行测量放样，以减少系统误差和出错的机会。所有测量数据，都必须通过室内作业和现场计算互相校核。在施工放样过程中，严格按照《施工测量控制程序》进行操作。②钢筋施工。钢筋加工必须严格按照设计图纸和加工放样单进行加工，加工后的钢筋应做好标记，并码放整齐，防止混杂。钢筋的现场绑扎焊接，必须按设计图纸及测量放样点进行施工，钢筋接头采用先进的接头方式，先进行现场接头试验，获取的接头参数经监理工程师审批后，用于现场施工。所有操作工人须进行技术培训，做到持证上岗，提高钢筋施工质量。③模板施工。各种模板使用前应严格检查，按招标文件和规范的要求对模板的尺寸、表面平整度、表面光洁度进行检查。模板安装时，必须要测放足够精度的控制点，以控制

模板安装质量。④仓面清理。混凝土浇筑前，应使用压力水将缝面冲洗干净，并排干积水。缝面上的浮浆、污染物，应使用合适的方法进行清理，不得对混凝土内部造成损伤。压力水的水压及冲毛时间应根据季节和混凝土标号随时进行调整。

3.混凝土浇筑过程中的质量控制

严格执行仓面工艺设计规定。仓面浇筑工艺、施工设备资源、设计的标号、厚度、次序、方向、分层、开收仓时间等进行全面的仓面设计，报监理工程师批准后，方可开仓浇筑混凝土。

（1）混凝土入仓铺料。混凝土下料时均匀铺料。

（2）混凝土振捣。混凝土浇筑时，采用软轴振捣棒，以确保混凝土振捣密实。模板附近进行复振，以减少水气泡、提高混凝土表面质量。

（3）严格控制施工过程中的模板变形，保证立模的准确度和稳定性，确保混凝土外形轮廓线和表面平整度满足要求。

4.温度控制及防裂措施，混凝土原材料温度控制

选用优化的配合比，使用中低热水泥及高效减水缓凝剂、降低水泥用量，以降低混凝土内水化热温升。混凝土浇筑温度控制措施：高温时段施工时，混凝土浇筑仓内安装喷雾机喷水雾。喷雾装置采用喷头通过轻型耐压管与主机连接，沿模板设置喷雾头。在局部位置采用人工手持喷雾装置的方式对仓面进行局部喷雾增湿处理。仓面喷雾必须呈雾状，避免小水珠出现。

5.混凝土硬化后的质量控制

混凝土浇筑完毕后，应及时进行养护。一般情况下，使用洒水养护，以保持混凝土表面水分。混凝土养护期间，严格执行招标文件《技术条款》的规定。

6.施工安全措施

（1）在工程开工前组织有关施工人员进行教育，经安全教育的职工才准许进入施工区工作。

（2）为保证照明安全，在各施工部位、通道等处设置足够的照明，最低照明度符合规定。施工用电线路按规定架设，满足安全用电要求。

（3）配备安全防护设施，仓面设置安全通道和安全围栏，模板挂设安全作业平台，高空部位挂设安全网，随仓位上升搭设交通梯，操作人员佩戴安全绳和安全带，施工脚手架和操作平台搭设牢固。

（4）加强施工机械设备的检查、维修、保养，确保高效、安全运行，操作人员必须持证上岗。

（5）在施工现场、道路等场所设置醒目的安全标识、警示和信号等提高全体施工人员的安全意识。

三、渠系建筑物的分类

（1）控制、调节和配水建筑物。用于调节水位，分配流量，如节制闸、分水闸、斗门等。（2）交叉建筑物。用以穿越河渠、洼谷、道路及障碍物，如渡槽、倒虹吸管、涵洞、隧洞等。（3）泄水建筑物。如泄水闸、退水闸、溢流堰等。（4）落差建筑物。它是落差集中处的连接建筑物，如跌水、陡坡和跌井等。（5）冲沙和沉沙建筑物。如冲沙闸、沉沙池等。（6）量水建筑物。如水堰、量水槽等，也可利用其他水工建筑物量水。（7）专门建筑物和安全设备。如利用渠道落差发电的水电站，通航渠道上的码头、船闸和为人、畜免于落水而设的安全护栏。渠系建筑物数量多、总体工程量大、造价高，故应向定型化、标准化、装配化和机械化施工等方面发展。

四、渠系建筑物——跌水与陡坡

（一）落差建筑物的类型

当渠道通过地面过陡的地段时，为了保持渠道的设计比降，避免大填方或深挖方，往往将水流落差集中，修建建筑物连接上下游渠道，这种建筑物称落差建筑物。落差建筑物有跌水、陡坡、斜管式跌水和跌井式跌水四种。其中，跌水和陡坡应用最广。落差建筑物的设计，除满足强度和稳定要求外，水力设计是重要内容。布置时应使进口前渠道水流不出现较大的水面降落和雍高，以免上游渠道产生冲刷或淤积；出口处必须设置消能防冲设施，避免下游渠道的冲刷。

（二）跌水

跌水有单级跌水和多级跌水两种形式，二者构造基本相同。一般单级跌水的跌差小于 $3 \sim 5\,\mathrm{m}$，超过此值时宜采用多级跌水。

1.单级跌水

单级跌水常由进口连接段、跌水口、消力池和出口连接段组成。

（1）进口连接段。为使渠水平顺进入跌水口，使泄水有良好的水力条件，常在渠道与跌水口之间设连接段。其型式有扭曲面、八字墙、圆锥形等。扭曲面翼墙较好，水流收缩平顺，水头损失小，是常用型式。连接段长度 L 与上游渠底宽 B 和水深 H 的比值有关；B/H 越大，L 越长。

（2）跌水口。跌水口又称控制缺口，是设计跌水和陡坡的关键。为使上游渠道水面在各种流量下不产生雍高和降落，常将跌水口缩窄，减少水流的过水断面，以保持上游渠道的正常水深。跌水缺口的形式有矩形、梯形和底部加抬堰等形式。

（3）跌水墙。跌水墙有直墙和倾斜面两种，多采用重力式挡土墙。由于跌水墙插入两岸，其两侧有侧墙支撑，稳定性较好。设计时常按重力式挡土墙设计，但考虑到侧墙的支撑作用，也可按梁板结构计算。为防止上游渠道渗漏而引起跌水下游的地下水位抬高，减小渗流对消力池底板等的渗透压力，应做好防渗排水设施。

（4）消力池。跌水墙下设消力池，使下泄水流形成水跃，以消减水流能量。消力池在平面布置上有扩散和不扩散形式，它的横断面形式一般为矩形、梯形和折线形。折线形布置为渠底高程以下为矩形，渠底高程以上为梯形。

（5）出口连接段。下泄水流经消力池后，在出口处仍有较大的能量，流速在断面上分布不均匀，对下游渠道常引起冲刷破坏。为改善水力条件，防止水流对下游冲刷，在消力池与下游渠道之间设出口连接段。其长度应大于进口连接段。

2.多级跌水

多级跌水的组成和构造与单级跌水相同。只是将消力池做成几个阶梯，各级落差和消力池长度都相等，使每级具有相同的工作条件，并便于施工。多级跌水的分级数目和各级落差大小，应根据地形、地质、工程量大小等具体情况综合分析确定。当受地形地质条件影响较大时，也可修建不连续的多级跌水。工程实践说明，多级跌水的跌水墙工程量与其数目成反比；即增加跌水数目，减小各级落差，在一般情况下，跌水墙的工程量将减小。

（三）陡坡

陡坡由进口连接段、控制堰口、陡坡段、消力池和出口连接段组成。陡坡的构造与跌水相似，不同之处是陡坡段代替了跌水墙。由于陡坡段水流速度较高，对进口和陡坡段布置要求较高，以使下泄水流平稳、对称且均匀地扩散，以利于下游消能和防止对下游渠道的冲刷。

1.陡坡段的布置

在平面布置上，陡坡底可做成等宽的、底宽扩散形和菱形三种。

（1）扩散形陡坡。陡坡段采用扩散形布置，可以使水流在陡坡上发生扩散，以减小单宽流量，这对下游消能防冲有利。陡坡的比降应根据修建陡坡处的地形、地质、跌差及流量大小等条件确定。当流量大、跌差大时，陡坡比降应缓一些；当流量较小、跌差小且地质条件较好时，可陡一些。土基上陡坡比降通常取1∶2.5～1∶5。

（2）菱形陡坡。菱形陡坡在平面布置上，上部扩散、下部收缩，在平面上呈菱形。在收缩段的边坡上设置导流肋。这种布置使消力池段的边墙边坡向陡槽段延伸，使其成为陡坡边坡的一部分，从而使水跃前后的水面宽度一致，两侧不产生平面回流漩涡，使消力池平面上的单宽流量和流速分布均匀，减轻了对下游的冲刷。

（3）陡坡段的人工加糙。在陡坡段上进行人工加糙，对促使水流紊动扩散、降低流速、改善下游流态及消能均起着重要作用。常见的加糙形式有交错式矩形糙条、单人字形槛、双人字形槛、棋布形方墩等。

2.消力池及出口连接段

陡坡出口消能一般都采用消力池，使水流在池中发生淹没水跃以消减水流能量，其布置形式与跌水相似。为了提高消能效果，消力池中常设一些辅助消能工，如消力齿、消力墩、消力肋及尾槛等。沿陡坡下泄的水流，受陡坡边界、坡度和糙度影响。消力池出口常用连接段与下游渠道连接。当消力池底宽大于下游渠道底宽时，出口连接段为平面收缩形式，其收缩率为 $1：3 \sim 1：8$。消力池末端底部一般用 $1：2 \sim 1：3$ 的反坡与下游渠道相连。出口连接段与下游渠道护砌段总长 $L'=8-15h_c''$，但在消力池内布置有辅助消能工时，可缩短为 $L'=3-6h_c''$。

第八章　水利水电施工项目控制

Chapter　8

第一节　水利水电施工项目成本控制

一、施工项目成本控制的概念

（一）施工成本的概念

成本是一个价值范畴，它同价值有着密切联系。其实质是生产产品所消耗物化劳动的转移价值和相当于工资那一部分劳动所创造价值的货币表现。所以，施工项目成本是指建筑企业以施工项目成本核算对象的施工过程中，所耗费的生产资料转移价值和劳动者的必要劳动所创造的价值的货币形式，也就是某施工项目在施工中所发生的全部生产费用的总和，包括所消耗的主、辅材料，构配件，周转材料的摊销或租赁费，施工机械的台班费或租赁费，支付给生产工人的工资、奖金，项目经理部以及为组织和管理工程施工所发生的全部费用支出。施工项目成本不包括劳动者为社会所创造的价值（如税金和企业利润），也不应包括不构成施工项目价值的一切非生产性支出。施工项目成本是施工企业的产品成本，亦称工程成本，一般以项目的单位工程作为成本核算对象，通过各单位工程成本核算的综合来反映施工项目成本。根据建筑产品的特点和成本管理的要求，施工项目成本可按不同标准的应用范围进行划分。

1.按成本计价的定额标准划分

施工项目成本可分为预算成本、计划成本和实际成本。

预算成本，是按建筑安装工程实物量和国家、或地区、或企业制定的预算定额及取费标准计算的社会平均成本或企业平均成本，是以施工图预算为基础进行分析、预测、归集和计算确定的。预算包括直接成本和间接成本，是控制成本支出、衡量和考核项目实际成本节约或超支的重要尺度。

计划成本，是在预算成本的基础上，根据企业自身的要求，结合施工项目的技术特征、自然地理特征、劳动力素质、设备情况等确定的标准成本，亦称目标成本。计划成本是控制施工项目成本支出的标准，也是成本管理的目标。

实际成本，是工程项目在施工过程中实际发生的可以列入成本支出的各项费用的总和，是工程项目施工活动中劳动耗费的综合反映。

2.按计算项目成本对象划分

施工项目成本可分为建设工程成本、单项工程成本、单位工程成本、分部工程成本和分项工程成本。

3.按工程完成程度的不同划分

施工项目成本可分为本期施工工程成本、已完施工工程成本、未完施工工程成本和竣工施工工程成本。

4.按生产费用与工程量关系来划分

施工项目成本可分为固定成本和变动成本。固定成本，是指在一定的期间和一定的工程量范围内，其发生的成本额不受工程量增减变动的影响而相对固定的成本，如折旧费、大修理费、管理人员工资、办公费等。所谓固定，是指就其总额而言，关于分配到每个项目单位工程量上的固定费用是变动的。变动成本，是指发生总额随着工程量的增减变动而成正比例变动的费用，如直接用于工程的材料费、实行计划工资制的人工费等。所谓变动，也是就其总额而言，对于单位分项工程上的变动费用往往是不变的。

将施工过程中发生的全部费用划分为固定成本和变动成本，对于成本管理和成本决策具有重要作用。它是成本控制的前提条件。由于固定成本是维持生产能力所必需的费用，因此要降低单位工程量的固定费用，只有从提高劳动生产率、增加企业总工程量数额并降低固定成本的绝对值入手；降低成本只能从降低单位分项工程的消耗定额入手。

5.按成本的经济性质划分

施工项目成本由直接成本和间接成本组成。

（1）直接成本

直接成本是指在施工过程中直接耗费的构成工程实体或有助于工程形成的各项支出，包括人工费、材料费、机械使用费和其他直接费。所谓其他直接费是指在施工过程中发生的其他费用，包括冬雨季施工增加费、特殊地区施工增加费、夜间施工增加费、小型临时设施摊销费及其他。

（2）间接成本

间接成本是指企业的各项目经理部为施工准备、组织和管理施工生产所发生的全部施工间接费支出。施工项目间接成本应包括施工现场管理人员的人工费、教育费、办公费、差旅费、固定资产使用费、管理工具用具使用费、保险费、工程保修费、劳动保护费、施工队伍调遣费、流动资金贷款利息以及其他费用等。

（二）施工成本管理的内容

施工项目成本管理是指在保证满足工程质量、工程施工工期的前提下，对项目实施过程中所发生的费用，通过计划、组织、控制和协调等活动实现预定的成本目标，并尽可能地降低施工项目成本费用的一种科学管理活动。其主要是通过施工技术、施工工艺、施工组织管理、合同管理和经济手段等活动，来达到最终施工项目成本控制的预定目标，获得最大限度的经济利益。要达到这一目标，必须认真做好以下几项工作。

1.搞好成本预测，确定成本控制目标

要结合中标价，根据项目施工条件、机械设备、人员素质等情况对项目的成本目标进行科学预测，通过预测确定工、料、机及间接费用的控制标准，制定出费用限额控制方案，依据投入和产出费用额，做到量效挂钩。

2.围绕成本目标，确立成本控制原则

施工项目成本控制是在其实施过程中对资源的投入、施工过程及成果进行监督、检查和衡量，并采取措施保证项目成本实现。搞好成本控制就必须把握好五项原则：项目全面控制原则，成本最低化原则，项目责、权、利相结合原则，项目动态控制原则，项目目标控制原则。

3.查找有效途径，实现成本控制目标

为了有效降低项目成本，必须采取以下办法和措施进行控制：采取组织措施控制工程成本；采取新技术、新材料、新工艺措施控制工程成本；采取经济措施控制工程成本；加大质量管理力度，控制返工率控制工程成本；加强合同管理力度控制工程成本。

除此之外，在项目成本管理工作中，应及时制定落实相配套的各项行之有效的管理制度，将成本目标层层分解，签订项目成本目标管理责任书，并与经济利益挂钩，奖罚分明，强化全员项目成本控制意识，落实完善各项定额，定期召开经济活动分析会，及时总结，不断完善，最大限度地确保项目经营管理工作良性运作。

二、施工项目成本控制方法

（一）以施工图预算控制成本支出

在施工项目的成本控制中，可按施工图预算，实行"以收定支"（或者叫"量入为出"）是最有效的方法。具体的实施办法如下。

1.人工费的控制

假定预算定额规定的人工费单价为13.80元，合同规定人工费补贴为20元/工日，则人工费的预算收入为33.80元/工日。在这种情况下，项目经理部与施工队签订劳务合同时，应该将人工费单价定在30元以下（辅工还可再低一些），其余部分考虑用于定额外人工费和关键工序的奖励费。如此安排，人工费不仅不会超支，而且还会留有余地，以备关键工序的不时之需。

2.材料费的控制

在实行按"量价分离"方法计算工程造价的条件下，水泥、钢材、木材等"三材"的价格随行就市，实行高进高出。在对材料成本进行控制的过程中，首先要以上述预算价格来控制地方材料的采购成本；至于对材料消耗数量的控制，则应通过"限额领料单"去落实。由于材料市场价格变动频繁，往往会发生预算价格与市场价格严重背离而使采购成本失去控制的情况，因此项目材料管理人员有必要经常关注材料市场价格的变动，并积累系统翔实的市场信息。如遇材料价格大幅上涨，可向工程造价管理部门反映，同时争取建设单位（甲方）的补贴。

3.钢管脚手架和模板等周转设备使用费的控制

施工图预算中的周转设备使用费=耗用数×市场价格，而实际发生的周转设备使用费=使用数×企业内部的租赁单价或摊销率。由于两者的计量基础和计价方法各不相同，因此只能以周转设备预算收费的总量来控制实际发生的周转设备使用费的总量。

4.施工机械使用费的控制

施工图预算中的机械使用费=工程量×定额量×定额台时费。由于项目施工的特殊性，实际的机械利用率不可能达到预算定额的取值水平，再加上预算定额所设定的施工机械原值和折旧率又有较大的滞后性，因而使施工图预算的机械使用费往往小于实际发生的机械使用费，最终会形成机械使用费超支。在施工过程中要严格管理，尽量控制机械费的支出。

5.构件加工和分包工程费的控制

在签订构件加工费和分包工程经济合同时，特别要坚持"以施工图预算控制合同金额"的原则，绝不允许合同金额超过施工图预算。

（二）以施工预算控制人力资源和物质资源的消耗

资源消耗数量的货币表现就是成本费用。因此，资源消耗的减少，就等于成本费用的节约；控制了资源的消耗，也就是控制了成本费用。施工预算控制资源消耗的实施步骤和方法如下：

1.项目开工以前，应根据设计图纸计算工程量，并按照企业定额或上级统一规定的施工预算定额编制整个工程项目的施工预算，从而作为指导和管理施工的依据。

在施工过程中，如遇工程变更或要改变施工方法，应由预算员对施工预算做统一调整和补充，其他人不得任意修改施工预算，或故意不执行施工预算。施工预算对分部分项工程的划分，原则上应与施工工序相吻合，或直接使用施工作业计划的"分项工程工序名称"，以便与生产班组的任务安排和施工任务单的签发取得一致。

2.对生产班组的任务安排，必须签发施工任务单和限额领料单，并向生产班组进行技术交底。施工任务单和限额领料单的内容，应与施工预算完全相符，不允许篡改施工预算。

3.在施工任务单和限额领料单的执行过程中，要求生产班组根据实际完成的工程量和实耗人工、实耗材料做好原始记录，从而作为施工任务单和限额领料单结算的依据。

4.任务完成后，根据回收的施工任务单和限额领料单进行结算，并按照结算内容支付报酬（包括奖金）。一般情况下，绝大多数生产班组能按质按量提前完成生产任务。因此，施工任务单和限额领料单不仅能控制资源消耗，还能促进班组全面完成施工任务。为了保证施工任务单和限额领料单结算的正确性，要求其对施工任务单和限额领料单的执行情况进行认真的验收和核查。

为了便于任务完成后进行施工任务单和限额领料单与施工预算的逐项对比，因此要求在编制施工预算时对每一个分项工程工序名称统一编号，在签发施工任务单和限额领料单时也要按照施工预算的统一编号对每一个分项工程工序名称进行编号，以便对号检索对比，分析节超。

三、施工项目成本降低的途径

降低施工项目成本应该从加强施工管理、技术管理、劳动工资管理、机械设备管理、材料管理、费用管理以及正确划分成本中心，使用先进的成本管理方法和考核手段入手，制定既开源又节流的方针政策，从两个方面来同时降低施工项目成本。如果只开源不节流，或者只节流不开源，都不太可能达到降低成本的目的，至少是不会有理想的降低成本效果。

（一）认真会审图纸，积极提出修改意见

在项目建设过程中，施工单位必须按图施工。但是，图纸是由设计单位按照用户要求和项目所在地的自然地理条件下（如水文地质情况等）设计的。施工单位应该在满足用户要求和保证工程质量的前提下，联系项目施工的主客观条件，对设计图纸进行认真的会审，并提出积极的修改意见，在取得用户和设计单位的同意后，修改设计图纸，同时办理增减账。在会审图纸的时候，对于结构复杂、施工难度高的项目，更要加倍认真，并且要从既方便施工、有利于加快工程进度和保证工程质量，又能降低资源消耗、增加工程收入等方面综合考虑，提出有科学根据的合理化建议，争取业主、监理单位、设计单位的认同。

（二）加强合同预算管理，增创工程预算收入

1.深入研究招标文件、合同内容，正确编制施工图预算

在编制施工图预算的时候，要充分考虑可能发生的成本费用，将其全部列入施工图预

算，然后通过工程款结算向甲方取得补偿。

2.把合同规定的"开口"项目，作为增加预算收入的重要方面

一般来说，按照设计图纸和预算定额编制的施工图预算，必须受预算定额的制约，很少有灵活伸缩的余地，同时"开口"项目的取费则有比较大的潜力，是项目增收的关键。

例如，合同规定，待图纸出齐后，由甲乙双方共同制定加快工程进度、保证工程质量的技术措施，费用按实结算。按照这一规定，项目经理和工程技术人员应该联系工程特点，充分利用自己的技术优势，采用先进的新技术、新工艺和新材料，经甲方签证后实施。这些措施，应符合以下要求：既能为施工提供方便，有利于加快施工进度，又能提高工程质量，还能增加预算收入。还有，如合同规定，预算定额缺项的项目，可由乙方参照相近定额，经监理工程师复核后报甲方认可。这种情况在编制施工图预算时是常见的，需要项目预算员参照相近定额进行换算。因此，在定额换算的过程中，预算员就可根据设计要求，充分发挥自己的业务技能，提出合理的换算依据，以此来摆脱原有定额偏低的约束。

3.根据工程变更资料，及时办理增减账

由于设计、施工和业主使用要求等种种原因，工程变更是项目施工过程中经常发生的事情，是不以人的意志为转移的。随着工程的变更，必然会带来工程内容的增减和施工工序的改变，从而也必然会影响成本费用的变更。因此，项目承包方应就工程变更对既定施工方法、机械设备使用、材料供应、劳动力调配和工期目标等的影响程度，以及为实施变更内容所需要的各种资源进行合理估价，及时办理增减账手续，并通过工程款结算向甲方取得补偿。

第二节　水利水电施工项目安全控制

一、不安全因素分析

施工不安全因素包括人的不安全行为、物的不安全状态。

（一）人的不安全行为

人的不安全行为是人表现出来的与人的个性心理特征相违背的非正常行为，主要表现在身体缺陷、错误行为和违纪违章三个方面。身体缺陷指疾病、职业病、精神失常、智

商过低、紧张、烦躁、疲劳、易冲动、易兴奋、运动迟钝、对自然条件和其他环境过敏、不适应复杂和快速工作、应变能力差等。错误行为指嗜酒、吸毒、吸烟、赌博、玩耍、嬉闹、追逐、误视、误听、误嗅、误触、误动作、误判断、意外碰撞和受阻、误入险区等。违纪违章指粗心大意、漫不经心、注意力不集中、不履行安全措施、安全检查不认真、不按工艺规程或标准操作、不按规定使用防护用品、玩忽职守、有意违章等。

（二）物的不安全状态

在生产过程中发挥作用的机械、物料、生产对象以及其他生产要素统称为物。物都具有不同形式、性质的能量，有出现意外释放能量、引发事故的可能性。这就是物的不安全状态。物的不安全状态表现在三个方面，即设备和装置的缺陷、作业场所的缺陷、物质和环境的危险源。设备和装置的缺陷指机械设备和装置技术性能降低、强度不够、结构不良、磨损、老化、失灵、腐蚀、物理和化学性能达不到要求等。作业场所的缺陷指施工场地狭窄、立体交叉作业组织不当、多工种交叉作业不协调、道路狭窄、机械拥挤、多单位同时施工等。物质和化学的危险源有化学方面的、机械方面的、电气方面的、环境方面的等。

二、施工安全管理体系

（一）建立安全管理体系的作用

1.职业安全卫生状况是经济发展和社会文明程度的反映。可以使所有劳动者获得安全与健康，不仅是社会公正、安全、文明、健康发展的基本标志，也是保持社会安定团结和经济可持续发展的重要条件。

2.安全管理体系不同于安全卫生标准，它对企业环境的安全卫生状态规定了具体的要求和限定，通过科学管理而使工作环境符合安全卫生标准的要求。

3.安全管理体系是项目管理体系中的一个子系统，其循环也是整个管理系统循环的一个子系统。

（二）建立安全管理体系的目标

1.尽力使员工面临的风险减少到最低限度，并最终实现预防和控制工伤事故、职业病及其他损失的目标。

2.通过实施《职业安全卫生管理体系》直接或间接获得经济效益。

3.实现以人为本的安全管理。

4.提升企业的品牌形象，项目职业安全卫生是反映企业品牌的重要指标。

5.促进项目管理现代化。

6.增强对国家经济发展的能力。

（三）建立安全管理体系的要求

1.安全管理体系原则

（1）安全生产管理体系应符合建筑企业和本工程项目施工生产管理的现状及特点，使之符合安全生产法规的要求。

（2）建立安全管理体系并形成文件，文件应包括安全计划，企业制定的各类安全管理标准，相关的国家、行业、地方法律和法规文件，各类记录，报表和台账。

2.安全生产策划

针对工程项目的规模、结构、环境、技术含量、施工风险和资源配置等因素进行安全生产策划，策划内容包括：

（1）配置必要的设施、装备和专业人员，确定控制和检查的手段、措施。

（2）确定整个施工过程中应执行的文件、规范。

（3）冬季、雨季、雪天和夜间施工安全技术措施及夏季的防暑降温工作。

（4）确定危险部位和过程，对风险大和专业性较强的工程项目进行安全论证。同时采取相适应的安全技术措施，并得到有关部门的批准。

三、施工项目安全技术措施

（一）施工安全技术措施编制要求

1.要在工程开工前编制，并经过审批。

2.要有针对性。施工安全技术措施是针对每项工程的特点而制定的，编制安全技术措施的技术人员必须掌握工程概况、施工方法、施工环境、施工条件等第一手资料，并熟悉安全法规、标准等，才能编写有针对性的安全技术措施。

3.要考虑全面、具体。

4.要有操作性。对大型工程，除必须在施工项目管理规划中编制施工安全技术总体措施外，还应编制单位工程或分部分项工程安全技术措施，详细地制定出有关安全方面的防护要求和措施，确保该单位工程或分部分项工程安全施工。

（二）施工安全技术措施的主要内容

1.安全保证措施

（1）明确安全责任。针对各工种的特点和施工条件，建立健全施工安全管理制度和安全操作规程，要求各级安全员忠于职守，本着对工程高度负责的责任心，对一切违反规定的劳动和违章行为，要坚持原则，及时纠正。

（2）做好安全技术交底工作。各项施工方案、施工工序在付诸实施前，工程师和专职安全员必须事先做好技术交底，强化职工安全保护意识，杜绝违章。特别是对于易燃易爆材料，在施工前应制定详尽的安全防护措施，以确保施工安全。

（3）建立安全生产设施管理制度和劳保用具发放制度，以确保工程设施、设备、人员的安全。定期或不定期地对安全生产设施进行检查，发现问题及时进行处理，配备劳保用具和必要的安全生产设施。

（4）密切与业主、当地政府之间的协调联系，及时贯彻执行下达的文件、批示。

2.施工现场安全措施

（1）施工现场的布置应符合防火、防触电、防雷击等安全规定的要求；现场的生产、生活用房、仓库、材料堆放场、修配间、停车场等临时设施，应按监理工程师批准的总平面布置图进行统一部署。

（2）施工场区内的地坪、道路、仓库、加工场、水泥堆放场四周采用砂或碎石进行场地硬化，危险地点悬挂警示灯或警告牌，工作坑设防护围栏和明显的红灯警示，并在醒目的地方设置固定的大幅安全标语及各种安全操作规程牌。

（3）现场实行安全责任人负责制，具体制定各项安全施工规则，检查施工执行情况，对职工进行安全教育，组织有关人员学习安全防护知识，并进行安全作业考试；考试合格的职工才具备进入施工作业面作业的资格。

（4）重视业主和设计提供的气象资料和水文资料，做好抗灾和防洪工作。按照业主和监理要求做好每年的汛前检查工作，配置必要的防汛物资和器材，按要求做好汛情预报和安全度汛工作。若发现有可能危及人身、工程、财产安全的灾害预兆时，应采取切实可行的防灾害措施，以确保人身、工程、财产的安全。

（5）定期举行安全会议，适时分析安全工作形势，由项目经理部成员、工区责任人和安全员参加，并做好记录。各作业班组在班前、班后对该班的安全作业情况进行检查和总结，并及时处理安全作业中存在的问题。建立和保留有关人员福利、健康和安全的记录档案。

（6）加强安全检查，建立专门的安全监督岗，实行安全生产承包责任制。在各自业务范围内，对应实现的安全生产负全责。如遇有特别紧急的事故征兆时，应停止施工，并采取措施以确保人员、设备和工程结构的安全。

（7）施工现场的生产、生活区按《中华人民共和国消防法》的有关规定，配备一定数量的常规消防器材，明确消防责任人，并定期按要求进行防火安全检查，及时消除火灾隐患。

（8）住房、库棚、修理间等消防安全距离应符合《中华人民共和国消防法》的有关规定，严禁在室内存放易燃、易爆、有毒等危险品。

（9）氧气瓶不得沾染油脂，乙炔瓶应安装防回火安全装置；氧气瓶与乙炔瓶必须隔离存放，隔离存放的距离应符合有关安全规定的要求。

（10）现场工作人员应佩戴统一的安全帽，高空作业人员应系好安全带。

（11）施工现场临时用电，严格按《施工现场临时用电安全技术规范》中的有关规定办理。

（12）施工现场和生活区应设置足够的照明，其照明度应不低于国家有关规定。对于夜间施工或特殊场所照明应充足、均匀，在潮湿和易触、带电场所的照明供电电压不应大于 36 V。

第三节　水利水电施工项目进度控制

一、施工项目进度管理概述

（一）工程项目进度管理概念

1.工程项目进度管理

工程项目进度管理，是指在项目实施过程中，对各阶段的进展程度和项目最终完成的期限所进行的管理。其目的是保证项目能在满足其时间约束条件的前提下实现其总体目标，是保证项目如期完成和合理安排资源供应、节约工程成本的重要措施之一。工程项目进度管理是项目管理的一个重要方面，它与项目投资管理、项目质量管理等同为项目管理的重要组成部分。它们之间有着相互依赖和相互制约的关系，工程管理人员在实际工作中要对这三项工作全面、系统、综合地加以考虑，正确处理好进度、质量和投资的关系，提高工程建设的综合效益。特别是对一些投资较大的工程，如何确保进度目标的实现，往往对经济效益产生很大影响。在这三大管理目标中，不能只片面地强调对某一方面的管理，而是要相互兼顾、相辅相成，这样才能真正实现项目管理的总目标。工程项目进度管理包括对工程项目进度计划的制订和对工程项目进度计划的控制两大任务。

（1）工程项目进度计划

在项目实施之前，必须先对工程项目各建设阶段的工作内容、工作程序、持续时间和衔接关系等制订出一个切实可行的、科学的进度计划，然后再按计划逐步实施。工程项目进度计划的作用：

①为项目实施过程中的进度控制提供依据；

②为项目实施过程中的劳动力和各种资源的配置提供依据；

③为项目实施过程中有关各方在时间上的协调配合提供依据；

④为在规定期限内保质、高效地完成项目提供保障。

（2）工程项目进度控制

施工项目进度控制是指在既定的工期内，编制出最优的施工进度计划，在执行该计划的施工中，按时检查施工实际进度情况，并将其与计划进度相比较；若出现偏差，就分析产生的原因及对工期的影响程度，提出必要的调整措施，修改原计划，如此不断地循环，直至工程竣工验收。施工项目进度控制是保证施工项目按期完成、合理安排资源供应、节约工程成本的重要措施。

工程项目进度控制的最终目的是确保项目进度计划目标的实现，实现施工合同约定的竣工日期，其总目标是建设工期。

2.工程项目进度计划控制原理

项目进度计划控制时，计划不变是相对的，变是绝对的；平衡是相对的，不平衡是绝对的。而且，制订项目进度计划时所依据的条件也在不断变化，由于工程项目的进度受许多因素的影响，因此事先必须对影响进度的各种因素进行调查，预测它们对进度会可能产生的影响，从而编制可行的进度计划，指导工程建设按进度计划进行。同时，在工程项目进度控制时，必须经常地、定期地针对变化的情况采取对策，对原有的进度计划进行调整。在进度计划执行的过程中，必然会出现一些新的或意想不到的情况，它既有人为因素的影响，也有自然因素的影响和突发事件的发生，往往难以按照原定的进度计划进行。因此，在确定进度计划制订的条件时，要具有一定的预见性和前瞻性，使制订出的进度计划尽量接近变化后的实施条件；在项目实施过程中，掌握动态控制原理，不断进行检查，将实际情况与计划安排进行对比，找出偏离进度计划的原因，特别是找出主要原因，然后采取相应的措施。措施的确定有两个前提：一是通过采取措施，维持原进度计划，使之正常实施；二是采取措施后不能维持原进度计划，要对进度计划进行调整或修正，再按新的进度计划实施。不能完全拘泥于原进度计划的完全实施，也就是要有动态管理思想，按照进度控制的原理进行管理，不断地计划、执行、检查、分析、调整进度计划，从而达到工程进度计划管理的最终目标。工程进度控制原理包括以下几个方面。

（1）动态控制原理

进度控制是一个不断进行的动态控制，也是一个循环进行的过程。从项目开始，计划就进入了执行的动态。当实际进度与计划进度不一致时，要采取相应措施调整偏差，使两者在新的起点重合，继续按其施工，然后在新的因素影响下又会产生新的偏差，施工进度计划控制就是采用这种动态循环的控制方法。

（2）系统原理

施工进度控制包括计划系统、进度实施组织系统、检查控制系统。为了对施工项目进行进度计划控制，必须编制施工项目的各种进度计划，其中有施工总进度计划、单位工程进度计划、分部分项工程进度计划、季度和月（周）作业计划，这些计划组成了施工项目进度计划系统。施工组织各级负责人，从项目经理、施工队长、班组长及所属成员都按照进度计划进行管理、落实各自的任务，组成了项目实施的完整的组织系统。为了保证进度的实施，项目设有专业部门或人员负责检查汇报、统计整理进度实施资料，并与计划进度比较分析和进行调整，形成纵横相连的检查控制系统。

（3）信息反馈原理

信息反馈是进度控制的依据，施工的实际进度是通过信息反馈给基层进度控制人员，在分工范围内，加工整理逐级向上反馈，直到主控制人员。主控制人员对反馈信息分析做出决策，调整进度计划，达到预定目标。施工项目控制的过程就是信息反馈的过程。

（4）弹性原理

施工项目进度计划工期长、影响因素多，编制计划时要留有余地，使计划具有弹性。在进度控制时，便可以利用这些弹性缩短剩余计划工期，从而达到预期目标。

（5）封闭循环原理

项目进度计划控制的全过程是计划、实施、检查、分析、确定调整措施、再计划，最后形成一个封闭的循环系统的过程。

（6）网络计划技术原理

在项目进度的控制中利用网络计划技术原理编制进度计划，根据收集的信息，比较分析进度计划，再利用网络工期优化、工期与成本、资源优化调整计划。网络计划技术原理是施工项目进度控制的完整计划管理和分析计算理论基础。

（二）影响工程项目进度的因素

1.影响工程项目进度的因素

由于水利水电工程项目的施工特点，尤其是大型和复杂的施工项目，工期较长，影响进度的因素较多，编制和控制计划时必须充分认识和考虑这些因素，才能克服其影响，使施工进度尽可能按计划进行。工程项目进度的主要影响因素有以下几个方面。

（1）有关单位的影响

施工项目的主要施工单位对施工进度起决定性作用，但建设单位与业主、设计单位、材料供应部门、运输部门、水电供应部门及政府主管部门都可能给施工造成困难而影响施工进度。例如，业主使用要求改变或设计不当而进行设计变更，材料、构配件、机具、设备供应环节的差错，等等。

（2）施工条件的变化

勘察资料不准确，特别是地质资料错误或因遗漏而引起的未能预料的技术障碍；在施工中工程地质条件和水文地质条件与勘察设计不符，发现断层、溶洞、地下障碍物以及恶劣的气候、暴雨和洪水等都会对施工进度产生影响，从而造成临时停工或破坏。

（3）技术失误

施工单位采用技术措施不当，施工中发生技术事故；应用新技术、新材料，但不能保证质量等都能够影响其施工进度。

（4）施工组织管理不利

劳动力和施工机械调配不当、施工平面布置不合理等将会影响施工进度计划的执行。

（5）意外事件的出现

施工中出现意外事件，如战争、严重自然灾害、火灾、重大工程事故等，都会影响施工进度计划。影响工程项目进度的因素还有很多，除以上因素外，如业主资金方面存在问题，未及时向施工单位或供应商拨款；业主越过监理职权无端干涉，造成指挥混乱等都会影响工程项目进度。

2.影响工程项目进度的责任和处理

工程进度的推迟一般分为工程延误和工程延期，其责任及处理方法不同。

（1）工程延误

由于承包商自身的原因造成的工期延长，称之为工程延误。由于工程延误所造成的一切损失由承包商自己承担，包括承包商在监理工程师的同意下采取加快工程进度的措施所增加的费用。同时，由于工程延误所造成的工期延长，承包商还要向业主支付误期损失补偿费，因为工程延误所延长的时间不属于合同工期的一部分。

（2）工程延期

由于承包商以外的原因造成施工期的延长，称之为工程延期。经过监理工程师批准的延期，所延长的时间属于合同工期的一部分，即工程竣工的时间等于标书中规定的时间加上监理工程师批准的工程延期时间。可能导致工程延期的原因有工程量增加、未按时向承包商提供图样、恶劣的气候条件、业主的干扰和阻碍等。判断工程延期总的原则就是除承包商自身以外的任何原因造成的工程延长或中断，工程中出现的工程延长是否为工程延期对承包商和业主都很重要。因此，应按照有关的合同条件，正确地区分工程延误与工程延期，合理地确定工程延期的时间。

二、进度控制的方法及措施

（一）工程项目进度控制内容

进度控制是指管理人员为了保证实际工作进度与计划一致，有效地实现目标而采取的一切行动。建设项目管理系统及其外部环境是复杂多变的，管理系统在运行中会出现大量的管理主体不可控制的随机因素，即系统的实际运行轨迹是由预期量和干扰量共同作用而决定的。在项目实施过程中，得到的中间结果可能与预期进度目标不符甚至相差甚远，因此必须及时调整人力、时间及其他资源，改变施工方法，以期达到预期的进度目标，必要时应修正进度计划。这个过程称为施工进度动态控制。根据进度控制方式的不同，可以将进度控制过程分为预先进度控制、同步进度控制和反馈进度控制。

1.预先进度控制的内容

预先进度控制是指项目正式施工前所进行的进度控制，其行为主体是监理单位和施工单位的进度控制人员，其具体内容如下。

（1）编制施工阶段进度控制工作细则

施工阶段进度控制工作细则，是进度管理人员在施工阶段对项目实施进度控制的一个指导性文件。其总的内容应包括：

①施工阶段进度目标系统分解图。

②施工阶段进度控制的主要任务和管理组织部门机构划分与人员职责分工。

③施工阶段与进度控制有关的各项相关工作的时间安排，项目总的工作流程。

④施工阶段进度控制所采用的具体措施（包括进度检查日期、信息采集方式、进度报表形式、信息分配计划、统计分析方法等）。

⑤进度目标实现的风险分析。

⑥尚待解决的有关问题。施工阶段进度控制工作细则，使项目在开工之前的一切准备工作（包括人员挑选与配置、材资物料准备、技术资金准备等）皆处于预先控制状态。

（2）编制或审核施工总进度计划

施工阶段进度管理人员的主要任务就是保证施工总进度计划的开工、竣工日期与项目合同工期的时间要求一致。当采用多标发包形式施工时，施工总进度计划的编制要保证标与标之间的施工进度保持衔接关系。

（3）审核单位工程施工进度计划

承包商根据施工总进度计划编制单位工程施工进度计划，监理工程师对承包商提交的施工进度计划进行审核认定后方可执行。

（4）进行进度计划系统的综合

施工进度计划进行审核以后，往往要把若干个有相互关系的处于同一层次或不同层次的施工进度综合成一个多阶段施工总进度计划，以利于进行总体控制。

2.同步进度控制的内容

同步进度控制是指在项目施工过程中进行的进度控制，这是施工进度计划能否付诸实现的关键过程。进度控制人员一旦发现实际进度与目标偏离，必须及时采取措施以纠正这种偏差。在项目施工过程中，进度控制的执行主体是工程施工单位，进度控制主体是监理单位。施工单位按照进度要求及时组织人员、设备、材料进场，并及时上报分析进度资料，以确保进度的正常进行；监理单位同步进行进度控制。对收集的进度数据进行整理和统计，并将计划进度与实际进度进行比较，从中发现是否出现进度偏差。分析进度偏差将会带来的影响并进行工程进度预测，从而提出可行的修改措施。组织定期和不定期的现场会议，及时分析、通报工程施工的进度状况，并协调各承包商之间的生产活动。

3.反馈进度控制的内容

反馈进度控制是指完成整个施工任务后进行的进度控制工作，具体内容：（1）及时组织验收工作。（2）处理施工索赔。（3）整理工程进度资料。（4）根据实际施工进度，及时修改和调整验收阶段进度计划及监理工作计划，以保证下一阶段工作的顺利开展。

（二）进度控制的主要方法

工程项目进度控制的方法主要有行政方法、经济方法和管理技术方法等。

1.进度控制的行政方法

进度控制的行政方法是指通过发布进度指令，进行指导、协调、考核；利用激励手段（奖、罚、表扬、批评等）监督、督促等方式进行进度控制。

2.进度控制的经济方法

进度控制的经济方法是指有关部门和单位用经济手段对进度控制进行影响和制约，主要有以下几种：投资部门通过投资投放速度控制工程项目的实施进度；在承包合同中写有关工期和进度的条款；建设单位通过招标的进度优惠条件鼓励施工单位加快进度；建设单位通过工期提前奖励和工程延误罚款实施进度控制；等等。

3.进度控制的管理技术方法

进度控制的管理技术方法主要有规划、控制和协调。所谓规划，就是确定项目的总进度目标和分进度目标；所谓控制，就是在项目进行的全过程中，进行计划进度与实际进度的比较发生偏离，应及时采取措施进行纠正；所谓协调，就是协调参加工程建设各单位之间的进度关系。

第四节 水利水电施工项目质量控制

一、质量管理的基本概念

（一）质量管理的研究对象与范围

20 世纪 90 年代，质量管理的主要研究对象是产品质量，包括工农业产品质量、工程建设质量、交通运输质量以及邮电、旅游、商店、饭店、宾馆的服务质量等。

近年来，质量管理的研究对象却是实体质量，范围扩大到一切可以单独描述和研究的事物，不仅包括产品质量，而且还包括研究某个组织的质量、体系的质量、人的质量以及它们的任何组合系统的质量。

质量管理，是确定质量方针、目标和责任，并通过质量体系中的质量策划、质量控制、质量保证和质量改进，来实现其所有管理职能的全部活动。因此，现代质量管理虽然仍重视产品质量和服务质量，但更强调体系或系统的质量、人的质量，并以人的质量、体系质量去确保产品、工程或服务质量。现在，这种管理活动，不仅仅只在工业生产领域，而且已扩及农业生产、工程建设、交通运输、教育卫生、商业服务等领域。无论是行业质量管理，还是企业、事业单位的质量管理，客观上都存在着一个系统对象——质量体系。

无论哪个质量体系都具有一个系统所应具备的四个特征。

1.集合性

质量体系是由若干个可以相互区别的要素（或子系统）组成的一个不可分割的整体系统。质量体系的要素主要是人、机械设备、原材料、方法和工艺、环境条件等，具体包括市场调研、设计、采购、工艺准备、物资、设备、检验、标准（规程）、计量、不合格及纠正措施、搬运、储存、包装、售后服务、质量文件和记录、人员培训、质量成本、质量体系审核与复审、质量职责和责任以及统计方法的应用等。

2.相关性

质量体系各要素之间也是相互联系和相互作用的，它们之间的某一要素发生变化，势必要使其他要素也要进行相应的改变和调整。例如，更新了设备，操作人员就要更新知识，操作方法、工艺等也要进行相应调整，等等。

因此，不能静止地、孤立地看待质量体系中的任何一个要素，而要依据相关性，协调好它们之间的关系，从而发挥系统整体效能。

3.目的性

质量体系的目的就是追求稳定的高质量，使产品或服务满足规定的要求或潜在的需要，令广大用户、消费者和顾客满意。同时，使本企业获得良好的经济效益。为此，企业必须建立完整体系，对影响产品或服务质量的技术、管理和人等质量体系要素进行控制。

4.环境适应性

任何一个质量体系都存在于一定的环境条件之中。我国质量体系必须适应我国经济体制和政治体制。目前，我国正在进行经济体制改革和政治体制改革，因此质量体系就必须不断改进，适应新的环境条件，使其保持最佳适应状态。这也是建立和完善中国式的质量体系的重要原因。

当然，质量体系是人工系统，而不是自然系统；是开放系统，而不是闭环系统；是动态系统，而不是静态系统。从宏观上看，它又是社会技术监督系统的重要组成部分，是"质量兴国""振兴中华"的根本和关键。

从微观上看，即就一个企业而言，质量管理仅仅是这个企业单位生产经营管理系统的一个组成部分，它与这个企业的计量管理系统、标准化管理系统等共同组成了技术监督系统。对生产经营提供了基础保证，使之达到优质、低耗、高效生产经营的目的。因此，在质量管理过程中应该自觉地运用系统工程科学方法，把质量的主要对象放在质量体系的设计、建立和完善上。

（二）质量管理的主要内容

1.质量管理的基础工作

质量管理的基础工作是标准化、计量、质量信息与质量教育工作，此外还有以质量否决权为核心的质量责任制。离开这些基础，质量管理是无法推行或是行之无效的。

2.质量体系的设计（策划）

质量管理的首要工作就是设计或策划科学有效的质量体系。无论是国家、地方、企业还是某个组织、单位的质量体系设计，都要从其实际情况和客观需要出发，合理选择质量体系要素，编制质量体系文件，规划质量体系运行步骤和方法，并制定考核办法。

3.质量管理的组织体制和法规

从我国具体国情出发，研究各国质量管理体制、法规，以博采众长、取长补短、融合提炼成具有中国社会主义特色的质量管理体制和法规体系，如质量管理组织体系、质量监督组织体系、质量认证体系等，以及质量管理方面的法律、法规和规章。

4.质量管理的工具和方法

质量管理的基本思想方法是全面质量管理（PDCA），这里的 P 指计划（Plan），D 指执行计划（Do），C 指检查计划（Check），A 指采取措施（Action）；基本数学方法是概率论和数理统计方法。由此而总结出各种常用工具，如排列图、因果分析图、直方图、控制图等。

5.质量抽样检验方法和控制方法

质量指标是具体的、定量的。如何抽样检查或检验，怎样实行有效的控制，都要在质量管理过程中正确地运用数理统计方法，研究和制定各种有效控制系统。质量的统计抽样工具——抽样方法标准就成为质量管理工程中一项十分必要的内容。

6.质量成本和质量管理经济效益的评价、计算

质量成本是从经济学角度评定质量体系有效性的重要方面。科学、有效的质量管理，对企业单位和国家都有显著的经济效益。如何核算质量成本，怎样定量考核质量管理的水平和效果，已成为现代质量管理必须研究的一项重要课题。

二、质量体系认证的基本知识

（一）什么是质量认证

质量认证也叫合格评定，是国际上通行的管理产品质量的有效方法。质量认证按认证的对象分为产品质量认证和质量体系认证两类；按认证的作用可分为安全认证和合格认证。

（二）与质量有关的术语

产品指活动或过程的结果。过程是将输入转化为输出的一组彼此相关的资源和活动。质量体系是指实施质量管理所需的组织结构、程序、过程和资源。质量控制指为达到质量要求所采取的作业技术和活动。质量保证是为了提供足够的信任表明实体能够满足质量要求，而在质量体系中实施并根据需要进行证实的全部有计划、有系统的活动。质量管理是指确定质量方针、目标和职责并在质量体系中通过诸如质量策划、质量控制、质量保证和质量改进，从而使其实施的全部管理职能的所有活动。

全面质量管理，是指一个组织以质量为中心，以全员参与为基础，目的在于通过让顾客满意和本组织所有成员及社会受益而达到长期成功的管理途径。

（三）质量管理、质量体系、质量控制、质量保证之间的关系

质量管理既包括质量控制和质量保证，也包括质量方针、质量策划和质量改进等概

念。质量管理的运行原则是通过质量体系进行的。质量体系包括质量策划、质量控制、质量保证和质量改进。质量控制和质量保证的某些活动是相互关联的。

（四）质量认证的基本形式

世界各国现行的质量认证制度主要有八种，其中各国标准机构通常采用的是型式试验加工厂质量体系评定加认证后监督——质量体系复查加工厂和市场抽样调查的质量认证制度，我国采用的是工厂质量体系评审（质量体系认证）的质量认证制度。

（五）产品质量认证与质量体系认证

产品质量认证，是依据产品标准和相应技术要求，经认证机构确认并通过颁发认证证书和认证标志来证明某一种产品符合相应标准和相应技术要求的活动。质量体系认证，是经质量体系认证机构确认，并颁发质量体系认证证书证明企业的质量体系的质量保证能力符合质量保证标准要求的活动。一般只有具备质量体系认证的企业才能参与工程（特别是大型水利水电工程）的投标与建设。

三、全面质量管理的基本概念

全面质量管理（Total Quality Management，TQM）是企业管理的中心环节，是企业管理的纲，它和企业的经营目标是一致的。这就是要求将企业的生产经营管理和质量管理有机地结合起来。

（一）全面质量管理的基本概念

全面质量管理是以组织全员参与为基础的质量管理模式，它代表了质量管理的最新阶段，最早起源于美国。菲根堡姆指出："全面质量管理是为了能够在最经济的水平上，充分考虑到满足用户要求的条件下进行市场研究、设计、生产和服务，并把企业内各部门研制质量、维持质量和提高质量的活动构成融为一体的一种有效体系。"他的理论经过世界各国的继承和发展，得到了进一步的扩展和深化。1994 版 ISO 9000 族标准中对全面质量管理的定义：一个组织以质量为中心，以全员参与为基础，目的在于通过让顾客满意和本组织所有成员及社会受益，从而达到长期成功的管理途径。

（二）全面质量管理的基本要求

1.全过程的管理

任何一个工程（产品）的质量，都有一个产生、形成和实现的过程，整个过程是由多个相互联系、相互影响的环节组成，每一环节都或重或轻地影响着最终的质量状况。因此，要搞好工程质量管理，就必须把形成质量的全过程和有关因素控制起来，形成一个综合的管理体系，做到以防为主、防检结合、重在提高。

2.全员的质量管理

工程（产品）的质量是企业各方面、各部门、各环节工作质量的反映。每一环节，每一个人的工作质量都会不同程度地影响着工程（产品）的最终质量。工程质量人人有责。只有人人都关心工程的质量，做好本职工作，才能生产出好质量的工程。

3.全企业的质量管理

全企业的质量管理一方面要求企业各管理层次都要有明确的质量管理内容，各层次的侧重点要突出，每个部门应有自己的质量计划、质量目标和对策，层层控制；另一方面就是要把分散在各部门的质量职能发挥出来。例如，水利水电工程中的"三检制"，就充分反映了这一观点。

4.多方法的管理

影响工程质量的因素越来越复杂，既有物质因素，又有人为因素；既有技术因素，又有管理因素；既有内部因素，又有企业外部因素。要搞好工程质量，就必须把这些影响因素控制起来，分析它们对工程质量的不同影响。灵活运用各种现代化管理方法来解决工程质量问题。

四、施工质量事故的处理方法

工程建设项目不同于一般工业生产活动，受其项目实施的一次性，生产组织特有的流动性、综合性，劳动的密集性，协作关系的复杂性和环境的影响，均会导致建筑工程质量事故具有复杂性、严重性、可变性及多发性的特点，事故是很难完全避免的。因此，必须加强组织措施、经济措施和管理措施，严防事故的发生。对发生的事故应调查清楚，并按有关规定进行处理。

需要指出的是，不少事故开始时通常只会被认为是一般的质量缺陷，容易被忽视。随着时间的推移，待认识到这些质量缺陷问题的严重性时，则往往处理困难，或难以补救，或导致建筑物失事。因此，除了明显的不会有严重后果的缺陷外，对其他的质量问题，均应进行分析，做出必要处理，并给出处理意见。

（一）工程事故与分类

凡水利水电工程在建设中或完工后，由于设计、施工、监理、材料、设备、工程管理和咨询等方面造成工程质量不符合规程、规范和合同要求的质量标准，影响工程的使用寿命或正常运行，一般是需做补救措施或返工处理的，统称为工程质量事故。日常所说的事故大多指施工质量事故。在水利水电工程中，按对工程的耐久性和正常使用的影响程度、检查和处理质量事故对工期影响时间的长短以及直接经济损失的大小，将质量事故分为一般质量事故、较大质量事故、重大质量事故和特大质量事故。

一般质量事故是指对工程造成一定经济损失，经处理后不影响正常使用、不影响工程使用寿命的事故。如在《水利工程质量事故处理暂行规定》中规定：一般质量事故，它的直接经济损失在 20 万 ~ 100 万元，事故处理的工期在一个月内，且不影响工程的正常使用与寿命。小于一般质量事故的统称为质量缺陷。

较大质量事故是指对工程造成较大经济损失或延误较短工期，经处理后不影响正常使用，但对工程使用寿命有较大影响的事故。

重大质量事故是指对工程造成重大经济损失或延误较长工期，经处理后不影响正常使用，但对工程使用寿命有较大影响的事故。

特大质量事故是指对工程造成特大经济损失或长时间延误工期，经处理后仍对工程正常使用和使用寿命有较大影响的事故。

一般建筑工程对事故的分类略有不同，主要表现在经济损失大小之规定。

（二）工程事故的处理方法

1.事故发生的原因

工程质量事故发生的原因有很多，最基本的还是在人、机械、材料、工艺和环境几个方面，一般可分为直接原因和间接原因两类。直接原因主要有人的行为不规范和材料、机械的不符合规定状态。例如，设计人员不按规范设计，监理人员不按规范进行监理，施工人员违反规程操作，等等，都属于人的行为不规范；水泥、钢材等某些指标不合格，属于材料不符合规定状态。间接原因是指质量事故发生地的环境条件，如施工管理混乱、质量检查监督失职、质量保证体系不健全等。间接原因往往导致了直接原因的发生。事故原因也可从工程建设的参建各方来寻查，业主、监理、设计、施工和材料、机械、设备供应商的某些行为或各种方法也会造成质量事故。

2.事故处理的目的

工程质量事故分析与处理的目的主要是正确分析事故原因，防止事故恶化；创造正常的施工条件；排除隐患，预防事故发生；总结经验教训，区分事故责任；采取有效的处理措施，尽量减少经济损失，保证工程质量。

3.事故处理的原则

质量事故发生后，应坚持"三不放过"的原则：即事故原因不查清不放过，事故主要责任人和职工未受到教育不放过，补救措施不落实不放过。

发生质量事故，应立即向有关部门（业主、监理单位、设计单位和质量监督机构等）汇报，并提交事故报告。由质量事故而造成的损失费用，坚持"事故责任是谁，由谁承担"的原则。例如，责任在施工承包商，则事故分析与处理的一切费用由承包商自己负责；施工中事故责任不在承包商，则承包商可依据合同向业主提出索赔；若事故责任在设计或监理单位，应按照有关合同条款给予相关单位必要的经济处罚；构成犯罪的，移交司法机关处理。

4.事故处理的程序方法

（1）事故处理的程序：①下达工程施工暂停令；②组织调查事故；③事故原因分析；④事故处理与检查验收；⑤下达复工令。

（2）事故处理的方法有两大类：

①修补。这种方法适合于通过修补可以不影响工程的外观和正常使用的质量事故。此类事故是施工中多发的。

②返工。这类事故是严重违反规范或标准，影响工程使用和安全，且无法修补，必须返工的。有些工程质量问题，虽严重超出了规程、规范的要求，已具有质量事故的性质，但可针对工程的具体情况，通过分析论证，虽无须做专门处理，但要记录在案。例如混凝土蜂窝、麻面等缺陷，可通过涂抹、打磨等方式处理；由于欠挖或模板问题使结构断面被削弱，经设计复核验算，仍能满足承载要求的，也可不做处理，但必须记录在案，并有设计和监理单位的鉴定意见。

第五节　水利水电工程项目资金控制

一、工程概算及经济评价

工程概预算（工程造价）：是对工程项目所需全部建设费用计算成果的统称。在工程的不同阶段其内容和名称各有不同。估算（投资估算）发生在项目建议书和可行性研究阶段；概算（设计概算）发生在初步设计或扩大初步设计阶段；预算（施工图预算）发生在施工图设计阶段；结算（竣工结算）发生在工程竣工验收阶段。

基本建设：是形成固定资产的全部经济活动过程。它包括物质生产活动和非物质生产过程。

基本建设内容：建筑工程，设备安装工程，设备、工具、器具的购置和其他基本建设。

基本建设程序：建设项目从酝酿提出到该项目建成投入生产或使用的全过程中各阶段

建设活动必须遵守的先后次序。

基本建设两个时期：投资决策和建设实施。

建设项目：指在一个总体设计或初步设计范围内，由一个或几个单项工程组成，在经济上实行独立核算，行政上有独立的组织形式，实行统一管理的建设单位。

特点：单件性（限定的资源、时间、质量）、约束性（确定的投资、工期、空间、质量要求）与项目各组成部分有着有机的联系。

工程造价：中国建设工程造价管理协会（CECA）定义为，完成一项建设工程所需花费的费用总和。工程造价计价的特点是单件性计价、多次性计价、组合性计价。

三算：设计概算、施工图预算、竣工决算。

两算：施工预算、施工图预算。

概预算文件组成：单位工程概预算书、综合概预算书、建设项目总概预算书。

投资估算：工程项目建设前期从投资决策直至初步设计之前的重要工作环节。

编制方法：国内常用投资估算的方法：（1）采用投资估算指标、概算指标、技术经济指标编制。（2）采用生产规模指数估算法。（3）采用近似工程量估算法。（4）朗格系数估算法。

国际上常用投资估算的方法：（1）资金周转法。（2）生产能力指数法。

设备安装工程概算方法：（1）按每套设备、每吨设备、设备原价或设备价值乘以一定的安装百分率计算。（2）给水排水工程管道概算。

施工图预算：当施工图设计完成后，以施工图样为依据，根据国家颁布的预算定额、费用定额、材料预算价格、计价文件及其他有关规定而编制的工程造价文件。

施工图预算书的编制方法：工料单价法、综合单价法。

三大基本定额：劳动定额、材料消耗定额、机械台班使用定额。

给水排水工程概预算费用组成：直接费（措施项目费）、间接费（规费、企业管理费）、利润、税金（营业税、城市维护建设费、教育附加税）。

建筑工程定额：在正常施工生产条件下，完成单位合格产品所必须消耗的人工、材料、施工机械设备及其价值的数量标准。

企业定额：施工企业是根据本企业的施工技术和管理水平，以及有关工程造价资料制定的，并供本企业使用的人工、材料和机械台班消耗量标准。

概算定额的作用：编制投资规划，控制基本经济建设的依据；初步设计阶段编制设计概算和技术设计阶段编制修正概算的依据。

概算定额和预算定额的区别：项目的划分不同，两者的定额水平基本一致，但存在一个合理的幅度差。

概算定额和概算指标的区别：确定各种消耗量指标的对象不同，确定各种消耗量的依据不同。

单位估价表的作用：进行设计方案技术经济分析的重要工具；已完工工程结算的依据；单位估价表中的综合单价，是基本建设核算和分析工作常用的货币指标，是确定工程预算成本的主要依据。

预算定额：规定消耗在质量合格的单位工程基本构造要素上的人工、材料和机械台班的数量标准。

工程量清单计价规范的特征：强制性、统一性（"五统一"：项目编码统一、项目名称统一、项目特征统一、计量单位统一、工程量计算规则统一）、实用性、竞争性、通用性。

工程量清单：拟建工程的分部分项工程项目、措施项目、其他项目、规费项目和税金项目的名称和相应数量的明细清单。

计价表的套用：火灾自动报警系统、室内消防工程、气体灭火系统、自动控制泡沫灭火系统、关于计算有关费用的规定、消防系统调试。

财务评价指标：项目盈利能力分析、项目偿还能力分析、财务生存能力分析（销售利润率、总资产报酬率、资本收益率、资本保值增值率、资产负债率、流动比率、速动比率、应收账款周转率、存货周转率）。

资金时间价值：增值采取随时间推移而增值的外在形式，工程经济学基础概念。

影响因素：投资盈利率、通货膨胀、货币贬值、承担风险。

国民经济评价的目的：制定一个能够确切完成项目目标的机制和组织模式；实现经济和社会的稳定、持续、协调发展；充分利用地方资源、人力、技术和知识，增强地方的参与程度；减少或避免项目建设和运行可能引起的社会问题；预测潜在危险并分析减少不良社会后果和影响的对策措施。

影子价格：又称为最优计划价格，是指当社会经济处于良好状态下，能如实反映资源稀缺程度、社会劳动消耗及市场供求状况的货物价格，是一种能够确切反映社会效益和费用的合理价格。

影子工资：经济项目使用劳动力，社会为此付出的真实代价，包括劳动力的机会成本和劳动力转移而引起的新增资源消耗两个部分。

技术经济评价原则：原始数据资料可比、产量可比、质量可比、消费费用可比、价格可比、时间可比。

指标：时间性指标、价值性指标、比率性指标。

水工程技术经济评价指标：投资回收期（静态、动态）、净现值、将来值、内部收益率（IRR）、投资收益率，效益费用比。

现金流量：以项目作为一个独立的系统，反映项目在整个生命周期内实际收入和实际支出的现金活动。NCF（净现金流量）=CI（现金流入）—CO（现金流出）。

分类：经营活动产生的现金流量、投资活动产生的现金流量、筹资活动产生的现金流量。

利率：单位时间内产生的利息和原来的本金的比率。

单利：计算利息时仅在原有本金上计算利息，对本金产生的利息不再计算利息。

复利：第一期产生利息后，第二次的本金包括本金和第一次产生的利息，以此作为本金计算利息，又叫利滚利。

资金等值：不同时点上的绝对数值不等的若干资金有可能具有相等的价值。

决定因素：资金数额、计息期数、利率。

等值资金：特定利率下不同时点上绝对数额不等而经济价值相同的若干资金。

常用的经济评价指标：投资回收期、投资收益率、净现值、将来值、年度等值、内部收益率、动态投资回收期。

财务盈利性指标：投资回收期、财务净现值、财务内部收益率、动态投资回收期、投资利润率、投资利税率。

项目清偿能力指标：借款偿还期、资产负债率、流动比率、速动比率。

盈亏平衡分析：也称量本利分析，将成本划分为固定成本和变动成本并假定产销量一致，根据产量、成本、售价和利润四者的函数关系，确定盈亏平衡点，进而评价方案的一种不确定性分析方法。

敏感性分析：通过分析预测项目主要因素时对项目经济指标产生的影响，从中找出敏感因素，并确定影响程度的一种方法。

基本步骤：确定分析指标；选择分析的不确定性因素；不确定因素变动对指标的影响程度；确定敏感性因素，对方案的风险情况做出判断。

国民经济评价与项目财务评价的相同点：两者评价的总目标都是使项目以最小的费用取得最大的效益，以使项目净效益最大；两者评价的基本分析方法都是采用现金流量分析方法求出内部收益率、净现值等评价指标，以考察项目可行性；两者评价依据的基础经济数据有许多都是相同的。

两者的区别：评价的目的和角度不同；收益与费用的划分范围不同；评价采用的价格和主要参数不同；评价指标的内涵不同；评价的内容和方法不同。

运行费用：指建设项目竣工投产后，在正常运行期（生产期）间需要支出的各种经常性费用。

制水成本：指城市供水企业通过一定的工程设施，将地表水、地下水进行必要的汲取、净化、消毒处理，使水质符合国家规定标准的生产过程中所发生的合理费用。它包括原水费或水资源费、原材料费、动力费、制水部门生产人员工资及福利、外购成品水费和制造费用。水价=水资源费+（成本+利润）+污水处理费；水工程水价由资源水价、工程水价、环境水价、供水利润、供水税收组成。

水价细目：定额水价、单部制水价、两部制水价、三部制水价、阶梯计量水价。

（一）技术经济设计简介

1.技术经济设计的任务、内容

（1）技术经济研究如何使技术实践活动正确选择，合理利用有限资源，挑选最佳活动方案，从而取得最大经济效果。

（2）技术经济指标。是指国民经济各部门、企业、生产经营组织对各种设备、各种物资、各种资源利用状况及其结果的度量标准。将两个相关的经济指标进行比较而得到的经济指标才是技术经济。

（3）技术经济设计的任务。对技术方案、技术措施进行评价、论证和预测，为确定最佳方案提供依据。

（4）技术经济设计的内容。市场和用户的调查、预测工作工程项目布局和厂址选择工作；工艺流程确定和设备选择工作；各专业之间的协作落实工作；工程项目的经济核算工作。

2.产品成本的经济分析

产品成本的构成：原料、辅助材料、包装材料、燃料及公用工程、生产工人工资及附加费、基本折旧费和大修理基金、车间管理费、企业管理费、销售费、扣除副产品收入（副产品收入=副产品零售价—销售费用—增值税）。

3.车间成本、工厂成本、销售成本

（1）车间成本。它是指在车间范围内发生的产品成本。

（2）工厂成本。它是指车间成本加上代摊的工厂范围内发生的企业管理费及营业外损益。

（3）销售成本。它是指工厂成本加上销售费用。

（4）总成本。是指在一定期间为生产一定数量的某种产品而发生的全部费用，一般多指年成本；

（5）单位成本。它是指一定期间的总成本除以该期间的产品产量。

4.产品成本与基建投资费用的综合分析

工艺方案的产品成本较低，但投资费用很大；工艺方案的产品成本较高，但投资费用很低。设定某方案的投资费用为K，生产成本为C。

$K1>K2$；$C1>C2$，选方案2。

$K1>K2$；$C1=C2$，选方案2。

$K1=K2$；$C1>C2$，选方案2。

$K1<K2$；$C1>C2$，用补加投资回收期指标。补加投资回收期指标是指采用某一方案的补加投资额通过成本的节约，而得到的补偿期限。

（二）设计概算

1.设计概算的概念和作用

（1）设计概算。是指在初步设计或扩大初步设计阶段，根据设计图样及说明书、设备清单、概算定额或概算指标、各项费用取费标准等资料、类似工程预（决）算文件等资料，用科学的方法计算和确定建筑安装工程全部建设费用的经济文件。设计概算是技术和经济的综合性文件，是设计文件的重要组成部分。

（2）设计概算的作用。设计概算是国家制定和控制建设投资的依据；是编制建设计划的依据；是进行拨款和贷款的依据；是签订总承包合同的依据；是考核设计方案的经济合理性和控制施工图预算及施工图设计的依据；是考核和评价工程建设项目成本和投资效果的依据。

2.设计概算编制的依据

设计概算编制的依据：相关法律、法规；设计说明书和图纸；设备价格资料概算指标。若无法查到上述指标，可按以下方法之一：用相同（或类似）结构、参数和相同材质的设备或材料的指标；与制造厂商定按类似工程的预算作为参考进行计算。

（三）设计概算编制的内容

1.设备购置费

工艺设备，电气设备，检测、分析设备及自控设备，等等，按照设备一览表，以现行的设备价格估算费用，并加上运杂费。

2.设备安装工程费

设备安装工程费包括工艺设备安装费，电气设备安装费，计量仪器、仪表及自控设备的安装费，设备内填、内衬、保温、防腐剂附属平台、栏杆等材料及安装费，与安装相关的大型临时设施费。

3.建筑工程费

（1）生产厂房、辅助厂房、库房、生活福利房、基础设备、操作台等土建工程的一般费用。

（2）大型土石方、场地平整及建筑工程所用的大型临时设施费。

（3）特殊构筑物工程，如裂解炉、特殊工业炉、气柜、罐区的大型原料罐或油罐。

（4）室内供排水及采暖通风工程包括管道煤气、供排水、暖风管道和保温等建筑费用。

（5）电气照明及避雷工程。

（6）管道、阀门及其保温防腐的材料和安装费。

（7）安装工程用的全部电缆、电线、管线、保温材料和安装费。

4.其他费用

其他费用有建设单位管理费、临时设施费、研究试验费、生产准备费、土地使用费、勘察设计费、生产用办公与生活家具购置费、化工装置联合试运转费、供电贴费、工程保险费、工程建设监理费、施工机构迁移费、总承包管理费、引进技术和进口设备所需要的其他费用、固定资产投资方向调节税、财务费用、预备费、经营项目铺底流动资金。

（四）概算编制的办法

编制概算前，首先要做好准备工作，如收集资料、数据，了解厂址情况等。做好准备工作后，做下述四个方面的概算：

1.单位工程概算

单位工程概算是按独立建筑物、构筑物（单项工程）或生产车间分别编制。

2.综合概算

综合概算是以单项工程为单位进行编制的概算。单项工程概算审核好后才能进行。

3.其他费用概算

建设单位管理费；生产工人进厂费及培训费；基本建设试车费；生产工具、家具购置费；建设场地准备费；大型临时设施费；设施机构迁移费及办公和生活用品购置费；等等，都计入其他费用。

4.总概算

总概算包括从筹建起，建筑安装工程完成，现场清理，到试车正式投产运行止的全部费用，是由综合概算和其他费用之和构成。

二、工程计量与计价

（一）工程计量

所谓工程计量，即在施工合同履行过程中，按合同规定对承包人完成工程量的测量和计算。

水利工程施工承包合同大多采用单价合同，其支付款额的基本计算就是计量工程量乘以单价。一般来说，项目的单价在工程量清单中已经确定，但在工程量清单中开列的工程量是招标时的估算工程量，而不是承包人为履行合同应当完成的和用于结算的实际工程量，结算的工程量应是承包人实际完成的并按本合同有关规定计量的工程量。

根据合同规定，不是承包人完成的所有工作都属于直接计量支付的内容。实际上，有些工作的费用已经包含到相关项目之中，所以不再单独进行计量支付。因此，在计量工作中，应正确掌握并遵守计量原则。例如，在隧洞开挖施工中，由于承包人布眼不当而过多地爆落了石方，相应地也增加了混凝土回填量。这种实际上增加的工程量是不应予以支付的，因为这是由于承包人工作不当而造成的，理应由承包人承担。再如，碾压土坝，为了能压实到规定的密度，施工中必须在边坡线外加填部分土方，称为超填，以后再行削坡处理。如果合同规定土坝工程量按设计图纸计量，则这部分实际超填的工程量也不能计入支付工程量（虽然这种情况又是施工所必需的）。

因此，工程计量较为复杂，成为投资控制的重要环节。

1.计量原则

计量原则主要有：

（1）计量项目必须是合同中规定的项目、工程量清单中所列的项目、经批准的变更新增项目；或经批准的计日工。

（2）计量项目必须确实已经完成或属于项目的已完成部分。

（3）计量项目必须通过检验，质量应达到合同规定的标准要求。

（4）计量方法必须符合合同的规定。

（5）计量项目的申报资料必须齐全，主要包括：

①开工申请报告；

②材料、设备和工程质量检验合格证明；

③批准的测量控制基线、桩位布置图；

④现场计量批准资料。

2.计量方法

计量方法在合同的技术条款中有明确规定。对土建工程而言，计量方法主要有：

（1）现场测量；

（2）按照设计图纸计量；

（3）仪表计量；

（4）按单据计量；

（5）总价项目的计量；

（6）按监理工程师批准的工程量计量。

3.计量程序

《水利水电工程标准施工招标文件》（2009年版）规定的工程计量程序如下：

（1）承包人应按合同规定的计量办法，按月对已完成的质量合格的工程进行准确计量，并在每月末随同月付款申请单，按工程量清单的项目分项向监理人提交已完成的工程量月报表和有关计量资料。

（2）监理人对承包人提交的工程量月报表有疑问时，可以要求承包人派员与监理人共同复核，并可要求承包人在监理人员的监督下进行抽样复测；此时，承包人应积极配合和指派代表协助监理人进行复核，并按监理人的要求提供补充的计量资料。

（3）若承包人未按监理人的要求派代表参加复核，则监理人复核修正的工程量应被视为该部分工程的准确工程量。

（4）监理人认为有必要时，可要求与承包人联合进行测量计量，承包人应遵照执行。

（5）承包人完成了工程量清单中每个项目的全部工程量后，监理人应要求承包人派员共同对每个项目的历次计量报表进行汇总和核实，并可要求承包人提供补充计量资料，以确定该项目最后一次进度付款的准确工程量。如承包人未按监理人的要求派员参加，则监理人最终核实的工程量应被视为该项目完成的准确工程量。

（二）工程量计价

水利水电工程通常采用单价合同，项目计价一般包括单价项目计价、总价项目计价、计日工计价等方式。

1.单价项目计价

承包人完成了合同工程量清单中的项目后，应根据工程量清单中的单价计价，而不得采用任何其他价格。在未批准变更的情况下，工程量清单中的价格不得做任何调整。

根据合同规定，承包人在投标时，对工程量清单中的每一项都必须提出报价。因此，在合同实施过程中，对于工程量清单中没有单价或合价的项目，应认为该项目的费用及利润已包括在其他单价或合价中，因此该项目虽然必须完成，但不予任何支付。

2.总价项目计价

承包人应将工程量清单中的总价承包项目进行分解，并在签署协议书后的28 d内将总价项目分解表提交监理人审批。分解表应标明其所属子项或分阶段的工程量和需支付的金额。

工程量清单中的总价承包项目应按分解表统计实际完成情况，将分项应付金额列入相应的月进度付款中支付。

3.计日工计价

关于计日工的计价，一般采用下列两种方法：

（1）合同中有完成计日工的相应报价时（劳动力、材料、设备计日工报价表），应采用计日工报价表中的项目。

（2）合同中没有完成计日工的相应报价时，计日工费用可根据工程量清单中的相同或类似项目确定计日工价格；没有相同或类似项目时，应根据实际发生的费用加上合同中的有关费率确定计日工价格。

三、工程资金的支付

（一）预付款

在承包人与发包人签订合同后，为做好施工准备工作（如组织人员、设备进场、进场施工准备工作等），承包人需要大量的资金投入。由于工程项目一般投资巨大，承包人难以承受，因此，为保证工程顺利开工，在施工开始之前，由发包人按合同规定支付承包人一定数额的资金，以供承包人进行施工人员的组织、材料设备的购置及进入现场、完成临时工程等准备工作之用，这笔资金称为预付款。预付款分为工程预付款和永久工程材料预付款。

1.工程预付款支付与扣还

根据《水利水电工程标准施工招标文件》（2009年版）的规定，预付款用于承包人为合同工程施工购置材料、工程设备、施工设备、修建临时设施以及组织施工队伍进场等，分为工程预付款和工程材料预付款。预付款必须专用于合同工程。预付款的额度和预付办法要在专用合同条款中约定。

承包人应在收到第一次工程预付款的同时，向发包人提交工程预付款担保，担保金额应与第一次工程预付款金额相同。工程预付款担保在第一次工程预付款被发包人扣回前一直有效。

工程材料预付款的担保在专用合同条款中约定。预付款担保的担保金额可根据预付款扣回的金额相应递减。

从性质上讲，工程预付款是发包人为施工准备向承包人提供的前期资金支持，虽不计利息，但需扣还。合同规定，工程预付款由发包人从月进度付款中扣回，起扣时间为合同累计完成金额达到专用合同条款规定的数额（20%～30%）时，且应在合同累计完成金额达到专用合同条款规定的数额（70%～90%）时全部扣清。

2.永久工程材料预付款支付与扣还

材料预付款是发包人用于帮助承包人购进永久工程的主要材料和主要工程设备所需垫付资金的款项。应支付材料预付款的材料和设备项目及其额度应在合同专用合同条款中规定，额度为实际材料价的90%。其支付程序为：

（1）永久工程的主要材料或工程设备到达工地并满足以下条件后，承包人可向监理人提交材料预付款支付申请单。申请单应说明：

①材料符合技术条款的要求（附材质检验合格证明）；

②材料已到达工地，并经承包人和监理人共同验点入库；

③附材料的订货单、收据或价格证明文件。

（2）经监理人审核后，在月进度付款中支付。

材料预付款的扣还方式很多。合同条件规定：材料预付款在付款月后的6个月内，在月进度付款中每月按该预付款金额的1/6平均扣还，或可在专用合同条款规定其他扣还方式。

（二）工程月进度付款

在施工过程中，承包人根据一个月时间内实际完成的支付工程量与技术标时的单价进行计算并提出支付申请，经监理工程师审核后签发支付证书，最后由发包人向承包人进行支付，称为工程月进度付款或月结算。工程月进度付款中一般包括工程变更、计日工、预付款支付与扣还、索赔、保留金扣留、价格调整等。

1.工程月进度付款程序

（1）承包人应在每月末按监理人规定的格式提交月进度付款申请单，并附有符合合同规定的完成工程量月报表。

（2）监理人在收到月进度付款申请单后的14 d内进行核查，并向发包人出具月进度付款证书，提出他认为应当到期支付给承包人的金额。

（3）发包人收到监理人签证的月进度付款证书并审批后，将款项支付给承包人，支付时间不应超过监理人收到月进度付款申请单后28 d。

月进度付款复核中发现的月进度款支付中的错、漏或重复，可以通过后续付款进行修正或更改。因此，其实质上是临时性进度付款。但是，承包人只有得到月进度付款，其施工中所需的基本经费才有保证。合同规定，发包人若不按期支付，则应从逾期第一天起按专用合同条款中规定的逾期付款违约金加付给承包人。

2.工程月进度付款申请单

工程月进度付款申请单应包括以下内容：

（1）已完成的工程量清单中永久工程及其他项目的应付金额。

（2）经监理人签认的当月计日工支付凭证标明的应付金额。

（3）按合同规定的永久工程材料预付款金额。

（4）根据合同规定的价格调整的金额。

（5）根据合同规定承包人有权得到的其他金额。

（6）扣除按合同规定应由发包人扣还工程预付款和永久工程材料预付款的金额。

（7）扣除按合同规定应由发包人扣留的保留金金额。

（8）扣除按合同规定由承包人付给发包人的其他金额。

（三）保留金扣留与退还

保留金也称滞留金或滞付金，是为了促使承包人抓紧进行工程收尾工作，尽快完成合同任务和完成工程缺陷修补工作，按照合同规定，发包人从承包人有权得到的工程付款中按规定比例扣留的金额。

合同条件规定，监理人应从第一个月开始，在给承包人的月进度付款中扣留按专用合同条款规定百分比（一般为5%～10%）的金额作为保留金（其计算额度不包括预付款和价格调整金额），直至扣留的保留金总额达到专用合同条款规定的数额（一般为合同价的2.5%～5%）为止。

随着工程项目的完工和保修期满，发包人应退还相应的保留金，具体方式为：

1.在签发工程移交证书后的14 d内，由监理人出具保留金付款证书，发包人将保留金总额的一半支付给承包人。

在签发单位工程或部分工程的临时移交证书后，将其相应的保留金总额的一半在月进度付款中支付给承包人。

2.监理人在合同全部工程的保修期满时，出具支付剩余保留金的付款证书，发包人应在收到上述付款证书后的14 d内将剩余的保留金支付给承包人。

若保修期满时尚需承包人完成剩余工作，则监理人有权在付款证书中扣留与剩余工作所需金额相应的保留金金额。

（四）完工结算

在整个工程完工，通过验收并颁发了工程移交证书后，应进行完工结算。

1.完工结算程序

（1）在合同工程移交证书颁发后的28 d内，承包人应按监理人批准的格式提交一份完工付款申请单，并附有下述内容的详细证明文件：

①至移交证书注明的完工日期止，根据合同累计完成的全部工程价款金额。

②承包人认为根据合同应支付给他的追加金额和其他金额。

（2）监理人在收到承包人提交的完工付款申请单后的14 d内完成核查，提出发包人到期应支付给承包人的价款，送发包人审核并抄送承包人。发包人应在收到后的14 d内审核完毕，由监理人向承包人出具经发包人签认的完工付款证书。监理人未在约定时间内核查，又未提出具体意见的，视为承包人提交的完工付款申请单监理人已经核查同意。发包人未在约定时间内审核又未提出具体意见的，监理人提出发包人到期应支付给承包人的价款视为发包人已经同意。

（3）发包人应在监理人出具完工付款证书后的14 d内，将应付款支付给承包人。若发包人不按期支付，则应从逾期第一天起按专用合同条款中规定，将逾期付款违约金付给承包人。

2.完工结算时的价格调整

完工结算时，若出现由于合同规定进行的全部变更工作，引起合同价格增减的金额以及实际工程量与工程量清单中估算工程量的差值，导致合同价格增减的金额（不包括备用金和物价变化引起的或法规变更引起的价格调整）的总和超过合同价格（不包括备用金）的15%时，应进行价格调整。价格调整金额由监理人与发包人、承包人协商确定。若协商后未达成一致意见，则应由监理人在进一步调查工程实际情况后予以确定，并将确定结果通知承包人，同时抄送发包人。

上述调整金额仅考虑变更和实际工程与工程量清单中估算工程量的差值，引起的增减总金额超过合同价格（不包括备用金）15%的部分。

（五）最终结清

在保修期满，监理人对承包人在此期间的工作表示满意，并签发保修责任终止证书后，承包人可提出最终付款申请。

1.最终付款程序

（1）承包人在收到保修责任终止证书后的28 d内，按监理人批准的格式向监理人提交一份最终付款申请单，该申请单应包括以下内容，并附有关的证明文件：

①按合同规定已经完成的全部工程价款金额；

②按合同规定应付给承包人的追加金额；

③承包人认为应付给他的其他金额。

若监理人对最终付款申请单中的某些内容有异议，则有权要求承包人进行修改和提供补充资料，直至向监理人正式提交经监理人同意的最终付款申请单为止。

（2）监理人收到最终付款申请单后的14 d内，向发包人出具一份最终付款证书并提交发包人审批。最终付款证书应说明：

①按合同规定和其他情况应最终支付给承包人的合同总金额。

②发包人已支付的所有金额以及发包人有权得到的全部金额。

③发包人审查监理人提交的最终付款证书后，若确认应向承包人付款，则应在收到该证书后的42 d内支付给承包人。

若确认承包人应向发包人付款，则发包人应通知承包人，承包人应在收到通知后的42 d内付还发包人。

不论是发包人或承包人，或不按期支付，均应按合同规定的相同办法将逾期付款违约金加付给对方。

若承包人和监理人始终未能就最终付款的内容和额度取得一致性意见，监理人应对双方已同意的部分内容和额度出具临时付款证书，报送发包人审批后支付。但承包人有权将尚未取得一致的付款内容，按合同规定提请争议解决。

2.结清单

承包人在向监理人提交最终付款申请单的同时，应向发包人提交一份结清单，并将结清单的副本提交监理人。该结清单应证实最终付款申请单的总金额是根据合同规定，应付给承包人的全部款项的最终结算金额。

结清单只在承包人收到退还履约担保证件和发包人已付清监理人出具的最终付款证书中应付的金额后才会生效。

四、水利工程造价合同管理

（一）合同的转让与分包

1.合同的转让

转让是指中标的承包商把对工程的承包权转让给另一家施工企业的行为。某项合同一经转让，原承包方与发包方的合同关系将改变成新承包方与发包方的关系，而原承包方也就解除了该合同中的权利与义务。一般地说，业主是不希望转让的，因为原承包方是业主经过资格预审、招投标和评标后才选中的，所以授予合同意味着业主对原承包方的信任。将合同转让给第三方，显然不符合招标的目的和业主的意愿。因此，《标准施工招标文件》中规定：承包人不得将其承包的全部工程转包给第三人，或将其承包的全部工程肢解后以分包的名义转包给第三人。

2.合同的分包

分包是指中标的承包方委托第三方为其实施部分或全部合同工程。分包与转让不同。相对于业主，分包不涉及权利转让，其实质应当是承包方为了履约而借助第三方的支援。一个大的工程，往往涉及许多企业内容，仅依靠一个承包方的技术力量、施工设备和劳务来完成并自行组织各种材料、设备的供应，是很困难或者很不经济的。因此，合理地进行工程分包，是有利于完成工程任务、提高经济效益的。分包分为一般分包和指定分包两种情况。一般分包是指承包方制定分包合同并挑选分包方。为了防止"层层分包"危及工程质量，《标准施工招标文件》中规定：承包人不得将工程主体、关键性工作分包给第三人。除专用合同条款另有约定外，未经发包人同意，承包人不得将工程的其他部分或工作分包给第三人。分包人的资格能力应与其分包工程的标准和规模相适应。按投标函附录约定分包工程的，承包人应向发包人和监理人提交分包合同副本。承包人应与分包人就分包工程向发包人承担连带责任。指定分包是指由发包方或监理工程师决定将一部分任务分包给由发包方或监理工程师选定的分包人。分包人经承包方同意后，应被视为承包方雇用的分包人，称为指定分包人。由承包方与其签订分包合同。在合同实施过程中，若发包方需要指定分包人时，应征得承包方同意，并负责协调承包方与分包人签订分包合同，指定分包人应接受承包方的统一安排和监督。由于指定分包人造成的与其分包工作有关的一切索赔、诉讼和损失赔偿均应由指定分包人直接对发包方负责，承包方不对此负责。

（二）工程风险

1.风险的概念

所谓风险一般是指出于从事某项特定活动过程中存在的不确定性而产生的经济或财务损失、自然破坏或损伤的可能性。它包括三个方面的基本要素：一是风险因素存在的不确定性；二是风险因素发生的不确定性；三是风险因素发生后所产生后果的不确定性。在工程实施过程中，由于自然、社会条件复杂多变，影响因素众多，因此人们将面临很多在招标、投标时难以预料或不可能完全确定的问题，这种不确定性就是风险。风险一旦发生，就会导致成本增加或工期延误，造成承担风险一方的经济损失。但是，风险又是与盈利并存的，如果某一种风险没有出现，或者控制恰当，减少甚至避免了损失，则承担此风险的一方就可能由此而取得效益，这就是"风险-效益原则"。例如，在施工承包合同中，如果采用的是不可调价的合同，即工程的单价或价格均不因物价或劳务价格的涨落而调整，也就是说物价涨落的风险由承包商承担。在这种情况下，承包商在投标时必然要考虑到这一风险，而适当提高标价以覆盖万一出现物价上涨而引起的损失。实施过程中，如果物价上涨的幅度超过了所考虑的额度，则承包商会受到损失；如果物价涨幅小于这一额度或没有上涨，则承包商将会由于承担此风险而获得部分效益。反之，如果采用的是调价合同，则物价涨落的风险将由业主承担。在这种情况下，合同价格将会因承包商不考虑包含这一风险而有所降低。同样，在合同实施过程中，如果物价不上涨或物价反而下跌，则业主将会由于合同价格的减少而受益；反之，业主将必须在原合同价格上再增加支付一笔款项。因此，工程项目参与各方均应做好风险管理工作。

风险管理就是分析处理由不确定性产生的各种问题的一系列方法，包括风险因素辨识、风险评价和风险控制，其目的在于减少不确定性及其影响程度，以便目标尽可能地实现。对于工程项目，风险管理要求各个方面、各个层次的项目管理者建立风险意识，重视风险问题，防患于未然，取利于先机；并在各个阶段、各个环节上实施有效的风险控制，形成一个前后衔接的管理过程。风险管理的目的并不是消灭风险，因为在工程项目中大多数风险是不可能由项目管理者消灭或排除的，而是在于有准备、理性地实施项目，减少风险的损失。

2.风险的种类

从风险的严峻程度方面可分为非常风险与一般风险。非常风险是指由于出现不可抗拒的社会因素或自然因素而带来的风险，如战争，暴动或超标准洪水、飓风等。这类风险的特点是带来的损失巨大，而且人们一般很难预测与合理地防范。在施工合同中，这种风险通常由业主承担。一般风险是指非常风险以外的风险，这类风险只要认真对待，做好风险管理工作，一般讲是可以避免、转移或减少损失的。从风险原因的性质分类，可分为政治风险、经济风险、技术风险、商务风险和对方的资质与信誉风险。

（1）政治风险是指工程所处的政治背景与变化可能带来的风险。这个问题在承包商承包国际工程中尤为突出，因为业主国家的一些政治变动，如战争和内乱、没收外资、拒付债务、政局变化等，都有可能给承包商带来不可弥补的损失。（2）经济风险是指由于国家或社会一些较宏观的经济因素的变化而带来的风险，如通货膨胀引起材料价格和工资的大幅上涨，外汇比率变化带来的损失，国家或地区有关政策法规（如税收、保险等）的变化而引起的额外费用，等等。（3）技术风险是指对一些技术条件的不确定性可能带来的风险，如恶劣的气候条件，勘测资料未能全面正确反映或解释失误的地质情况，采用新技术，设计文件、技术规范的失误等。（4）商务风险是指合同条款中有关经济方面的条款及规定可能带来的风险，如支付、工程变更、索赔、风险分配、担保、违约责任、费用和法规变化、货币及汇率等方面的条款。这类风险包含条款中写明分配的、由于条款有缺陷而引起的或者撰写方有意设置的，如所谓的"开脱责任"条款等。（5）对方的资质和信誉风险是指合同一方的业务能力、管理能力、财务能力等有缺陷或者不圆满履行合同而给另一方带来的风险。在施工承包合同中业主和承包商不仅要相互考虑到对方，也必须要考虑到监理工程师在这方面的情况。（6）其他风险。例如，工程所在地公众的习俗和对工程的态度、当地运输和生活供应条件等，都可能带来一定的风险。

3.风险的分摊

风险的分摊就是在合同条款中写明，上述各种风险由合同哪一方来承担，承担哪些责任，这是合同条款的核心问题之一。合理的风险分配，能有助于调动合同当事人的积极性。认真做好风险管理工作，从而降低成本、节约投资，对合同双方都是有利的。根据风险管理理论，风险分摊的原则是，"合同双方中，谁能更有效地防止和控制某种风险，或者减少该风险引起的损失，就由谁来承担该风险"。按照这一原则，对施工承包合同而言，由于施工承包合同类型的多样性，不同类型的合同其风险分摊亦不同。此处以可调价（指物价调整）的单价合同为例，其工程风险分摊如下：

（1）业主的风险。①支付工程量不同于工程量清单上的估计工程量。②材料价格及人工工资的涨落。③不可抗力事件。④国家、地方的法规和政策变化。⑤有经验的承包商也无法预见的不利障碍或条件。⑥异常恶劣的气候条件。⑦设计文件的缺陷。⑧业主占有或使用尚未移交的工程。

（2）承包商的风险。①实际单价不同于工程量清单上的单价。②承包商负责提供的设备、材料、劳务等的延误。③工程施工中的一切问题。④承包商自身职工的怠工或罢工。⑤一般天气问题。⑥工地事故。⑦分包商的过失和违约。

4.风险对策

（1）风险回避。对于自身难以承受的风险，尽可能不承担，如不投资（业主方）或不投标（承包方）；甚至在工程实施中发现有很大风险，为减少更多损失而不得已中止合同。（2）风险的转移。将工程实施中的部分风险转嫁给合同当事人以外的第三方来承担，称为风险转移。最常见的转移方式就是保险。业主和承包商通过投保把部分风险转移给保险公司。一旦风险出现，造成损失，由保险公司负责赔偿。（3）担保。担保指合同一方为减少对方违约带来的风险，要求对方提供担保。（4）风险准备金。风险准备金是从财务方面为风险做准备。业主方面一般以"暂定金额"（与我国水利工程概估算的"不可预见费"或项目管理预算中"预留风险费用"相类似）的形式出现，承包方则将风险费计入投标报价中。（5）采取合作（联合投资或联合投标）方式共同承担风险。（6）采取技术措施、组织措施落实风险责任，目标跟踪及时处理，化解风险。

5.工程保险

工程保险是指业主或承包商向专门的保险机构（保险公司）缴纳一定的保险费，由保险公司建立保险基金，一旦发生意外事故造成财产损失或人员伤亡，即由保险公司在承保范围内予以补偿的一种制度。它实质上是一种风险转移，即业主和承包商通过投保，将原应承担的风险责任转移给保险公司承担。业主和承包商参加工程保险，只需付出少量的保险费，可换得遭受大量损失时得到补偿的保障，从而增强抵御风险的能力。《标准施工招标文件》中规定：（1）工程保险。除专用合同条款另有约定外，承包人应以发包人和承包人的共同名义向双方同意的保险人投保建筑工程一切险、安装工程一切险。其具体的投保内容、保险金额、保险费率、保险期限等有关内容在专用合同条款中约定。（2）人员工伤事故的保险。①承包人员工伤事故的保险。承包人应依照有关法律规定参加工伤保险，为其履行合同所雇用的全部人员缴纳工伤保险费，并要求其分包人也进行此项保险。②发包人员工伤事故的保险。发包人应依照有关法律规定参加工伤保险，为其现场机构雇用的全部人员缴纳工伤保险费，并要求其监理人也进行此项保险。（3）人身意外伤害险。发包人应在整个施工期间为其现场机构雇用的全部人员投保人身意外伤害险，缴纳保险费，并要求其监理人也进行此项保险。承包人应在整个施工期间为其现场机构雇用的全部人员投保人身意外伤害险，缴纳保险费，并要求其分包人也进行此项保险。（4）第三者责任险。第三者责任险系指在保险期内，对因工程意外事故造成的、依法应由被保险人负责的工地上及毗邻地区的第三者人身伤亡、疾病或财产损失（本工程除外），以及被保险人因此而支付的诉讼费用和事先经保险人书面同意支付的其他费用等赔偿责任。在缺陷责任期终止证书颁发前，承包人应以承包人和发包人的共同名义，投保第三者责任险，其保险费率、保险金额等有关内容在专用合同条款中约定。（5）其他保险。除专用合同条款另有约定外，承包人应为其施工设备、进场的材料和工程设备等办理保险。国际工程承包中常见的保险有工程一切险、承包商设备险、人身事故险、第三方责任险、货物运输险、机动车辆险等。在这些险种中，合同规定必须投保的险种，称为合同规定的保险或强制性保险。FIDIC合同条件中将前四种险种列为强制性保险，并把前两种合称为工程及承包商设备险。

6.工程担保的概念和种类

担保是指合同的任何一方为避免对方违约而遭受损失，要求对方提供的可靠保证，所以担保是双向的。而在施工合同中，工程担保一般常指的是业主为避免承包商违约而受损失，要求承包商提供的经济担保。在担保可采用的多种形式中，保证书或保函是最常用的。保函是担保人以书面形式承诺的保证金，是一种可支付的承诺文件，实质上相当于承包商在特定条件下交给业主一笔可向担保人索取的保证金。工程招标文件中，通常都会有业主所要求的保函格式。施工承包合同中，常见的担保有以下几种：（1）投标担保。投标担保是保证投标人在担保有效期内不撤销其投标书，并在规定的时间内与业主签署合同（中标后）。在下列情况下，业主有权没收投标担保。投标人在投标有效中标后在规定的时间内未签署合同协议书，未提交履约担保。《标准施工招标文件》中规定：招标人与中标人签订合同后5个工作日内，向未中标的投标人和中标人退还投标保证金。投标担保的保证金额随工程规模大小而异，一般大型工程为投标价的 0.5% ~ 3%，中小型工程为投标价的3% ~ 5%；也可不采用百分比计算，而是规定一个具体金额。投标担保的有效期应略长于投标有效期，以保证有足够的时间为中标人提交履约担保和签署合同所用。（2）履约担保。履约担保是保证承包商按合同规定，正确完整地履行合同。如果承包商违约，未能履行合同规定的义务，导致业主受到损失，业主有权根据履约担保索取赔偿。履约担保有两种方式：一种是担保业主的经济损失，其担保金额通常为合同价的10%；另一种是担保按合同要求完成工程，担保金额一般为合同价的 30%。采用何种方式和金额，应在招标文件中明确规定。《标准施工招标文件》中规定：承包人应保证其履约担保在发包人颁发工程接收证书前一直有效。发包人应在工程接收证书颁发后的28 d内把履约担保金额退还给承包人。（3）预付款担保。预付款担保用于保证承包商将业主提供的预付款用于工程施工并可在进度付款中按约定的方法逐步扣回。预付款担保金额一般与业主所付预付金额相同。但由于预付款是在月进度付款中逐步扣还，因此预付款担保金额也应相应减少，承包商可按月或季凭扣款证明办理担保减值。业主扣还全部预付款后，应将预付款担保退还给承包商。（4）缺陷责任担保。缺陷责任担保是保证承包商按合同规定在缺陷责任期中完成对工程缺陷的修复。如果承包方未能或无力修复应由其负责的缺陷，则业主可另行组织修复，并根据缺陷责任保函索取为修复所支付的费用。缺陷责任担保的有效期与缺陷责任期相同。缺陷责任期满，颁发缺陷责任证书后，业主应将缺陷责任担保金额退还给承包商。

第九章　水利水电工程质量管理

Chapter 9

第一节　水利水电工程质量管理规定

《水利工程质量管理规定》是一则由国家政府机关部门下发的通知，用于指导下属部门开展相关工作。

根据2017年12月22日水利部第49号令修改。

第一章　总则

第一条　根据《建筑法》《建设工程质量管理条例》等有关规定，为了加强对水利工程的质量管理，保证工程质量，制定本规定。

第二条　凡在中华人民共和国境内从事水利工程建设活动的单位［包括项目法人（建设单位）、监理、设计、施工等单位］或个人，必须遵守本规定。

第三条　本规定所称水利工程是指由国家投资、中央和地方合资、地方投资以及其他投资方式兴建的防洪、除涝、灌溉、水力发电、供水、围垦等（包括配套与附属工程）各类水利工程。

第四条　本规定所称水利工程质量是指在国家和水利行业现行的有关法律、法规、技术标准和批准的设计文件及工程合同中，对兴建的水利工程的安全、适用、经济、美观等特性的综合要求。

第五条　水利部负责全国水利工程质量管理工作。

各流域机构负责本流域由流域机构管辖的水利工程的质量管理工作，指导地方水行政主管部门的质量管理工作。

各省、自治区、直辖市水行政主管部门负责本行政区域内水利工程质量管理工作。

第六条　水利工程质量实行项目法人（建设单位）负责、监理单位控制、施工单位保证和政府监督相结合的质量管理体制。

水利工程质量由项目法人（建设单位）负全面责任。监理、施工、设计单位按照合同及有关规定对各自承担的工作负责。质量监督机构履行政府部门监督职能，不代替项目法人（建设单位）、监理、设计、施工单位的质量管理工作。水利工程建设各方均有责任和权利向有关部门和质量监督机构反映工程质量问题。

第七条　水利工程项目法人（建设单位）、监理、设计、施工等单位的负责人，对本单位的质量工作负领导责任。各单位在工程现场的项目负责人对本单位在工程现场的质量工作负直接领导责任。各单位的工程技术负责人对质量工作负技术责任。具体工作人员为直接责任人。

第八条　水利工程建设各单位要积极推行全面质量管理，采用先进的质量管理模式和管理手段，推广先进的科学技术和施工工艺，依靠科技进步和加强管理，努力创建优质工程，不断提高工程质量。

各级水行政主管部门要对提高工程质量做出贡献的单位和个人实行奖励。

第九条　水利工程建设各单位要加强质量法制教育，增强质量法制观念，把提高劳动者的素质作为提高质量的重要环节，加强对管理人员和职工的质量意识和质量管理知识的教育，建立和完善质量管理的激励机制，积极开展群众性质量管理和合理化建议活动。

第二章　工程质量监督管理

第十条　政府对水利工程的质量实行监督制度。

水利工程按照分级管理的原则由相应水行政主管部门授权的质量监督机构实施质量监督。

第十一条　各级水利工程质量监督机构，必须建立健全质量监督工作机制，完善监督手段，增强质量监督的权威性和有效性。

各级水利工程质量监督机构，要加强对贯彻执行国家和水利部有关质量法规、规范情况的检查，坚决查处有法不依、执法不严、违法不究以及滥用职权的行为。

第十二条　水利工程质量监督机构负责监督设计、监理、施工单位在其资质等级允许范围内从事水利工程建设的质量工作；负责检查、督促建设、监理、设计、施工单位建立健全质量体系。

水利工程质量监督机构，按照国家和水利行业有关工程建设法规、技术标准和设计文件实施工程质量监督，对施工现场影响工程质量的行为进行监督检查。

第十三条　水利工程质量监督实施以抽查为主的监督方式，运用法律和行政手段，做好监督抽查后的处理工作。工程竣工验收前，质量监督机构应对工程质量结论进行核备。未经质量核备的工程，项目法人不得报验，工程主管部门不得验收。

第十四条　根据需要，质量监督机构可委托具有相应资质的检测单位，对水利工程有关部位以及所采用的建筑材料和工程设备进行抽样检测。

第三章　项目法人（建设单位）质量管理

第十五条　项目法人（建设单位）应根据国家和水利部有关规定依法设立，主动接受水利工程质量监督机构对其质量体系的监督检查。

第十六条　项目法人（建设单位）应根据工程规模和工程特点，按照水利部有关规定，通过资质审查招标选择勘测设计、施工、监理单位并实行合同管理。在合同文件中，必须有工程质量条款，明确图纸、资料、工程、材料、设备等的质量标准及合同双方的质量责任。

第十七条　项目法人（建设单位）要加强工程质量管理，建立健全施工质量检查体系，根据工程特点建立质量管理机构和质量管理制度。

第十八条　项目法人（建设单位）在工程开工前，应按规定向水利工程质量监督机构办理工程质量监督手续。在工程施工过程中，应主动接受质量监督机构对工程质量的监督检查。

第十九条　项目法人（建设单位）应组织设计和施工单位进行设计交底；施工中应对工程质量进行检查；工程完工后，应及时组织有关单位进行工程质量验收、签证。

第四章　监理单位质量管理

第二十条　监理单位必须持有水利部颁发的监理单位资格等级证书，依照核定的监理范围承担相应水利工程的监理任务。监理单位必须接受水利工程质量监督机构对其监理资格质量检查体系及质量监理工作的监督检查。

第二十一条　监理单位必须严格执行国家法律、水利行业法规、技术标准，严格履行监理合同。

第二十二条　监理单位根据所承担的监理任务向水利工程施工现场派出相应的监理机构，人员配备必须满足项目要求。监理工程师应当持证上岗。

第二十三条　监理单位应根据监理合同参与招标工作，从保证工程质量全面履行工程承建合同出发，签发施工图纸；审查施工单位的施工组织设计和技术措施；指导监督合同中有关质量标准、要求的实施；参加工程质量检查、工程质量事故调查处理和工程验收工作。

第五章　设计单位质量管理

第二十四条　设计单位必须按其资质等级及业务范围承担勘测设计任务，并应主动接受水利工程质量监督机构对其资质等级及质量体系的监督检查。

第二十五条　设计单位必须建立健全设计质量保证体系，加强设计过程质量控制，健全设计文件的审核、会签批准制度，做好设计文件的技术交底工作。

第二十六条　设计文件必须符合下列基本要求：

（一）设计文件应当符合国家、水利行业有关工程建设法规、工程勘测设计技术规程、标准和合同的要求。

（二）设计依据的基本资料应完整、准确、可靠，设计论证充分，计算成果可靠。

（三）设计文件的深度应满足相应设计阶段有关规定要求，设计质量必须满足工程质量、安全需要并符合设计规范的要求。

第二十七条　设计单位应按合同规定及时提供设计文件及施工图纸，在施工过程中要随时掌握施工现场情况、优化设计、解决有关设计问题。对大中型工程，设计单位应按合同规定在施工现场设立设计代表机构或派驻设计代表。

第二十八条　设计单位应按水利部有关规定，在阶段验收、单位工程验收和竣工验收中对施工质量是否满足设计要求提出评价意见。

第六章　施工单位质量管理

第二十九条　施工单位必须按其资质等级和业务范围承揽工程施工任务，接受水利工程质量监督机构对其资质和质量保证体系的监督检查。

第三十条　施工单位必须依据国家、水利行业有关工程建设法规、技术规程、技术标准的规定以及设计文件和施工合同的要求进行施工，并对其施工的工程质量负责。

第三十一条　施工单位不得将其承接的水利建设项目的主体工程进行转包。对工程的分包，分包单位必须具备相应资质等级，并对其分包工程的施工质量向总包单位负责，总包单位对全部工程质量向项目法人（建设单位）负责。工程分包必须经过项目法人（建设单位）的认可。

第三十二条　施工单位要推行全面质量管理，建立健全质量保证体系，制定和完善岗位质量规范、质量责任及考核办法，落实质量责任制。在施工过程中要加强质量检验工作，认真执行"三检制"，切实做好工程质量的全过程控制。

第三十三条　工程发生质量事故，施工单位必须按照有关规定向监理单位、项目法人（建设单位）及有关部门报告，并保护好现场，接受工程质量事故调查，认真进行事故处理。

第三十四条　竣工工程质量必须符合国家和水利行业现行的工程标准及设计文件要求，并应向项目法人（建设单位）提交完整的技术档案、试验成果及有关资料。

第七章　建筑材料、设备采购的质量管理和工程保修

第三十五条　建筑材料和工程设备的质量由采购单位承担相应责任。凡进入施工现场的建筑材料和工程设备均应按有关规定进行检验。经检验不合格的产品不得用于工程。

第三十六条　建筑材料和工程设备的采购单位具有按合同规定自主采购的权利，其他单位或个人不得干预。

第三十七条　建筑材料或工程设备应当符合下列要求：

（一）有产品质量检验合格证明；

（二）有中文标明的产品名称、生产厂名和厂址；

（三）产品包装和商标式样符合国家有关规定和标准要求；

（四）工程设备应有产品详细的使用说明书，电气设备还应附有线路图；

（五）实施生产许可证或实行质量认证的产品，应当具有相应的许可证或认证证书。

第三十八条　水利工程保修期从通过单项合同工程完工验收之日算起，保修期限按法律法规和合同约定执行。

工程质量出现永久性缺陷的，承担责任的期限不受以上保修期限制。

第三十九条　水利工程在规定的保修期内，出现工程质量问题，一般由原施工单位承担保修，所需费用由责任方承担。

第八章　罚则

第四十条　水利工程发生重大工程质量事故，应严肃处理。对责任单位予以通报批评、降低资质等级或收缴资质证书，对责任人给予行政纪律处分；构成犯罪的，移交司法机关进行处理。

第四十一条　因水利工程质量事故造成人身伤亡及财产损失的，责任单位应按有关规定，给予受损方经济赔偿。

第四十二条　项目法人（建设单位）有下列行为之一的，由其主管部门予以通报批评或其他纪律处理。

（一）未按规定选择相应资质等级的勘测设计、施工、监理单位的；

（二）未按规定办理工程质量监督手续的；

（三）未按规定及时进行已完工程验收就进行下一阶段施工和未经竣工或阶段验收而将工程交付使用的；

（四）发生重大工程质量事故没有按有关规定及时向有关部门报告的。

第四十三条　勘测设计、施工、监理单位有下列行为之一的，根据情节轻重，予以通报批评、降低资质等级直至收缴资质证书，经济处理按合同规定办理，触犯法律的，按国家有关法律处理。

（一）无证或超越资质等级承接任务的；

（二）不接受水利工程质量监督机构监督的；

（三）设计文件不符合本规定第二十七条要求的；

（四）竣工交付使用的工程不符合本规定第三十五条要求的；

（五）未按规定实行质量保修的；

（六）使用未经检验或检验不合格的建筑材料和工程设备，或在工程施工中粗制滥造、偷工减料、伪造记录的；

（七）发生重大工程质量事故没有及时按有关规定向有关部门报告的；

（八）工程质量等级评定为不合格，或者工程需加固、拆除的。

第四十四条　检测单位伪造检验数据或伪造检验结论的，根据情节轻重，予以通报批评、降低资质等级直至收缴资质证书。因伪造行为造成严重后果的，按国家有关规定处理。

第四十五条　对不认真履行水利工程质量监督职责的质量监督机构，由相应水行政主管部门或其上一级水利工程质量监督机构给予通报批评、撤换负责人或撤销授权并进行机构改组。

从事工程质量监督的工作人员执法不严、违法不究或者滥用职权、贪污受贿，由其所在单位或上级主管部门给予行政处分，构成犯罪的，依法追究刑事责任。

第九章　附则

第四十六条　本规定由水利部负责解释。

第四十七条　本规定自发布之日起施行。

第二节　水利水电工程质量监督管理规定

第一章　总则

第一条　根据《质量振兴纲要（1996年～2010年）》和《中华人民共和国水法》，为加强水行政主管部门对水利工程质量的监督管理，保证工程质量，确保工程安全，发挥投资效益，制订本规定。

第二条　水行政主管部门主管水利工程质量监督工作。水利工程质量监督机构是水行政主管部门对水利工程质量进行监督管理的专职机构，对水利工程质量进行强制性的监督管理。

第三条　在我国境内新建、扩建、改建、加固各类水利水电工程和城镇供水、滩涂围垦等工程（以下简称水利工程）及其技术改造，包括配套与附属工程，均必须由水利工程质量监督机构负责质量监督。工程建设、监理、设计和施工单位在工程建设阶段，必须接受质量监督机构的监督。

第四条　工程质量监督的依据：

（一）国家有关的法律、法规；

（二）水利水电行业有关技术规程、规范，质量标准；

（三）经批准的设计文件等。

第五条　工程竣工验收前，必须经质量监督机构对工程质量进行等级核验。未经工程质量等级核验或者核验不合格的工程，不得交付使用。

工程在申报优秀设计、优秀施工、优质工程项目时，必须有相应质量监督机构签署的工程质量评定意见。

第二章　机构与人员

第六条　水利部主管全国水利工程质量监督工作，水利工程质量监督机构按总站、中心站、站三级设置。

（1）水利部设置全国水利工程质量监督总站，办事机构设在建设司。水利水电规划设计管理局设置水利工程设计质量监督分站，各流域机构设置流域水利工程质量监督分站作为总站的派出机构。

（2）各省、自治区、直辖市水利（水电）厅（局），新疆生产建设兵团水利局设置水利工程质量监督中心站。

（3）各地（市）水利（水电）局设置水利工程质量监督站。各级质量监督机构隶属于同级水行政主管部门，业务上接受上一级质量监督机构的指导。

第七条　水利工程质量监督项目站（组），是相应质量监督机构的派出单位。

第八条　各级质量监督机构的站长一般应由同级水行政主管部门主管工程建设的领导兼任，有条件的可配备相应级别的专职副站长。各级质量监督机构的正副站长由其主管部门任命，并报上一级质量监督机构备案。

第九条　各级质量监督机构应配备一定数量的专职质量监督员。质量监督员的数量由同级水行政主管部门根据工作需要和专业配套的原则确定。

第十条　水利工程质量监督员必须具备以下条件：

（一）取得工程师职称，或具有大专以上学历并有五年以上从事水利水电工程设计、施工、监理、咨询或建设管理工作的经历。

（二）坚持原则，秉公办事，认真执法，责任心强。

（三）经过培训并通过考核取得"水利工程质量监督员证"。

第十一条　质量监督机构可聘任符合条件的工程技术人员作为工程项目的兼职质量监督员。为保证质量监督工作的公正性、权威性，凡从事该工程监理、设计、施工、设备制造的人员不得担任该工程的兼职质量监督员。

第十二条　各质量监督分站、中心站、地（市）站和质量监督员必须经上一级质量监督机构考核、认证，取得合格证书后，方可从事质量监督工作。质量监督机构资质每四年复核一次，质量监督员证有效期为四年。

第十三条　"水利工程质量监督机构合格证书"和"水利工程质量监督员证"由水利部统一印制。

第三章　机构职责

第十四条　全国水利工程质量监督总站的主要职责：

（一）贯彻执行国家和水利部有关工程建设质量管理的方针、政策。

（二）制订水利工程质量监督、检测有关规定和办法，并监督实施。

（三）归口管理全国水利工程的质量监督工作，指导各分站、中心站的质量监督工作。

（四）对部直属重点工程组织实施质量监督。参加工程的阶段验收和竣工验收。

（五）监督有争议的重大工程质量事故的处理。

（六）掌握全国水利工程质量动态。组织交流全国水利工程质量监督工作经验，组织培训质量监督人员。开展全国水利工程质量检查活动。

第十五条　水利工程设计质量监督分站受总站委托承担的主要任务：

（一）归口管理全国水利工程的设计质量监督工作。

（二）负责设计全面质量管理工作。

（三）掌握全国水利工程的设计质量动态，定期向总站报告设计质量监督情况。

第十六条　各流域水利工程质量监督分站的主要职责：

（一）对本流域内下列工程项目实施质量监督：

1.总站委托监督的部属水利工程。

2.中央与地方合资项目，监督方式由分站和中心站协商确定。

3.省（自治区、直辖市）界及国际边界河流上的水利工程。

（二）监督受监督水利工程质量事故的处理。

（三）参加受监督水利工程的阶段验收和竣工验收。

（四）掌握本流域内水利工程质量动态，及时上报质量监督工作中发现的重大问题，开展水利工程质量检查活动，组织交流本流域内的质量监督工作经验。

第十七条　各省、自治区、直辖市，新疆生产建设兵团水利工程质量监督中心站的职责：

（一）贯彻执行国家、水利部和省、自治区、直辖市有关工程建设质量管理的方针、政策。

（二）管理辖区内水利工程的质量监督工作；指导本省、自治区、直辖市的市（地）质量监督站工作。

（三）对辖区内除第十四条、第十六条规定以外的水利工程实施质量监督；协助配合由部总站和流域分站组织监督的水利工程的质量监督工作。

（四）参加受监督水利工程的阶段验收和竣工验收。

（五）监督受监督水利工程质量事故的处理。

（六）掌握辖区内水利工程质量动态和质量监督工作情况，定期向总站报告，同时抄送流域分站；组织培训质量监督人员，开展水利工程质量检查活动，组织交流质量监督工作经验。

第十八条　市（地）水利工程质量监督站的职责，由各中心站根据本规定制订。

第四章　质量监督

第十九条　水利工程建设项目质量监督方式以抽查为主。大型水利工程应建立质量监督项目站，中、小型水利工程可根据需要建立质量监督项目站（组），或进行巡回监督。

第二十条　从工程开工前办理质量监督手续始，到工程竣工验收委员会同意工程交付使用止，为水利工程建设项目的质量监督期（含合同质量保修期）。

第二十一条　项目法人（或建设单位）应在工程开工前到相应的水利工程质量监督机构办理监督手续，签订《水利工程质量监督书》，并按规定缴纳质量监督费，同时提交以下材料：

（一）工程项目建设审批文件；

（二）项目法人（或建设单位）与监理、设计、施工单位签订的合同（或协议）副本；

（三）建设、监理、设计、施工等单位的基本情况和工程质量管理组织情况等资料。

第二十二条　质量监督机构根据受监督工程的规模、重要性等，制订质量监督计划，确定质量监督的组织形式。在工程施工中，根据本规定对工程项目实施质量监督。

第二十三条　工程质量监督的主要内容为：

（一）对监理、设计、施工和有关产品制作单位的资质进行复核。

（二）对建设、监理单位的质量检查体系和施工单位的质量保证体系以及设计单位现场服务等实施监督检查。

（三）对工程项目的单位工程、分部工程、单元工程的划分进行监督检查。

（四）监督检查技术规程、规范和质量标准的执行情况。

（五）检查施工单位和建设、监理单位对工程质量检验和质量评定情况。

（六）在工程竣工验收前，对工程质量进行等级核定，编制工程质量评定报告，并向工程竣工验收委员会提出工程质量等级的建议。

第二十四条　工程质量监督权限如下：

（一）对监理、设计、施工等单位的资质等级、经营范围进行核查，发现越级承包工程等不符合规定要求的，责成建设单位限期改正，并向水行政主管部门报告。

（二）质量监督人员需持"水利工程质量监督员证"进入施工现场执行质量监督。对工程有关部位进行检查，调阅建设、监理单位和施工单位的检测试验成果、检查记录和施工记录。

（三）对违反技术规程、规范、质量标准或设计文件的施工单位，通知建设、监理单位采取纠正措施。问题严重时，可向水行政主管部门提出整顿的建议。

（四）对使用未经检验或检验不合格的建筑材料、构配件及设备等，责成建设单位采取措施纠正。

（五）提请有关部门奖励先进质量管理单位及个人。

（六）提请有关部门或司法机关追究造成重大工程质量事故的单位和个人的行政、经济、刑事责任。

第五章　质量检测

第二十五条　工程质量检测是工程质量监督和质量检查的重要手段。水利工程质量检测单位，必须取得省级以上计量认证合格证书，并经水利工程质量监督机构授权，方可从事水利工程质量检测工作。检测人员必须持证上岗。

第二十六条　质量监督机构根据工作需要，可委托水利工程质量检测单位承担以下主要任务：

（一）核查受监督工程参建单位的试验室装备、人员资质、试验方法及成果等。

（二）根据需要对工程质量进行抽样检测，提出检测报告。

（三）参与工程质量事故分析和研究处理方案。

（四）质量监督机构委托的其他任务。

第二十七条　质量检测单位所出具的检测鉴定报告必须实事求是，数据准确可靠，并对出具的数据和报告负法律责任。

第二十八条　工程质量检测实行有偿服务，检测费用由委托方支付。收费标准按有关规定确定。在处理工程质量争端时，发生的一切费用由责任方支付。

第六章　工程质量监督费

第二十九条　项目法人（或建设单位）应向质量监督机构缴纳工程质量监督费。工程质量监督费属事业性收费。工程质量监督收费，根据国家计委等部门的有关文件规定，收费标准按水利工程所在地域确定。原则上，大城市按受监工程建筑安装工作量的0.15％，中等城市按受监工程建筑安装工作量的0.20％，小城市按受监工程建筑安装工作量的0.25％收取。城区以外的水利工程可比照小城市的收费标准适当提高。

第三十条　工程质量监督费由工程建设单位负责缴纳。大中型工程在办理监督手续时，应确定缴纳计划，每年按年度投资计划，年初一次结清年度工程质量监督费。中小型水利工程在办理质量监督手续时交纳工程质量监督费的50％，余额由质量监督部门根据工程进度收缴。

水利工程在工程竣工验收前必须缴清全部的工程质量监督费。

第三十一条　质量监督费应用于质量监督工作的正常经费开支，不得挪作它用。其使用范围主要为工程质量监督、检测开支以及必要的差旅费开支等。

第七章　奖惩

第三十二条　项目法人（或建设单位）未按第二十一条规定要求办理质量监督手续的，水行政主管部门依据《中华人民共和国行政处罚法》对建设单位进行处罚，并责令限期改正或按有关规定处理。

第三十三条　质量检测单位伪造检测数据检测结论的，视情节轻重，报上级水行政主管部门对责任单位和责任人按有关规定进行处罚；构成犯罪的，由司法机关依法追究其刑事责任。

第三十四条　质量监督员滥用职权玩忽职守、徇私舞弊的，由质量监督机构提交水行政主管部门视情节轻重，给予行政处分；构成犯罪的，由司法机关依法追究其刑事责任。

第三十五条　对在工程质量管理和质量监督工作中做出突出成绩的单位和个人，由质量监督部门或报请水行政主管部门给予表彰和奖励。

第八章　附则

第三十六条　各水利工程质量监督中心站可根据本规定制订实施细则，并报全国水利工程质量监督总站核备。

第三十七条　本规定由水利部负责解释。

第三十八条　本规定自发布之日起施行，原《水利基本建设工程质量监督暂行规定》同时废止。

第三节　水利水电工程质量管理的基本概念

水利水电工程项目的施工阶段是根据设计图纸和设计文件的要求，通过工程参建各方及其技术人员的劳动形成工程实体的阶段。这个阶段的质量控制无疑是极其重要的，其中心任务是通过建立健全有效的工程质量监督体系，确保工程质量达到合同规定的标准和等级要求。为此，在水利水电工程项目建设中，建立了质量管理的三个体系，即施工单位的质量保障体系、建设（监理）单位的质量检查体系和政府部门的质量监督体系。

一、工程项目质量和质量控制的概念

（一）工程项目质量

质量是反映实体满足明确或隐含需要能力的特性之总和。工程项目质量是国家现行的有关法律、法规、技术标准、设计文件及工程承包合同对工程的安全、适用、经济、美观等特征的综合要求。

从功能和使用价值来看，工程项目质量体现在适用性、可靠性、经济性、外观质量与环境协调等方面。由于工程项目是依据项目法人的需求而兴建的，故而各工程项目的功能和使用价值的质量应满足于不同项目法人的需求，并无一个统一的标准。

从工程项目质量的形成过程来看，工程项目质量包括工程建设各个阶段的质量，即可行性研究质量、工程决策质量、工程设计质量、工程施工质量、工程竣工验收质量。

工程项目质量具有两个方面的含义：一是指工程产品的特征性能，即工程产品质量；二是指参与工程建设各方面的工作水平、组织管理等，即工作质量。工作质量包括社会工作质量和生产过程工作质量。社会工作质量主要是指社会调查、市场预测维修服务等。生产过程工作质量主要包括管理工作质量、技术工作质量、后勤工作质量等，最终将反映在工序质量上。而工序质量的好坏，直接受人、原材料、机具设备、工艺及环境五个方面因素的影响。因此，工程项目质量的好坏是各环节、各方面工作质量的综合反映，而不是单纯靠质量检验查出来的。

（二）工程项目质量控制

质量控制是指为达到质量要求所采取的作业技术和活动。工程项目质量控制，实际上就是对工程在可行性研究、勘测设计、施工准备、建设实施、后期运行等各阶段、各环节、各因素的全过程、全方位的质量监督控制。工程项目质量有个产生、形成和实现的过程，控制这个过程中的各环节，以满足工程合同、设计文件、技术规范规定的质量标准。在我国的工程项目建设中，工程项目质量控制按其实施者的不同，分为如下三个方面。

1.项目法人的质量控制

项目法人方面的质量控制，主要是委托监理单位依据国家的法律规范、标准和工程建设的合同文件，对工程建设进行监督和管理。其特点是外部的、横向的、不间断的控制。

2.政府方面的质量控制

政府方面的质量控制是通过政府的质量监督机构来实现的，其目的在于维护社会公共利益，保证技术性法规和标准的贯彻执行。其特点是外部的、纵向的、定期或不定期的抽查。

3.承包人方面的质量控制

承包人主要是通过建立健全质量保障体系、加强工序质量管理、严格施行"三检制"（初检、复检、终检）、避免返工、提高生产效率等方式来进行质量控制。其特点是内部的、自身的、连续的控制。

二、工程项目质量的特点

由于建筑产品有位置固定、生产流动性、项目单件性、生产一次性、受自然条件影响大等特点，决定了工程项目质量具有以下特点。

（一）影响因素多

影响工程质量的因素是多方面的，如人的因素、机械因素、材料因素、方法因素、环境因素等，均直接或间接地影响着工程质量。尤其是水利水电工程项目主体工程的建设，一般由多家承包单位共同完成，故而其质量形式较为复杂，影响因素多。

（二）质量波动大

由于工程建设周期长，在建设过程中易受到系统因素及偶然因素的影响，使产品质量产生波动。

（三）质量变异大

由于影响工程质量的因素较多，因此任何因素的变异，均会引起工程项目的质量变异。

（四）质量具有隐蔽性

由于工程项目在实施过程中，工序交接多，中间产品多，隐蔽工程多，取样数量受到各种因素、条件的限制，故会使产生错误判断的概率增大。

（五）终检局限性大

由于建筑产品有位置固定等自身特点，使质量检验时不能解体、拆卸，所以在工程项目终检验收时难以发现工程内在的、隐蔽的质量缺陷。

此外，质量、进度和投资目标三者之间既对立又统一的关系，使工程质量受到了投资进度的制约。因此，应针对工程质量的特点，严格控制质量，并将质量控制贯穿于项目建设的全过程。

三、工程项目质量控制的原则

在工程项目建设过程中，对其质量进行控制应遵循以下四项原则。

（一）质量第一原则

"百年大计，质量第一"。工程建设与国民经济的发展和人民生活的改善息息相关。质量的好坏，直接关系到国家繁荣富强，关系到人民生命财产的安全，关系到子孙幸福，所以必须树立强烈的"质量第一"的思想。

要确立质量第一的原则，必须弄清并且摆正质量和数量、质量和进度之间的关系。不符合质量要求的工程，数量和进度都将失去意义，也没有任何使用价值；而且数量越多，进度越快，国家和人民遭受的损失也将越大。因此，好中求多、好中求快、好中求省，才是符合质量管理所要求的质量水平。

（二）预防为主原则

对于工程项目的质量，我们长期以来采取事后检验的方法，认为严格检查，就能保证质量，实际上这是远远不够的。应该从消极防守的事后检验变为积极预防的事先管理。因为好的建筑产品是好的设计、好的施工所产生的，而不是检查出来的。必须在项目管理的全过程中，事先采取各种措施，消灭种种不符合质量要求的因素，以保证建筑产品质量。如果各质量因素（人、机、料、法、环）预先得到保证，工程项目的质量就有了可靠的前提条件。

（三）为用户服务原则

建设工程项目，是为了满足用户的要求，尤其要满足用户对质量的要求。真正好的质量是用户完全满意的质量。进行质量控制，就是要把为用户服务的原则，作为工程项目管理的出发点，贯穿到各项工作中去。同时，要在项目内部树立"下道工序就是用户"的思想。各个部门、各种工作、各种人员都有一个前、后的工作顺序，在自己这道工序的工作一定要保证质量；凡达不到质量要求，不能交给下道工序，一定要使"下道工序"这个用户感到满意。

（四）用数据说话原则

质量控制必须建立在有效的数据基础之上，必须依靠能够确切反映客观实际的数字和资料，否则就谈不上科学的管理。一切用数据说话，就需要用数理统计方法，对工程实体或工作对象进行科学的分析和整理，从而研究工程质量的波动情况，寻求影响工程质量的主次原因，采取改进质量的有效措施，掌握保证和提高工程质量的客观规律。

在很多情况下，我们评定工程质量，虽然也按规范标准进行检测计量，也有一些数据，但是这些数据往往不完整、不系统，没有按数理统计要求积累数据、抽样选点，所以难以汇总分析。有时只能统计加估计，抓不住质量问题，既不能完全表达工程的内在质量状态，也不能有针对性地进行质量教育、提高企业素质。所以，必须树立起"用数据说话"的意识，从积累的大量数据中，找出控制质量的规律性，以保证工程项目的优质建设。

四、工程项目质量控制的任务

工程项目质量控制的任务就是根据国家现行的有关法规技术标准和工程合同规定的工程建设各阶段质量目标实施全过程的监督管理。由于工程建设各阶段的质量目标不同，因此需要分别确定各阶段的质量控制对象和任务。

（一）工程项目决策阶段质量控制的任务

（1）审核可行性研究报告是否符合国民经济发展的长远规划、国家经济建设的方针政策。

（2）审核可行性研究报告是否符合工程项目建议书或业主的要求。

（3）审核可行性研究报告是否具有可靠的基础资料和数据。

（4）审核可行性研究报告是否符合技术经济方面的规范标准和定额等指标。

（5）审核可行性研究报告的内容深度和计算指标是否达到标准要求。

（二）工程项目设计阶段质量控制的任务

（1）审查设计基础资料的正确性和完整性。

（2）编制设计招标文件，组织设计方案竞赛。

（3）审查设计方案的先进性和合理性，确定最佳设计方案。

（4）督促设计单位完善质量保证体系，建立内部专业交底及专业会签制度。

（5）进行设计质量跟踪检查，控制设计图纸的质量。在初步设计和技术设计阶段，主要检查生产工艺及设备的选型、总平面布置、建筑与设施的布置、采用的设计标准和主要技术参数；在施工图设计阶段，主要检查计算是否有错误、选用的材料和做法是否合理、标注的各部分设计标高和尺寸是否有错误、各专业设计之间是否有矛盾等。

（三）工程项目施工阶段质量控制的任务

施工阶段质量控制是工程项目全过程质量控制的关键环节。根据工程质量形成的时间，施工阶段的质量控制又可分为质量的事前控制、事中控制和事后控制，其中事前控制为重点控制。

1.事前控制

（1）审查承包商及分包商的技术资质。

（2）协助承建商完善质量体系，包括完善计量及质量检测技术和手段等，同时对承包商的实验室资质进行考核。

（3）督促承包商完善现场质量管理制度，包括现场会议制度、现场质量检验制度、质量统计报表制度和质量事故报告及处理制度等。

（4）与当地质量监督站联系，争取其配合、支持和帮助。

（5）组织设计交底和图纸会审，对某些工程部位应下达质量要求标准。

（6）审查承包商提交的施工组织设计，保证工程质量具有可靠的技术措施。审核工程中采用的新材料、新结构、新工艺、新技术的技术鉴定书；对工程质量有重大影响的施工机械、设备，应审核其技术性能报告。

（7）对工程所需原材料、构配件的质量进行检查与控制。

（8）对永久性生产设备或装置，应按审批同意的设计图纸组织采购或订货，到场后进行检查验收。

（9）对施工场地进行检查验收。检查施工场地的测量标桩、建筑物的定位放线以及高程水准点，重要工程还应复核，落实现场障碍物的清理、拆除等。

（10）把好开工关。对现场各项准备工作检查合格后，方可发开工令；停工的工程，未发复工令者不得复工。

2.事中控制

（1）督促承包商完善工序控制措施。工程质量是在工序中产生的，工序控制对工程质量起着决定性的作用。应把影响工序质量的因素都纳入控制状态，建立质量管理点，及时检查和审核承包商提交的质量统计分析资料和质量控制图表。

（2）严格工序交接检查。主要工作作业（包括隐蔽作业）需按有关验收规定经检查验收后，方可进行下一工序的施工。

（3）重要的工程部位或专业工程（如混凝土工程）要做试验或技术复核。

（4）审查质量事故处理方案，并对处理效果进行检查。

（5）对完成的分项分部工程，按相应的质量评定标准和办法进行检查验收。

（6）审核设计变更和图纸修改。

（7）按合同行使质量监督权和质量否决权。

（8）组织定期或不定期的质量现场会议，及时分析、通报工程质量状况。

3.事后控制

（1）审核承包商提供的质量检验报告及有关技术性文件。

（2）审核承包商提交的竣工图。

（3）组织联动试验。

（4）按规定的质量评定标准和办法，进行检查验收。

（5）组织项目竣工总验收。

（6）整理有关工程项目质量的技术文件，并编目、建档。

（四）工程项目保修阶段质量控制的任务

（1）审核承包商的工程保修书。

（2）检查、鉴定工程质量状况和工程使用情况。

（3）对出现的质量缺陷，确定责任者。

（4）督促承包商修复缺陷。

（5）在保修期结束后，检查工程保修状况，移交保修资料。

五、工程项目质量影响因素的控制

在工程项目建设的各个阶段，对工程项目质量影响的主要因素就是"人、机、料、法、环"五大方面。为此，应对这五个方面的因素进行严格的控制，以确保工程项目建设的质量。

（一）对"人"的因素的控制

人是工程质量的控制者，也是工程质量的制造者。工程质量的好与坏，与人的因素是密不可分的。控制人的因素，即调动人的积极性、避免人的失误等，是控制工程质量的关键因素。

1.领导者的素质

领导者是具有决策权力的人，其整体素质是提高工作质量和工程质量的关键，因此在对承包商进行资质认证和选择时一定要考核领导者的素质。

2.人的理论和技术水平

人的理论水平和技术水平是人的综合素质的表现，它可以直接影响工程项目质量，尤其是技术复杂、操作难度大、要求精度高、工艺新的工程对人员素质要求更高；否则，工程质量就很难保证。

3.人的生理缺陷

根据工程施工的特点和环境，应严格控制人的生理缺陷。例如，患有高血压、心脏病的人，不能从事高空作业和水下作业；反应迟钝、应变能力差的人，不能操作快速运行、动作复杂的机械设备等，否则将影响工程质量，引起安全事故。

4.人的心理行为

影响人的心理行为的因素很多，而人的心理因素，如疑虑、畏惧、抑郁等很容易使人产生愤怒、怨恨等情绪，使人的注意力转移，由此引发质量、安全事故。所以，在审核企业的资质水平时，要注意企业职工的凝聚力、职工的情绪如何，这也是选择企业的一条标准。

5.人的错误行为

人的错误行为是指人在工作场地或工作中吸烟、打盹、错视、错听、误判断、误动作等，这些都会影响工程质量或造成质量事故。所以，在有危险的工作场所，应严格禁止吸烟、嬉戏等。

6.人的违纪违章

人的违纪违章是指人的粗心大意、注意力不集中、不履行安全措施等不良行为，会对工程质量造成损害，甚至引起工程质量事故。所以，在使用人的问题上，应从思想素质、业务素质和身体素质等方面严格控制。

（二）对材料、构配件的质量控制

1.材料质量控制的要点

（1）掌握材料信息，优选供货厂家。应掌握材料信息，优先选用有信誉的厂家供货。对主要材料、构配件在订货前必须经监理工程师论证同意，然后才可订货。

（2）合理组织材料供应。应协助承包商合理地组织材料采购、加工、运输、储备。尽量加快材料周转，按质、按量、如期满足工程建设需要。

（3）合理地使用材料，减少材料损失。

（4）加强材料检查验收。用于工程上的主要建筑材料，进场时必须具备正式的出厂合格证和材质化验单；否则，应做补检。工程中所有构配件，必须具有厂家批号和出厂合格证。

凡是标志不清或质量有问题的材料，对质量保证资料有怀疑或与合同规定不相符的一般材料，应进行一定比例的材料试验，并需要追踪检验。对于进口的材料和设备以及重要工程或关键施工部位所用材料，应进行全部检验。

（5）重视材料的使用认证，以防错用或使用不当。

2.材料质量控制的内容

（1）材料质量的标准。材料质量的标准是用以衡量材料标准的尺度，并作为验收、检验材料质量的依据。

（2）材料质量的检验、试验。材料质量的检验的目的是通过一系列的检测手段，将取得的材料数据与材料的质量标准相比较，用以判断材料质量的可靠性。

①材料质量的检验方法有书面检验、外观检验、理化检验、无损检验。

书面检验是通过对提供的材料质量保证资料、试验报告等进行审核，取得认可，方能使用。

外观检验是对材料从品种、规格、标志外形尺寸等进行直观检查，看有无质量问题。

理化检验是借助试验设备和仪器对材料样品的化学成分、机械性能等进行科学的鉴定。

无损检验是在不破坏材料样品的前提下，利用超声波、X射线、表面探伤仪等进行检测。

②材料质量检验程度分为免检、抽检和全部检查三种。

免检就是免去质量检验工序。对有足够质量保证的一般材料，以及实践证明质量长期稳定而且质量保证资料齐全的材料，可予以免检。

抽检是按随机抽样的方法对材料进行抽样检验。如果对材料的性能不清楚，对质量保证资料有怀疑，或对成批生产的构配件，均应按一定比例进行抽样检验。

全检是把对进口的材料、设备和重要工程部位的材料，以及贵重的材料，进行全部检验，以确保材料和工程质量。

③材料质量检验项目一般可分为一般检验项目和其他检验项目。

④材料质量检验的取样必须具有代表性，也就是所取样品的质量应能代表该批材料的质量。在采取试样时，必须按规定的部位、数量及采选的操作要求进行。

⑤材料抽样检验的判断。抽样检验是对一批产品（个数为m）根据一次抽取n个样品进行检验，用其结果来判断该批产品是否合格。

（3）材料的选择和使用要求。材料的选择不当和使用不正确，会严重影响工程质量或造成工程质量事故。因此，在施工过程中，必须针对工程项目的特点和环境要求及材料的性能、质量标准、适用范围等多方面进行综合考察，慎重选择和使用材料。

（三）对方法的控制

对方法的控制主要是指对施工方案的控制，也包括对整个工程项目建设期内所采用的技术方案、工艺流程、组织措施、检测手段、施工组织设计等的控制。对一个工程项目而言，施工方案恰当与否，直接关系到工程项目质量和工程项目的成败，所以应重视对方法的控制。这里所说的方法控制，是在工程施工的不同阶段，其侧重点也不相同，但都是围绕确保工程项目质量这个纲。

（四）对施工机械设备的控制

施工机械设备是工程建设不可缺少的设施。目前，工程建设的施工进度和施工质量都与施工机械关系密切。因此，在施工阶段，必须对施工机械的性能、选型和使用操作等方面进行控制。

1.机械设备的选型

机械设备的选型应因地制宜，按照技术先进、经济合理、生产适用、性能可靠、使用安全、操作和维修方便等原则来选择施工机械。

2.机械设备的主要性能参数

机械设备的性能参数是选择机械设备的主要依据。为满足施工的需要，在参数选择上可适当留有余地，但不能选择超出需要很多的机械设备；否则，容易造成经济上的不合理。机械设备的性能参数很多，要综合各参数，确定合适的施工机械设备。在这方面，要结合机械施工方案，择优选择机械设备，要严格把关；不符合需要和有安全隐患的机械不准进场。

3.机械设备的使用、操作要求

合理使用机械设备，正确地进行操作，是保证工程项目施工质量的重要环节。应贯彻"人机固定"的原则，实行定机、定人、定岗位的制度。操作人员必须认真执行各项规章制度，严格遵守操作规程，防止出现安全、质量事故。

（五）对环境因素的控制

影响工程项目质量的环境因素很多，有工程技术环境、工程管理环境、劳动环境等。环境因素对工程质量的影响复杂而且多变，因此应根据工程特点和具体条件，对影响工程质量的环境因素严格控制。

第四节　水利水电工程质量体系建立与运行

一、施工阶段的质量控制

（一）质量控制的依据

施工阶段的质量管理及质量控制的依据，大体上可分为两类，即共同性依据及专门技术法规性依据。

共同性依据是指那些适用于工程项目施工阶段与质量控制有关的，具有普遍指导意义和必须遵守的基本文件。其主要有工程承包合同文件，设计文件，国家和行业现行的有关质量管理方面的法律、法规文件。

工程承包合同中分别规定了参与施工建设的各方在质量控制方面的权利和义务，并据此对工程质量进行监督和控制。

有关质量检验与控制的专门技术法规性依据是指针对不同行业、不同的质量控制对象而制定的技术法规性的文件，主要包括以下几项：

（1）已批准的施工组织设计。它是承包单位进行施工准备和指导现场施工的规划性、指导性文件，详细规定了工程施工的现场布置、人员设备的配置、作业要求、施工工序和工艺、技术保证措施、质量检查方法和技术标准等，是进行质量控制的重要依据。

（2）合同中引用的国家和行业的现行施工操作技术规范、施工工艺规程及验收规范。它是维护正常施工的准则，与工程质量密切相关，必须严格遵守执行。

（3）合同中引用的有关原材料、半成品、配件方面的质量依据。例如，水泥、钢材、骨料等有关产品技术标准；水泥、骨料、钢材等有关检验、取样方法的技术标准；有关材料验收、包装、标志的技术标准。

（4）制造厂提供的设备安装说明书和有关技术标准。这是施工安装承包人进行设备安装必须遵循的重要技术文件，也是进行检查和控制质量的依据。

（二）质量控制的方法

施工过程中的质量控制方法主要有旁站检查、测量、试验等。

1.旁站检查

旁站是指有关管理人员对重要工序（质量控制点）的施工所进行的现场监督和检查，以避免质量事故的发生。旁站也是驻地监理人员的一种主要现场检查形式。根据工程施工难度及复杂性，可采用全过程旁站、部分时间旁站两种方式。对容易产生缺陷的部位，或产生了缺陷难以补救的部位，以及隐蔽工程，应加强旁站检查。

在旁站检查中，必须检查承包人在施工中所用的设备、材料及混合料是否符合已批准的文件要求，检查施工方案、施工工艺是否符合相应的技术规范。

2.测量

测量是对建筑物的尺寸控制的重要手段。应对施工放样及高程控制进行核查，不合格者不准开工。对模板工程、已完工程的几何尺寸、高程、宽度、厚度、坡度等质量指标，按规定要求进行测量验收，不符合规定要求的需返工。测量记录，均要事先经工程师审核、签字后方可使用。

3.试验

试验是工程师确定各种材料和建筑物内在质量是否合格的重要方法。所有工程使用的材料，都必须事先经过材料试验，质量必须满足产品标准，并经工程师检查、批准后，方可使用。

（三）工序质量监控

1.工序质量监控的内容

工序质量监控主要包括对工序活动条件的监控和对工序活动效果的监控。

（1）对工序活动条件的监控

所谓对工序活动条件的监控，就是指对影响工程生产的因素进行的控制。工序活动条件的控制是工序质量控制的手段。尽管在开工前对生产活动条件已进行了初步控制，但在工序活动中有的条件还会发生变化，使其基本性能达不到检验指标，这正是生产过程中产生质量不稳定的重要原因。因此，只有对工序活动条件进行控制，才能达到对工程或产品的质量性能特性指标的控制。工序活动条件包括的因素较多，要通过分析，分清影响工序质量的主要因素，抓住主要矛盾，逐渐予以调节，以达到质量控制的目的。

（2）对工序活动效果的监控

对工序活动效果的监控主要反映在对工序产品质量性能的特征指标的控制上。通过对工序活动的产品采取一定的检测手段进行检验，根据检验结果分析、判断该工序活动的质量效果，从而实现对工序质量的控制。其步骤如下：首先是对工序活动前的控制，主要要求人、材料、机械、方法或工艺、环境能满足要求。然后采用必要的手段和工具，对抽出的工序子样进行质量检验；应用质量统计分析工具（如直方图、控制图、排列图等）对检验所得的数据进行分析，找出这些质量数据所遵循的规律。根据质量数据分布规律的结果，判断质量是否正常。若出现异常情况，寻找原因，找出影响工序质量的因素，尤其是那些主要因素，采取对策和措施进行调整；再重复前面的步骤，检查调整效果，直到满足要求，这样便可达到控制工序质量的目的。

2.工序质量监控实施要点

对工序活动质量的监控，首先应确定质量控制计划，它是以完善的质量监控体系和质量检查制度为基础。一方面，工序质量控制计划要明确规定质量监控的工作程序、流程和质量检查制度；另一方面，需进行工序分析，在影响工序质量的因素中，找出对工序质量产生影响的重要因素，进行主动的、预防性的重点控制。例如，在振捣混凝土这一工序中，振捣的插点和振捣的时间是影响质量的主要因素。为此，应加强现场监督并要求施工单位严格予以控制。

同时，在整个施工活动中，应采取连续的动态跟踪控制，通过对工序产品的抽样检验，判定其产品质量波动状态。若工序活动处于异常状态，则应查出影响质量的原因，采取措施排除系统性因素的干扰，使工序活动恢复到正常状态，从而保证工序活动及其产品质量。此外，为确保工程质量，应在工序活动过程中设置质量控制点，进行预控。

3.质量控制点的设置

质量控制点的设置是进行工序质量预防控制的有效措施。质量控制点是指为保证工程质量而必须控制的重点工序、关键部位、薄弱环节。应在施工前，全面、合理地选择质量控制点，并对设置质量控制点的情况及拟采取的控制措施进行审核。必要时，应对质量控制实施过程进行跟踪检查或旁站监督，以确保质量控制点的施工质量。

设置质量控制点的对象，主要有以下几个方面：

（1）关键的分项工程。例如，大体积混凝土工程、土石坝工程的坝体填筑、隧洞开挖工程等。

（2）关键的工程部位。例如，混凝土面板堆石坝面板趾板及周边缝的接缝、土基上水闸的地基基础、预制框架结构的梁板节点、关键设备的设备基础等。

（3）薄弱环节。薄弱环节是指经常发生或容易发生质量问题的环节，或承包人无法把握的环节，或采用新工艺（材料）施工的环节，等等。

（4）关键工序。例如，钢筋混凝土工程的混凝土振捣，灌注桩钻孔，隧洞开挖的钻孔布置、方向、深度、用药量和填塞等。

（5）关键工序的关键质量特性。例如，混凝土的强度、耐久性，土石坝的干容重，黏性土的含水率，等等。

（6）关键质量特性的关键因素。例如，冬季混凝土强度的关键因素是环境（养护温度），支模的关键因素是支撑方法，泵送混凝土输送质量的关键因素是机械，墙体垂直度的关键因素是人，等等。

控制点的设置应准确有效，因此究竟选择哪些作为控制点，需要由有经验的质量控制人员进行选择。

4.见证点和停止点的概念

在工程项目实施控制中，通常是由承包人在分项工程施工前制定施工计划时，就选定设置控制点，并在相应的质量计划中进一步明确哪些是见证点、哪些是停止点。所谓"见证点"和"停止点"是国际上对于重要程度不同及监督控制要求不同的质量控制对象的一种区分方式。凡是被列为见证点的质量控制对象，在规定的控制点施工前，施工单位应提前的24 h内通知监理人员在约定的时间内到现场进行见证并实施监督。如监理人员未按约定时间到场，施工单位有权对该点进行相应的操作和施工。停止点也称为待检查点或H点，它的重要性高于见证点，是针对那些由于施工过程或工序施工质量不易或不能通过其后的检验和试验而充分得到论证的"特殊过程"或"特殊工序"而言的。凡被列入停止点的控制点，要求必须在该控制点来临之前的24 h内通知监理人员到场实验监控。如果监理人员未能在约定时间内到达现场，施工单位应停止该控制点的施工，并按合同规定等待监理方；未经认可，不能超过该点继续施工。例如，水闸闸墩混凝土结构在钢筋架立后、混凝土浇筑之前，可设置停止点。

在施工过程中，应加强旁站和现场巡查的监督检查，严格实施隐蔽式工程工序间交接检查验收、工程施工预检等检查监督，严格执行对成品保护的质量检查。只有这样，才能及早发现问题，及时纠正，防患于未然，确保工程质量，避免导致工程质量事故。

为了对施工期间的各分部分项工程的各工序质量实施严密、细致和有效的监督、控制，应认真地填写跟踪档案，即施工和安装记录。

（四）施工合同条件下的工程质量控制

工程施工是使业主及工程设计意图最终实现并形成工程实体的阶段，也是最终形成工程产品质量和工程项目使用价值的重要阶段。由此可见，施工阶段的质量控制不但是工程师的核心工作内容，而且还是工程项目质量控制的重点。

1.质量检查（验）的职责和权力

施工质量检查（验）是建设各方质量控制必不可少的一项工作，它可以起到监督、控制质量，及时纠正错误，避免事故扩大，消除隐患等作用。

（1）承包商质量检查（验）的职责

①提交质量保证计划措施报告。保证工程施工质量是承包商的基本义务。承包商应按标准建立和健全所承包工程的质量保障计划，在组织上和制度上落实质量管理工作，以确保工程质量。

②承包商质量检查（验）职责。根据合同规定和工程师的指示，承包商应对工程使用的材料和工程设备以及工程的所有部位及其施工工艺进行全过程的质量自检，并做质量检查（验）记录，定期向工程师提交工程质量报告。同时，承包商应建立一套全部工程的质量记录和报表，以便于工程师在复核检验和日后发现质量问题时查找原因。当合同发生争议时，质量记录和报表还是重要的当时记录。

自检是检验的一种形式，它是由承包商自己来进行的。在合同环境下，承包商的自检包括班组的"初检"、施工队的"复检"、公司的"终检"。自检的目的不仅在于判定被检验实体的质量特性是否符合合同要求，更为重要的是用于对过程的控制。因此，承包商的自检是质量检查（验）的基础，是控制质量的关键。为此，工程师有权拒绝对那些"三检"资料不完善或无"三检"资料的过程（工序）进行检验。

（2）工程师的质量检查（验）权力

按照我国有关法律、法规的规定，工程师在不妨碍承包商正常作业的情况下，可以随时对作业质量进行检查（验）。这表明工程师有权对全部工程的所有部位及其任何一项工艺、材料和工程设备进行检查和检验，并具有质量否决权。具体内容包括：

①复核材料和工程设备的质量及承包商提交的检查结果。

②对建筑物开工前的定位、定线进行复核签证，未经工程师签认不得开工。

③对隐蔽工程和工程的隐蔽部位进行覆盖前的检查（验），上道工序质量不合格的不得进入下道工序施工。

④对正在施工中的工程在现场进行质量跟踪检查（验），发现问题及时纠正，等等。

这里需要指出，承包商要求工程师进行检查（验）的意向，以及工程师要进行检查（验）的意向均应提前24 h通知对方。

2.材料、工程设备的检查和检验

《水利水电土建工程施工合同条件》通用条款及技术条款规定，材料和工程设备的采购分为两种情况：承包商负责采购的材料和工程设备；业主负责采购的工程设备；承包商负责采购的材料。

（1）额外检验和重新检验

①额外检验。在合同履行过程中，如果工程师需要增加合同中未做规定的检查和检验项目，工程师有权指示承包商增加额外检验，承包商应遵照执行，但应由业主承担额外检

验的费用和工期延误的责任。

②重新检验。在任何情况下，如果工程师对以往的检验结果有疑问，就有权指示承包商进行再次检验，即重新检验，而且承包商必须执行工程师指示，不得拒绝。"以往检验结果"是指已按合同规定要求得到工程师的同意。如果承包商的检验结果未得到工程师同意，则工程师指示承包商进行的检验不能称为重新检验，应为合同内检测。

重新检验带来的费用增加和工期延误责任的承担视重新检验结果而定。如果重新检验结果证明这些材料、工程设备、工序不符合合同要求，则应由承包商承担重新检验的全部费用和工期延误的责任；如果重新检验结果证明这些材料、工程设备、工序符合合同要求，则应由业主承担重新检验的费用和工期延误的责任。

当承包商未按合同规定进行检查或检验，并且不执行工程师有关补做检查或检验和重新检验的指示时，为了及时发现可能的质量隐患，减少可能造成的损失，工程师可以指派自己的人员或委托其他人进行检查或检验，以保证质量。此时，不论检查或检验结果如何，工程师因采取上述检查或检验补救措施而造成的工期延误和增加的费用均应由承包商承担。

（2）不合格工程、材料和工程设备

①禁止使用不合格材料和工程设备。

②不合格工程、材料和工程设备的处理。

3.隐蔽工程

隐蔽工程和工程隐蔽部位是指已完成的工作面经覆盖后将无法事后查看的任何工程部位和基础。由于隐蔽工程和工程隐蔽部位的特殊性及重要性，因此没有工程师的批准，工程的任何部分均不得覆盖或使之无法查看。

对于将被覆盖的部位和基础在进行下一道工序之前，首先由承包商进行自检（"三检"），确认符合合同要求后，再通知工程师进行检查。工程师不得无故缺席或拖延，承包商通知时应考虑到工程师有足够的检查时间。工程师应按通知约定的时间到场进行检查，确认质量符合合同规定要求，并在检查记录上签字后，才能允许承包商进入下一道工序进行覆盖。承包商在取得工程师的检查签证之前，不得以任何理由进行覆盖；否则，承包商应承担因补检而增加的费用和工期延误的责任。如果由于工程师未及时到场检查，承包商因等待或延期检查而造成的工期延误，则承包商有权要求延长工期和赔偿其停工、窝工等损失。

4.放线

（1）施工控制网

工程师应在合同规定的期限内向承包商提供测量基准点、基准线和水准点及其书面资料。业主和工程师应对测量点、基准线和水准点的正确性负责。

承包商应在合同规定期限内完成测设自己的施工控制网，并将施工控制网资料报送工程师审批。承包商应对施工控制网的正确性负责。此外，承包商还应负责保管全部测量基准和控制网点。工程完工后，应将施工控制网点完好地移交给业主。

为了监理工作的需要，工程师可以使用承包商的施工控制网，且并不为此另行支付费用。此时，承包商应及时提供必要的协助，不得以任何理由加以拒绝。

（2）施工测量

承包商应负责整个施工过程中的全部施工测量放线工作，包括地形测量、放样测量、断面测量、支付收方测量和验收测量等，并应自行配置合格的人员、仪器、设备和其他物品。

承包商在施测前，应将施工测量措施报告报送工程师审批。

工程师应按合同规定对承包商的测量数据和放样成果进行检查。工程师认为必要时还可指示承包商在工程师的监督下进行抽样复测，并修正复测中发现的错误。

5.完工和保修

（1）完工验收

完工验收是指承包商在基本完成合同中规定的工程项目后，移交给业主接收前的交工验收，而不是国家或业主对整个项目的验收。基本完成是指不一定要按合同规定的工程项目全部完成，有些不影响工程使用的尾工项目，经工程师批准，可待验收后在保修期中去完成。

当工程具备了下列条件，并经工程师确认后，承包商即可向业主和工程师提交完工验收申请报告，并附上完工资料：

①除工程师同意可列入保修期完成的项目外，还有已完成的合同规定的全部工程项目。

②已按合同规定备齐了完工资料，包括工程实施概况和大事记，已完工程（含工程设备）清单，永久工程完工图，列入保修期完成的项目清单，未完成的缺陷修复清单，施工期观测资料，各类施工文件、施工原始记录，等等。

③已编制了在保修期内实施的项目清单和未修复的缺陷项目清单以及相应的施工措施计划。

工程师需在接到承包商完工验收申请报告后的28 d内进行审核并做出决定，或者提请业主进行工程验收，或者通知承包商在验收前尚应完成的工作和对申请报告的异议。承包商应在完成工作后或修改报告后重新提交完工验收申请报告。

完工验收和移交证书。业主在接到工程师提请进行工程验收的通知后，应在收到完工验收申请报告后的56 d内组织工程验收，并在验收通过后向承包商颁发移交证书。移交证书上应注明由业主、承包商、工程师协商核定的工程实际完工日期。此日期是计算承包商完工工期的依据，也是工程保修期的开始。从颁交证书之日起，照管工程的责任即应由业主承担，且在此后的14 d内，业主应将保留金总额的50%退还给承包商。

分阶段验收和施工期运行。水利水电工程中分阶段验收有两种情况：第一种情况是在全部工程验收前，某些单位工程（如船闸、隧洞等）已完工，经业主同意可先行单独进行验收。通过后颁发单位工程移交证书，由业主先接管该单位工程。第二种情况是业主根据合同进度计划的安排，需提前使用尚未全部建成的工程。例如，当大坝工程达到某一特定高程可以满足初期发电时，可对该部分工程进行验收，以满足初期发电要求。验收通过后，应签发临时移交证书。工程未完成部分仍由承包商继续施工。对通过验收的部分工程，由于在施工期运行而使承包商增加了修复缺陷的费用，业主应给予适当的补偿。

业主拖延验收。如果业主在收到承包商完工验收申请报告后，不及时进行验收，或在验收通过后无故不颁发移交证书，则业主应从承包商发出完工验收申请报告56 d后的次日起承担照管工程的费用。

（2）工程保修

①保修期（FIDIC条款中称为缺陷通知期）。工程移交前，虽然已通过验收，但是还未经过运行的考验，而且还可能有一些尾工项目和修补缺陷项目未完成，所以还必须有一段时间用来检验工程的正常运行，这就是保修期。水利水电工程保修期一般不少于一年，从移交证书中注明的全部工程完工日期开始起算。在全部工程完工验收前，业主已提前验收的单位工程或部分工程，若未投入正常运行，则其保修期仍按全部工程完工日期起算；若验收后投入正常运行，则其保修期应从该单位工程或部分工程移交证书上注明的完工日期起算。

②保修责任。保修期内，承包商应负责修复完工资料中未完成的缺陷修复清单所列的全部项目。保修期内如果发现新的缺陷和损坏，或原修复的缺陷又遭损坏，承包商应负责修复。至于修复费用由谁承担，需视缺陷和损坏的原因而定。若由于承包商施工中的隐患或其他承包商的原因所造成，则应由承包商承担；若由于业主使用不当或业主其他原因所导致的损坏，则应由业主承担。

③保修责任终止证书（FIDIC条款中称为履约证书）。在全部工程保修期满，且承包商不遗留任何尾工项目和缺陷修补项目后，业主或授权工程师应在28 d内向承包商颁发保修责任终止证书。

保修责任终止证书的颁发表明承包商已履行了保修期的义务，工程师对其满意；也表明了承包商已按合同规定完成了全部工程的施工任务，业主接受了整个工程项目。但此时合同双方的财务账目尚未结清，可能有些争议还未解决，故而并不意味合同已履行结束。

（3）清理现场与撤离

圆满完成清场工作是承包商进行文明施工的一个重要标志。一般而言，在工程移交证书颁发前，承包商应按合同规定的工作内容对工地进行彻底清理，以便业主使用已完成的工程。经业主同意后也可留下部分清场工作在保修期满前完成。

承包商应按下列工作内容对工地进行彻底清理，并需经工程师检验合格为止：

①工程范围内残留的垃圾已全部焚毁、掩埋或清除出场。

②临时工程已按合同规定拆除，场地已按合同要求清理和平整。

③承包商设备和剩余的建筑材料已按计划撤离工地，废弃的施工设备和材料亦已清除。

④施工区内的永久道路和永久建筑物周围的排水沟道，均已按合同图纸要求和工程师指示进行疏通和修整。

⑤主体工程建筑物附近及其上、下游河道中的施工堆积场，已按工程师的指示予以清理。

此外，在全部工程的移交证书颁发后的42 d内，经工程师同意，除了由于保修期工作需要留下部分承包商人员、施工设备和临时工程外，承包商的队伍应撤离工地，并做好环境恢复工作。

二、全面质量管理的基本概念

全面质量管理（Total Quality Management，TQM）不仅是企业管理的中心环节，还是企业管理的纲，它和企业的经营目标是一致的。这就是要求将企业的生产经营管理和质量管理有机地结合起来的目的。

（一）全面质量管理的基本概念

全面质量管理是以组织全员参与为基础的质量管理模式，它代表了质量管理的最新阶段，最早起源于美国。菲根堡姆指出：全面质量管理是为了能够在最经济的水平上，并充分考虑到满足用户的要求的条件下进行市场研究、设计、生产和服务，把企业内各部门研制质量、维持质量和提高质量的活动构成为一体的一种有效体系。他的理论经过了世界各国的继承和发展，得到了进一步的扩展和深化。一个组织以质量为中心、以全员参与为基础，目的在于通过让顾客满意和本组织所有成员及社会受益而达到长期成功的管理途径。

（二）全面质量管理的基本要求

1.全过程的管理

任何一个工程（和产品）的质量，都有一个产生、形成和实现的过程；整个过程是由多个相互联系、相互影响的环节组成的，每一环节都或重或轻地影响着最终的质量状况。

因此，要搞好工程质量管理，必须把形成质量的全过程和有关因素控制起来，形成一个综合的管理体系，做到以防为主、防检结合、重在提高。

2.全员的质量管理

工程（产品）的质量是企业各方面、各部门、各环节工作质量的反映。每一环节、每一个人的工作质量都会不同程度地影响着工程（产品）的最终质量。工程质量人人有责，只有人人都关心工程的质量，做好本职工作，才能生产出好质量的工程。

3.全企业的质量管理

全企业的质量管理一方面要求企业各管理层次都要有明确的质量管理内容，各层次的侧重点要突出，每个部门应有自己的质量计划、质量目标和对策，层层控制；另一方面就是要把分散在各部门的质量职能发挥出来。例如，水利水电工程中的"三检制"，就充分反映了这一观点。

4.多方法的管理

影响工程质量的因素越来越复杂：既有物质的因素，又有人为的因素；既有技术因素，又有管理因素；既有内部因素，又有企业外部因素。要搞好工程质量，就必须把这些影响因素控制起来，分析它们对工程质量的不同影响。灵活运用各种现代化管理方法来解决工程质量问题。

（三）全面质量管理的基本指导思想

1.质量第一、以质量求生存

任何产品都必须达到所要求的质量水平，否则就没有或未实现其使用价值，从而给消费者、社会带来损失。从这个意义上讲，质量必须是第一位的。贯彻"质量第一"就要求企业全员，尤其是领导层，要有强烈的质量意识；要求企业在确定质量目标时，首先应根据用户或市场需求，科学地确定质量目标，并安排人力、物力、财力予以保障。当质量与数量、社会效益与企业效益、长远利益与眼前利益发生矛盾时，应把质量、社会效益和长远利益放在首位。

"质量第一"并非"质量至上"。质量不能脱离当前的市场水准，也不能不问成本一味地讲求质量。应该重视质量成本的分析，把质量与成本加以统一，确定最适合的质量。

2.用户至上

在全面质量管理中，这是一个十分重要的指导思想。"用户至上"就是要树立以用户为中心、为用户服务的思想。要使产品质量和服务质量尽可能地满足用户的要求。产品质量的好坏最终应以用户的满意程度为标准。这里，所谓用户是广义的，不仅是指产品出厂后的直接用户，而且还是指在企业内部，下道工序是上道工序的用户。例如，混凝土工程，模板工程的质量直接影响混凝土浇筑这下一道关键工序的质量。每道工序的质量不仅影响下道工序的质量，也会影响工程的进度和费用。

3.质量是设计、制造出来的，而不是检验出来的

在生产过程中，检验是重要的，它不仅可以起到不允许不合格品出厂的把关作用，同时还可以将检验信息反馈到有关部门。但影响产品质量好坏的真正原因并不在检验，而主要在于设计和制造。设计质量是先天性的，在设计的时候就已经决定了质量的等级和水平；而制造只是实现设计质量，是符合性质的。二者不可偏废，都应重视。

4.强调用数据说话

这就是要求在全面质量管理工作中具有科学的工作作风。在研究问题时不能满足于一知半解和表面；对问题不仅有定性分析，还尽量有定量分析，做到心中有"数"，这样才可以避免主观盲目性。

在全面质量管理中广泛地采用了各种统计方法和工具，其中用得最多的有"七种工具"，即因果图、排列图、直方图、相关图、控制图、分层法和调查表。常用的数理统计方法有回归分析、方差分析、多元分析、实验分析、时间序列分析等。

5.突出人的积极因素

从某种意义上讲，在开展质量管理活动过程中，人的因素是最积极、最重要的因素。与质量检验阶段和统计质量控制阶段相比较，全面质量管理阶段格外强调调动人的积极因素的重要性。这是因为现代化生产多为大规模系统，环节众多，联系密切复杂，远非单纯靠质量检验或统计方法就能奏效的，必须调动人的积极因素，加强质量意识，发挥人的主观能动性，以确保产品和服务的质量。全面质量管理的特点之一就是全体人员参加的管理。"质量第一，人人有责"。

要增强质量意识，调动人的积极因素，一靠教育，二靠规范——需要通过教育培训和考核，同时还要依靠有关质量的立法以及必要的行政手段等各种激励及处罚措施。

（四）全面质量管理的工作原则

1.预防原则

在企业的质量管理工作中，要认真贯彻以预防为主的原则，凡事都要防患于未然。在产品制造阶段应该采用科学方法对生产过程进行控制，尽量把不合格品消灭在发生之前。在产品的检验阶段，不论是对最终产品或是在制品，都要把质量信息及时反馈并认真处理。

2.经济原则

全面质量管理强调质量，但无论质量保证的水平或预防不合格的深度都是没有止境的，必须考虑经济性，建立合理的经济界限，这就是所谓经济原则。因此，在产品设计制

定质量标准时、在生产过程进行质量控制时、在选择质量检验方式为抽样检验或全数检验时等，都必须考虑其经济效益。

3.协作原则

协作是大生产的必然要求。生产和管理分工越细，就越要求协作。一个具体单位的质量问题往往涉及许多部门，如果没有良好的协作是很难解决的。因此，强调协作是全面质量管理的一条重要原则，也反映了系统科学全局观点的要求。

4.按照PDCA循环组织活动

PDCA循环，即Plan（计划）、Do（执行）、Check（检查）和Act（处理），是质量体系活动所应遵循的科学工作程序。周而复始，内外嵌套，循环不已，以求质量不断提高。

（五）全面质量管理的运转方式

质量保证体系运转方式是按照计划（P）、执行（D）、检查（C）、处理（A）的管理循环进行的。它包括四个阶段和八个工作步骤。

1.四个阶段

（1）计划阶段。按使用者要求，根据具体生产技术条件，找出生产中存在的问题及其原因，拟定生产对策和措施计划。

（2）执行阶段。按预定对策和生产措施计划，组织实施。

（3）检查阶段。对生产成品进行必要的检查和测试，即把执行的工作结果与预定目标进行对比，检查执行过程中出现的情况和问题。

（4）处理阶段。把经过检查发现的各种问题及用户意见进行处理。凡符合计划要求的予以肯定，成文标准化。对不符合设计要求和不能解决的问题，转入下一循环以进一步研究解决。

2.八个步骤

（1）分析现状，找出问题，不能凭印象和表面做判断。结论要用数据表示。

（2）分析各种影响因素，要把可能因素一起加以分析。

（3）找出主要影响因素，要努力找出主要因素进行解剖，才能改进工作，提高产品质量。

（4）研究对策，针对主要因素拟定措施，制订计划，确定目标。

以上属P阶段工作内容。

（5）执行措施为D阶段的工作内容。

（6）检查工作成果，对执行情况进行检查，找出经验教训为C阶段的工作内容。

（7）巩固措施，制订标准，把成熟的措施订成标准（规程、细则）、形成制度。

（8）遗留问题转入下一个循环。

3.PDCA循环的特点

（1）四个阶段缺一不可，先后次序不能颠倒。就好像一只转动的车轮，在解决质量问题中滚动前进，逐步使产品质量提高。

（2）企业内部的PDCA循环各级都有，整个企业是一个大循环，企业各部门又有自己的循环。大循环是小循环的依据，小循环又是大循环的具体和逐级贯彻落实的体现。

（3）PDCA循环不是在原地转动，而是在转动中前进。每个循环结束后，质量便提高一步。

（4）A阶段是一个循环的关键，这一阶段（处理阶段）的目的在于总结经验、巩固成果、纠正错误，以利于下一个管理循环。为此，必须把成功和经验纳入标准，定为规程，使之标准化、制度化，以便在下一个循环中遵照办理，使质量水平逐步提高。

必须指出，质量的好坏反映了人们质量意识的强弱，也反映了人们对提高产品质量意义的认识水平。有了较强的质量意识，还应使全体人员对全面质量管理的基本思想和方法有所了解。这就需要开展全面质量管理，必须加强质量教育的培训工作，贯彻执行质量责任制并形成制度，持之以恒，才能使工程施工质量水平不断提高。

第五节　水利水电工程质量统计与分析

一、质量数据

利用质量数据和统计分析方法进行项目质量控制，是控制工程质量的重要手段。通常，通过收集和整理质量数据，进行统计分析比较，找出生产过程的质量规律，判断工程产品质量状况，发现存在的质量问题，找出引起质量问题的原因，并及时采取措施，预防和纠正质量事故，使工程质量始终处于受控状态。

质量数据是用以描述工程质量特征性能的数据，它是进行质量控制的基础。没有质量数据，就不可能有现代化的科学的质量控制。

（一）质量数据的类型

质量数据按其自身特征，可分为计量值数据和计数值数据；按其收集目的可分为控制性数据和验收性数据。

1.计量值数据

计量值数据是可以连续取值的连续型数据。例如，长度、重量、面积、标高等质量特征，一般都是可以用量测工具或仪器等量测的，而且都带有小数。

2.计数值数据

计数值数据是不连续的离散型数据。例如，不合格品数、不合格的构件数等，这些反映质量状况的数据是不能用量测器具来度量的，采用计数的办法，只能出现0、1、2等非负数的整数。

3.控制性数据

控制性数据一般是以工序作为研究对象，也是为分析、预测施工过程是否处于稳定状态，定期随机地抽样检验而获得的质量数据。

4.验收性数据

验收性数据是以工程的最终实体内容为研究对象，以分析、判断其质量是否达到技术标准或用户的要求，采取随机抽样检验而获取的质量数据。

（二）质量数据的波动及其原因

在工程施工过程中，常可看到在相同的设备、原材料、工艺及操作人员的条件下，生产的同一种产品的质量不同，反映在质量数据上，即具有波动性，其影响因素有偶然性因素和系统性因素两大类。偶然性因素引起的质量数据波动属于正常波动。偶然因素是无法或难以控制的因素，所造成的质量数据的波动量不大，没有倾向性，作用是随机的。工程质量只有偶然因素影响时，生产才处于稳定状态。由系统因素造成的质量数据波动属于异常波动。系统因素是可控制、易消除的因素，这类因素不经常发生，但具有明显的倾向性，对工程质量的影响较大。

质量控制的目的就是要找出出现异常波动的原因，即系统性因素是什么，并加以排除，使质量只受随机性因素的影响。

（三）质量数据的收集

质量数据的收集总的要求应当是随机地抽样，即整批数据中每一个数据都有被抽到的同样机会。常用的方法有随机法、系统抽样法、二次抽样法和分层抽样法。

（四）样本数据特征

为了进行统计分析和运用特征数据对质量进行控制，经常要使用许多统计特征数据。统计特征数据主要有均值、中位数、极值、极差、标准偏差、变异系数，其中均值、中位数表示数据集中的位置；极差、标准偏差、变异系数表示数据的波动情况，即分散程度。

二、质量控制的统计方法简介

通过对质量数据的收集、整理和统计分析，找出质量的变化规律和存在的质量问题，提出进一步的改进措施，这种运用数学工具进行质量控制的方法是所有涉及质量管理的人员必须掌握的，它可以使质量控制工作定量化和规范化。下面介绍几种在质量控制中常用的数学工具及方法。

（一）直方图法

1.直方图的用途

直方图又称频率分布直方图，它们将产品质量频率的分布状态用直方图形来表示。根据直方图形的分布形状和与公差界限的距离来观察、探索质量分布规律，分析和判断整个生产过程是否正常。

利用直方图可以制定质量标准、确定公差范围，可以判明质量分布情况是否符合标准的要求。

2.直方图的分析

直方图有以下几种分布形式：

（1）正常对称型。说明生产过程正常、质量稳定。

（2）锯齿型。原因一般是分组不当或组距确定不当。

（3）孤岛型。原因一般是材质发生变化或他人临时替班所造成。

（4）绝壁型。一般是剔除下限以下的数据造成的。

（5）双峰型。一般是把两种不同的设备或工艺的数据混在一起造成的。

（6）平峰型。生产过程中由缓慢变化的因素起主导作用。

3.注意事项

（1）直方图属于静态的，不能反映质量的动态变化。

（2）画直方图时，数据不能太少，一般应大于50个数据，否则画出的直方图难以正确反映总体的分布状态。

（3）直方图出现异常时，应注意将收集的数据分层，然后画直方图。

（4）直方图呈正态分布时，可求平均值和标准差。

（二）排列图法

排列图法又称巴雷特法、主次排列图法，是分析影响质量主要问题的有效方法。将众多的因素进行排列，主要因素就一目了然。排列图法是由一个横坐标、两个纵坐标、几个长方形和一条曲线组成的。左侧的纵坐标是频数或件数，右侧纵坐标是累计频率，横轴则是项目或因素。按项目频数大小顺序在横轴上自左而右画长方形，其高度为频数；再根据右侧的纵坐标，画出累计频率曲线，该曲线也称巴雷特曲线。

（三）因果分析图法

因果分析图也叫鱼刺图、树枝图，这是一种逐步深入研究和讨论质量问题的图示方法。在工程建设过程中，任何一种质量问题的产生，一般都是多种原因造成的。这些原因有大有小，把这些原因按照大小顺序分别用主干、大枝、中枝、小枝来表示，这样就可一目了然地观察出导致质量问题的原因，并以此为据，制定相应对策。

（四）管理图法

管理图也称控制图，它是反映生产过程中随时间变化而变化的质量动态，即反映生产过程中各个阶段质量波动状态的图形。管理图利用上下控制界限，将产品质量特性控制在正常波动范围内。一旦有异常反映出现，就可以通过管理图发现，并及时处理。

（五）相关图法

产品质量与影响质量的因素之间，常有一定的相互关系，但不一定是严格的函数关系，这种关系称为相关关系，可利用直角坐标系将两个变量之间的关系表达出来。相关图的形式有正相关、负相关、非线性相关和无相关。

此外，还有调查表法、分层法等。

第六节　水利水电工程质量事故的处理

工程质量事故是指由于建设管理、监理、勘测、设计、咨询、施工、材料、设备等原因造成工程质量不符合规程、规范和合同规定的质量标准，影响使用寿命和对工程安全运行造成隐患及危害的事件。工程建设项目不同于一般的工业生产活动，其受项目实施的一次性，生产组织特有的流动性、综合性，劳动的密集性，协作关系的复杂性和环境的影响，均可导致建筑工程质量事故具有复杂性、严重性、可变性及多发性的特点，事故是很难完全避免的。因此，必须加强组织措施、经济措施和管理措施，严防事故发生；对发生的事故应调查清楚，并按有关规定进行处理。

需要指出的是，不少事故开始时经常只被认为是一般的质量缺陷，容易被忽视。随着时间的推移，待认识到这些质量缺陷问题的严重性时，则往往处理困难，或难以补救，或导致建筑物失事。因此，除明显的不会有严重后果的缺陷外，对其他的质量问题，均应分析，进行必要处理，并做出处理意见。

一、工程事故的分类

凡水利水电工程在建设中或完工后，由于设计、施工、监理、材料、设备、工程管理和咨询等方面造成工程质量不符合规程、规范和合同要求的质量标准，影响工程的使用寿命或正常运行，一般是需做补救措施或返工处理的，统称为工程质量事故。日常所说的事故大多指施工质量事故。

在水利水电工程中，按照对工程的耐久性和正常使用的影响程度，检查和处理质量事故对工期影响时间的长短以及直接经济损失的大小，将质量事故分为一般质量事故、较大质量事故、重大质量事故和特大质量事故。

一般质量事故是指对工程造成一定经济损失，经处理后不影响正常使用、不影响工程使用寿命的事故。小于一般质量事故的统称为质量缺陷。

较大质量事故是指对工程造成较大经济损失或延误较短工期，经处理后不影响正常使用，但对工程使用寿命有较大影响的事故。

重大质量事故是指对工程造成重大经济损失或延误较长工期，经处理后不影响正常使用，但对工程使用寿命有较大影响的事故。

特大质量事故是指对工程造成特大经济损失或长时间延误工期，经处理后仍对工程正常使用和使用寿命有较大影响的事故。

二、工程事故的处理方法

（一）事故发生的原因

工程质量事故发生的原因很多，最基本的还是人、机械、材料、工艺和环境几个方面。一般可分为直接原因和间接原因两类。

直接原因主要有人的行为不规范和材料、机械的不符合规定状态。例如，设计人员不按规范设计、监理人员不按规范进行监理、施工人员违反规程操作等，属于人的行为不规范；水泥、钢材等某些指标不合格，属于材料不符合规定状态。

间接原因是指质量事故发生地的环境条件，如施工管理混乱、质量检查监督失职、质量保证体系不健全等。间接原因往往导致直接原因的发生。

事故原因也可从工程建设的参建各方来寻查，业主、监理、设计、施工和材料、机械、设备供应商的某些行为或各种方法都会造成质量事故。

（二）事故处理的目的

工程质量事故分析与处理的目的主要是正确分析事故原因，防止事故恶化；创造正常的施工条件；排除隐患，预防事故发生；总结经验教训，区分事故责任；采取有效的处理措施，尽量减少经济损失，保证工程质量。

（三）事故处理的原则

质量事故发生后，应坚持"四不放过"的原则，即事故原因未查清不放过、事故责任人未处理不放过、职工未受到教育不放过、补救措施未落实不放过。

发生质量事故，应立即向有关部门（业主、监理单位、设计单位和质量监督机构等）汇报，并提交事故报告。

由质量事故造成的损失费用，坚持"事故责任是谁、由谁承担"的原则。例如，若责任在施工承包商，则事故分析与处理的一切费用由承包商自己负责；若施工中事故责任不在承包商，则承包商可依据合同向业主提出索赔；若事故责任在设计或监理单位，则应按照有关合同条款给予相关单位必要的经济处罚。构成犯罪的，移交司法机关处理。

（四）事故处理的程序和方法

事故处理的程序：

（1）下达工程施工暂停令；

（2）组织调查事故；

（3）事故原因分析；

（4）事故处理与检查验收；

（5）下达复工令。

事故处理的方法有两大类：

（1）修补

这种方法适用于通过修补可以不影响工程的外观和正常使用的质量事故，此类事故是施工中多发的。

（2）返工

这类事故是严重违反规范或标准，影响工程使用和安全，且无法修补，必须返工的。

有些工程质量问题，虽严重超出了规程、规范的要求，已具有质量事故的性质，但可针对工程的具体情况，通过分析论证，不需做专门处理，但要记录在案。例如，混凝土蜂窝、麻面等缺陷，可通过涂抹、打磨等方式处理；由于欠挖或模板问题使结构断面被削弱，经设计复核验算后，仍能满足承载要求的，也可不做处理，但必须记录在案，并有设计和监理单位的鉴定意见。

第七节 水利水电工程质量评定与验收

一、工程质量评定

（一）质量评定的意义

工程质量评定是依据国家或部门统一制定的现行标准和方法，对照具体施工项目的质量结果，确定其质量等级的过程。水利水电工程按《水利水电工程施工质量检验与评定规程（附条文说明）》（SL 176-2007）执行。其意义在于统一评定标准和方法，正确反映工程的质量，使之具有可比性；同时考核企业等级和技术水平，促进施工企业提高质量。

工程质量评定以单元工程质量评定为基础，其评定的先后次序是单元工程、分部工程和单位工程。

工程质量的评定是在施工单位（承包商）自评的基础上，由建设（监理）单位复核，报政府质量监督机构核定。

（二）评定依据

（1）国家与水利水电部门有关行业规程、规范和技术标准。

（2）经批准的设计文件、施工图纸、设计修改通知、厂家提供的设备安装说明书及有关技术文件。

（3）工程合同采用的技术标准。

（4）工程试运行期间的试验及观测分析成果。

（三）评定标准

1.单元工程质量评定标准

单元工程质量等级按《水利水电工程施工质量检验与评定规程（附条文说明）》（SL 176-2007）进行。当单元工程质量达不到合格标准时，必须及时处理，其质量等级按如下确定：

（1）全部返工重做的，可重新评定等级；

（2）经加固补强并经过鉴定能达到设计要求，其质量只能评定为合格；

（3）经鉴定达不到设计要求，但建设（监理）单位认为能基本满足安全和使用功能要求的，可不补强加固，或经补强加固后，改变外形尺寸或造成永久缺陷的，经建设（监理）单位认为能基本满足设计要求，其质量可按合格处理。

2.分部工程质量评定标准

分部工程质量合格的条件：

（1）单元工程质量全部合格；

（2）中间产品质量及原材料质量全部合格，金属结构及启闭机制造质量合格，机电产品质量合格。

分部工程优良的条件：

（1）单元工程质量全部合格，其中有50%以上达到优良，主要单元工程、重要隐蔽工程及关键部位的单位工程质量优良，且未发生过质量事故；

（2）中间产品质量全部合格，其中混凝土拌和物质量达到优良，原材料质量、金属结构及启闭机制造质量合格，机电产品质量合格。

3.单位工程质量评定标准

单位工程质量合格的条件：

（1）分部工程质量全部合格；

（2）中间产品质量及原材料质量全部合格，金属结构及启闭机制造质量合格，机电产品质量合格；

（3）外观质量得分率达70%以上；

（4）施工质量检验资料基本齐全。

单位工程优良的条件：

（1）分部工程质量全部合格，其中有70%以上达到优良，主要分部工程质量优良，且未发生过重大质量事故；

（2）中间产品质量全部合格，其中混凝土拌和物质量达到优良，原材料质量、金属结构及启闭机制造质量合格，机电产品质量合格；

（3）外观质量得分率达85%以上；

（4）施工质量检验资料齐全。

4.工程质量评定标准

单位工程质量全部合格，工程质量可评为合格；如果其中50%以上的单位工程优良，且主要建筑物单位工程质量优良，则工程质量可评优良。

二、工程质量验收

（一）概述

工程验收是在工程质量评定的基础上，依据一个既定的验收标准，采取一定的手段来检验工程产品的特性是否满足验收标准的过程。水利水电工程验收分为分部工程验收、阶段验收、单位工程验收和竣工验收。按照验收的性质，可分为投入使用验收和完工验收。

工程验收的目的：检查工程是否按照批准的设计进行建设；检查已完工程在设计、施工、设备制造安装等方面的质量，并对验收遗留问题提出处理要求；检查工程是否具备运行或进行下一阶段建设的条件；总结工程建设中的经验教训，并对工程做出评价；及时移交工程，尽早发挥投资效益。

工程验收的依据：有关法律、规章和技术标准，主管部门有关文件，批准的设计文件及相应设计变更、修改文件，施工合同，监理签发的施工图纸和说明，设备技术说明书，等等。当工程具备验收条件时，应及时组织验收。未经验收或验收不合格的工程不得交付使用或进行后续工程施工。验收工作应相互衔接，不应重复进行。

工程进行验收时必须要有质量评定意见，阶段验收和单位工程验收应有水利水电工程质量监督单位的工程质量评价意见；竣工验收必须有水利水电工程质量监督单位的工程质量评定报告，竣工验收委员会在其基础上鉴定工程质量等级。

（二）工程验收的主要工作

1.分部工程验收

分部工程验收应具备的条件是该分部工程的所有单元工程已经完建且质量全部合格。分部工程验收的主要工作是鉴定工程是否达到设计标准；按现行国家或行业技术标准，评定工程质量等级；对验收遗留问题提出处理意见。分部工程验收的图纸、资料和成果是竣工验收资料的组成部分。

2.阶段验收

根据工程建设需要，当工程建设达到一定关键阶段（如基础处理完毕、截流、水库蓄水、机组启动、输水工程通水等）时，应进行阶段验收。阶段验收的主要工作是检查已完工程的质量和形象面貌；检查在建工程建设情况；检查待建工程的计划安排和主要技术措施落实情况，以及是否具备施工条件；检查拟投入使用工程是否具备运用条件；对验收遗留问题提出处理要求。

3.完工验收

完工验收应具备的条件是所有分部工程已经完建并验收合格。完工验收的主要工作是检查工程是否按批准设计完成；检查工程质量，评定质量等级，对工程缺陷提出处理要求；对验收遗留问题提出处理要求；按照合同规定，施工单位向项目法人移交工程。

4.竣工验收

工程在投入使用前必须通过竣工验收。竣工验收应在全部工程完建后的3个月内进行。进行验收确有困难的，经工程验收主持单位同意，可以适当延长期限。竣工验收应具备以下条件：工程已按批准设计规定的内容全部建成；各单位工程能正常运行；历次验收所发现的问题已基本处理完毕；归档资料符合工程档案资料管理的有关规定；工程建设征地补偿及移民安置等问题已基本处理完毕，工程主要建筑物安全保护范围内的迁建和工程管理土地征用已经完成；工程投资已经全部到位；竣工决算已经完成并通过竣工审计。

竣工验收的主要工作有审查项目法人"工程建设管理工作报告"和初步验收工作组"初步验收工作报告"；检查工程建设和运行情况；协调处理有关问题；讨论并通过"竣工验收鉴定书"。

第十章　黄河水利工程管理及治理规划

Chapter 10

第一节　黄河流域的特点

一、黄河流域概况

（一）黄河水系

黄河是我国第二大河，也是世界上有名的大河之一。黄河发源于青海省中部的巴颜喀拉山北麓，流经青海、四川、甘肃、宁夏、内蒙古、山西、陕西、河南、山东9省（区），于山东垦利县注入渤海，总长为5464km，落差4480m。黄河流域东西长约1900km，南北宽约1100km，流域面积79.5万平方千米（包括内流区4.2万平方千米），加上下游受洪水影响的范围，共约91.5万平方千米。

黄河支流呈不对称分布，沿程汇入不均，而且水砂来量悬殊。大于100km²的一级支流，左岸96条，右岸124条，左、右两岸的流域面积分别占全河面积的40%和60%。其沿程分布情况：兰州以上有100条，其中大支流31条，多为来水较多的支流；兰州至河口镇有26条，其中大支流12条，均为来水较少的支流；河口镇至桃花峪有支流88条，其中大支流30条，均为多泥砂支流，三门峡至桃花峪之间的支流，水量相对较多；桃花峪以下仅有支流6条，大小支流各占一半，因河床高，水砂入黄河均较困难，所以水砂来量有限。

（二）流域地貌

黄河流域西起巴颜喀拉山，东临渤海，北抵阴山，南达秦岭，横跨青藏高原、内蒙古高原、黄土高原和华北平原四个地貌单元。流域地势西高东低，大致分为以下三级阶梯：

第一级阶梯是流域西部的青藏高原，位于著名的世界屋脊青藏高原的东北部，海拔3000~5000m，有一系列的西北—东南向山脉，山顶常年积雪，冰川地貌发育。青海高原南沿的巴颜喀拉山绵延起伏，是黄河与长江的分水岭。祁连山脉横亘高原北缘，构成青海高原与内蒙古高原的分界。黄河河源区及其支流黑河、白河流域，地势平坦，多为草原、湖泊及沼泽。

第二级阶梯大致以太行山为东界，海拔1000~2000m。本区内白于山以北属内蒙古高原的一部分，包括黄河河套平原和鄂尔多斯高原，白于山以南为黄土高原、秦岭山地及太行山地。河套平原西起宁夏下河沿，东全内蒙古托克托，长达900km，宽30~50km，海拔900~1200m。地势平坦，土地肥沃，灌溉发达，是宁夏和内蒙古自治区的主要农业生产基地。河套平原北部的阴山山脉和西部的贺兰、狼山犹如一道屏障，阻挡着阿拉善高原的腾格里、乌兰布和巴丹吉林等沙漠向黄河流域腹地的侵袭。鄂尔多斯高原位于黄河河套以南，北、东、西三面为黄河环绕，南界长城，面积约为13万平方千米，海拔1000~1400m，是一块近似方形的台状干燥剥蚀高原。高原内风沙地貌发育，北缘为库布齐沙漠，南部为毛乌素沙漠，河流稀少，盐碱湖众多。高原边缘地带是黄河粗泥砂的主要来源区之一。黄土高原西起日月山，东至太行山，南靠秦岭，北抵鄂尔多斯高原，海拔1000~2000m，是世界上最大的黄土分布地区。地表起伏变化剧烈，相对高差大，黄土层深厚，组织疏松，地形破碎，植被稀少，水土流失严重，是黄河中游洪水和泥砂的主要来源地区。黄土高原中的汾渭盆地，土地肥沃，灌溉历史悠久，是晋陕两省的富庶地区。横耳在黄土高原南部的秦岭山脉，是我国亚热带和暖温带的南北分界线，也是黄河与长江的分水岭。对于夏季来自南方的暖湿气流，冬季来自偏北方向的寒冷气流来说，均有巨大的障碍作用。耸立在黄土高原与华北平原之间的太行山，是黄河流域与海河流域的分水岭，也是华北地区一条重要的自然地理分界线。本区流域周界的伏牛山、外方山及太行山等高大山脉，是来自东南海洋暖湿气流深入黄河中上游地区的屏障，对黄河流域及我国西部的气候都有影响。由于这一地区的地表对水汽抬升有利，暴雨强度大，产流汇流条件好，因此是黄河中游洪水的主要来源之一。

第三级阶梯自太行山以东至滨海，由黄河下游冲积平原和鲁中丘陵组成。黄河下游冲积平原是华北平原的重要组成部分，面积达25万平方千米，海拔多在100m以下。本区以黄河河道为分水岭，黄河以北属海河流域，以南属淮河流域。区内地面坡度平缓，排水不畅，洪、涝、旱、碱灾害严重。鲁中丘陵由泰山、鲁山和沂蒙山组成。一般海拔200~500m，少数山地在1000m以上。

二、黄河流域特点

黄河流域是我国缺水的地区，多年平均天然径流量为580亿立方米，仅占全国河川径流总量的2.1%，居全国七大江河的第四位。流域人均水量为593m³，约为全国人均水量的23%。耕地亩均水量为324m³，相当于全国亩均水量的18%。黄河天然径流量在地区和时间上分布很不均匀。兰州以上地区流域面积占全河的29.6%，年径流量达323亿立方米，占全河的55.6%，是黄河来水最为丰富的地区。兰州至河口镇区间流域面积虽然增加了16.3万平方千米，占全河水量的12.5%，但由于这一地区气候干燥，河道蒸发渗漏损失较大，河川径流量不但没有增大，反而减少了10亿立方米。河口镇至龙门区间流域面积占全河的14.8%，来水量为72.5亿立方米，占全河水量的12.5%。龙门至三门峡区间流域面积占全河的25.4%，来水量为113.3亿立方米，占全河水量的19.5%。三门峡至花园口区间流域面积仅占全河面积的5.5%，但来水量为60.8亿立方米，占全河水量的10.5%，是又一产流较多的地区。花园路至河口区间流域面积占全河面积的3%，来水量为21亿立方米，占全河水量的3.6%。黄河干流各站汛期（7～10月）天然径流量约占全年的60%，非汛期约占40%。汛期洪水暴涨暴落，冬季流量很小。

三、黄河流域存在的问题

（一）洪凌灾害

黄河洪水按其成因不同，可分为暴雨洪水和冰凌洪水两大类型。黄河下游洪水主要来自中游河口镇至三门峡区间（简称"上大型"洪水）和三门峡至花园口区间（简称"下大型"洪水），上游来水仅构成黄河下游洪水的基流。"上大型"其特点是洪峰高、洪量大、含砂量也大，对黄河下游防洪威胁严重。"下大型"典型洪水，其特点是洪水涨势猛、洪峰高、含砂量小、预见期短，对黄河下游防洪威胁最大。黄河一旦决口，国民经济和社会发展的总体部署将被打乱，京广、陇海、京九、津浦、新菏等重要铁路干线和107、310等国道及开封、新乡等重要城市可能被冲毁，中原油田、胜利油田、兖济煤田、淮北煤田等重要能源基地将严重受损。黄河凌汛灾害是其他江河所没有的，黄河上游宁蒙河段和黄河下游济南河段凌汛威胁严重。这两个河段流向都是从低纬度流向高纬度，结冰封河是溯源而上，解冻开河则是自上而下，当上游解冻开河时，下游往往还处于封冻状态。上游开河时形成的冰凌洪水，在急弯、卡口等狭窄河段极易形成冰塞或冰坝，堵塞河道，导致上游水位急剧升高，严重威胁堤防安全，甚至决口。

（二）水土流失

由于暴雨集中，植被稀疏，土壤抗蚀性差，故使黄河中游黄土高原成了我国水土流失最为严重的地区。黄河中游黄土高原地区总面积64万平方千米，水土流失面积43.4万km²，其中严重水土流失区21.2万平方千米，局部水土流失区20万平方千米，轻微水土流失区2.2万平方千米。该区幅员辽阔，其中2/3的地面遍覆黄土，土质松软，地形破碎，坡陡沟深；气候干旱，年降水量少而蒸发量大；地势高，气温低，植被稀少而暴雨集中。不利的自然条件，加之土地利用不合理，导致水土流失严重，水土流失总量每年为16亿吨，是黄河下游洪水泥砂灾害的主要根源。黄河是世界上著名的多泥砂河流，平均每年输砂量多达16亿吨，平均含砂量为35kg/m³，均居世界大江大河的首位。黄河泥砂主要来自中游黄土高原地区，集中在河口镇至龙门和龙门至潼关两个区间，来砂量占全河总砂量的90%，粒径大于0.05mm的粗砂也主要来自这两个区间。年平均来砂量超过1亿吨的支流有三条，即无定河、渭河和窟野河。流域内以陕西省来砂量最多，约占全河来砂量的42%，甘肃省次之，山西省居第3位。

黄河80%以上的泥砂来自汛期，汛期泥砂又集中来自几场暴雨洪水，常常形成高含砂量洪水，三门峡水文站最大含砂量曾高达920kg/m³。黄河泥砂不仅地区分布集中，年内分配不均，而且年际变化很大，一些多砂支流砂量的年际变化更大。黄河下游河床宽阔，比降平缓，属于强烈的淤积性河流，泥砂冲淤剧烈，当来砂多时，年最大淤积量可达20亿吨，来砂少时还会发生冲刷。据统计分析，进入下游的16亿吨泥砂，平均有1/4淤积在利津以上河道内，1/2淤积在河口三角洲及滨海地区，其余1/4被输送入海。淤积在下游河道的泥砂主要是粒径大于0.05mm的粗泥砂，约占下游河道总淤积量的1/2。由于长期泥砂淤积，黄河下游堤防临背悬差一般为5~6m。滩面比新乡市地面高出约20m，比开封市地面高出约13m，比济南市地面高出约5m。悬河形势险峻，洪水威胁成为国家的心腹之患。

（三）水污染日趋严重

黄河水污染严重，黄河水系属中度污染。在44个地表水国控监测断面中，主要污染指标为石油类、氨、氮和5日生化需氧量。干流青海段、甘肃段水质优良；河南段、宁夏段、陕西—山西段、内蒙古包头段、呼和浩特段、山东菏泽段为轻度污染；内蒙古乌海段为重度污染。黄河支流总体为重度污染。伊河水质为优，洛河水质良好；大黑河、灞河、沁河为轻度污染；湟水河、伊洛河为中度污染；渭河、汾河、涑水河、北洛河为重度污染，黄河国控省界断面水质较差。

第二节　黄河水利工程管理体制

一、黄河水利工程现行的管理与养护模式

黄河水利委员会（以下简称黄委）是水利部在黄河流域的派出机构，具体负责黄河水利工程的运行与维护。

（一）黄河水利工程现行的管理与养护机构

黄河水利工程管理与养护实行统一领导、分级分段管理，建立了黄委和省、市、县四级比较完善的管理机构。

黄委所辖工程分别由山东黄河河务局、河南黄河河务局、黄河小北干流陕西河务

局、山西河务局、三门峡水利枢纽管理局、故县水利枢纽管理局、陕西省三门峡库区管理局、山西省三门峡库区管理局、三门峡市黄河河务移民管理局九个单位管理。其中三个库区局行政上隶属于地方管理，工程建设与管理由黄委投资。

黄委所属水利管理单位共计66个。其中，山东河务局水管单位30个，河南河务局水管单位25个，陕西河务局水管单位4个，山西河务局水管单位5个及故县水利枢纽管理局两个。

黄委直管水利管理单位共有11个，其中陕西省库区局水管单位6个，山西省库区局水管单位两个，三门峡市库区局水管单位3个。

山东河务局、河南河务局、陕西河务局、山西河务局的水管单位下设有河务段或工区，三个库区管理局下设有工程管理站。设置原则基本是按照行政区划，一个乡镇设置一个，直接从事工程维修养护工作。

（二）黄河水利工程现行管理与养护机构的职责

黄河水利委员会是水利部在黄河流域的派出机构，履行黄河的治理规划、工程管理、防汛和水行政管理等职责。目前，各水利管理单位主要担负所辖黄河及其主要支流渭河、洛河、沁河等的河道规划、治理、防汛、岁修、工程管理、水政水资源管理等任务。一般均设有办公室、财务科、水政科、工务科、防汛办公室、人劳科、服务处、经济办公室、通讯站、工会、纪检监察等科室以及工程养护处等部门。

各水利管理单位具体职责：负责《水法》《防洪法》《河道管理条例》等法律、法规的贯彻实施；协助有关部门编制黄河的综合规划和有关专业规划；拟订、编报黄河供水计划、水量分配方案，并负责监督管理；实施取水许可制度和水资源费征收制度；依法进行水政监察和水行政执法，处理职权范围内的黄河水事纠纷；依法统一管理、保护行政区域内各类黄河防洪工程和设施；协助建设单位做好黄河水利基本建设项目前期工作和建设与管理工作；负责黄河防汛管理，组织编制防御黄河洪水方案，承担地方防汛抗旱指挥部黄河防汛的日常工作，协助地方政府对抢险、救灾等工作统一指导、统一调度，指导河南黄河滩区的安全建设；负责黄河防洪工程的日常管理、维修养护；制订黄河水利经济发展计划和经济调节措施；对水利资金的使用进行核算、调节与管理；指导、管理所属单位的经营工作；作为固有资产的代表者，负责固有资产保值增值的管理与监督；负责黄河水利和土地资源开发规划与经济发展，并开展综合经营；负责黄河水利治理开发的科技工作，组织黄河水利科学研究和技术推广，不断提高"治黄"工作科技含量。

（三）黄河水利工程现行管理与养护机构运转状况

在长期的计划经济体制下，多年来黄委所属各水利管理单位形成了修、防、管、营"四位一体"的管理体制。在工程管理方面，既是管理者，又是维修养护者；既是监督者，又是执行者，缺乏外部竞争和内部压力，没有形成有效的约束机制和激励机制。

堤防（含险工）管理实行专管和群管相结合，即由在职职工组织乡村部分群众承担日常管理和维修养护任务；原则上堤防每5km配备一名专职护堤干部，负责组织护堤员开展堤防管护工作，进行管理和技术指导。

在河道管理、控导（护滩）工程管理方面，实行专职专管，主要由在职职工承担日常管理和维修养护任务，实行班坝责任制，根据工程的长短分别确定由一个班或几个班负责维修养护，将坝岸维修养护落实到组或人，主要采取行政监督、检查、业务技术指导等措施开展管理工作。

在水闸管理方面，实行专职专管。陕西河务局、山西河务局、陕西省库区局的工程管理运行模式是专管与群管相结合，由护堤（坝）专干和群众护堤（坝）员组成管理队伍，负责对工程及其附属工程进行养护和维修；山西省库区局和三门峡市库区局所属各单位仍直接负责所辖工程的日常管理和维修养护任务，维修养护任务具体由各基层库区局组织工程管理站完成。

二、黄河现行水利工程管理与养护存在的主要问题

（一）存在的主要问题

黄河基层水利工程管理长期存在着体制不顺、机制不活、经费短缺等问题。随着社会主义市场经济体制和公共财政体系的建立，水管体制与现行政策的矛盾也更加突出，主要表现在以下几个方面。

1.管理体制不顺、运行机制不活

黄委会基层管理单位在长期的计划体制和治黄实践中形成了集修、防、管、营于一体的管理体制，但在机构性质、职能定位等方面仍存在许多突出的问题，影响和制约了"治黄"事业的发展。

长期以来，黄河基层水利工程管理在机构性质上，既是水行政主管机关，又是水管理单位；在工程管理方面，既是管理者，又是维修养护者，水行政职能和繁重的管理及维修养护职能交织在一起，往往既是监督者又是执行者，外部缺乏竞争压力，内部难以形成监督、激励机制。

2.管理体制和市场经济原则相背离

现行的工程管理体制和"专管与群管相结合"的运行机制，是在国家长期计划经济体制下逐步形成的，这种体制和机制曾经发挥过重要作用。现在，黄河防洪基建工程已经推行了"三项制度"，实行事企分开，工程基本建设运行机制的变化已冲击了原有的管理体制和运行方式。管理单位为了生存，被迫建立了施工企业，一部分管理人员充实到施工队

伍中，而这同时也削弱了管理力量。

3.投资渠道不畅、维修养护经费严重不足

由于黄河防洪工程为纯工程，其管理运行产生的是综合效益，其主要成分是社会效益。黄河防洪工程的保护范围虽已大体明确，但受益对象的分类及受益的多少没有法定的计算方法。虽然近几年进行了工程运行管理费用（防汛岁修费）的测算，但其依据是尚未得到国家认可的暂行办法。也就是说，目前尚未建立真正意义上的投入产出、消耗补偿机制，只能是国家拨付多少就使用多少，没有其他收入来源。但长期以来由于国家对工程管理的投入一直维持在较低的水平。没有长期、稳定、足额的经费来源，专业队伍由于工资没有保障，现有人员既要创收又要"治黄"，用于经营创收的人员越来越多。这种情况导致工程管理与经营创收之间竞争人员，管理人员身兼数职；造成人员不固定，管理队伍不稳定、不能专心从事工程管理工作。

（二）问题带来的主要危害

1.影响到黄河流域的安全

黄河水利工程作为一项公益性的水利资产，其管理及运行直接关系到黄河本身的安全和黄河流域人民群众的生命财产安全。如果上述问题不能得以有效的解决，必然会使水利工程得不到良好的运行，综合效益不能很好地发挥；在抗御洪涝干旱、调配水资源、水资源的可持续利用等方面起不到应有的作用。这样只会违背水资源的规律，导致洪涝威胁、干旱缺水、水环境恶化的问题越来越严重。

2.社会效益得不到补偿

我们收到了黄河频频发出的灾害警报：洪水、干旱、泥沙、污染、生态环境恶化，等等。同时黄河也给两岸人民的生命、财产造成了巨大的威胁。

在专项经费不到位的情况下，为完成上级安排的调水调沙、工程管理等任务，基层单位垫资增加，加大了单位负债。近年来，内部标准化堤防工程财务结算受国库直接支付审批环节多等因素制约，导致资金到账慢。此外，为了挣钱弥补工程管理经费的不足，各单位经营创收兴办实体，以单位贷（借）款等方式筹措资金，相互之间经济往来事项多，导致单位负债增加。大部分单位为了维护稳定，就首先满足了职工的工资发放，这就直接导致了黄河水利工程的社会效益得不到充分发挥。

以三门峡水利枢纽的管理为例，三门峡水利枢纽作为黄河下游干流防洪的控制性工程，承担着黄河防洪、防凌、灌溉、供水、发电等重要任务，为保证黄河中下游工农业生产及人民生活用水做出了重大贡献，产生了巨大的社会效益；同时，企业也为此付出了巨大的投入。

3.阻碍水利工程管理的健康发展

水利工程长期以来存在的体制不顺、机制不活、投资渠道不畅、人员结构老化、管理手段落后等问题，不仅会造成工程管理行业缺乏生机和活力，还会影响整个水利行业的健康发展。

三、构建黄河新型的水利工程管理与养护管理

（一）构建管养分离的新模式

按照国家建立社会主义市场经济要求的公共财政框架的内容，公共财政的公共特性主要源自两个方面：公共资金与公共服务。公共财政制度要求，公共财政支出在满足国家公共部门正常运转需要的同时，财政性投入应主要投向私人资本不愿投入、无力投入，但又是社会所需的市场失灵的领域。举办公益事业是政府的重要职能，也是公共财政的主要支持对象，因此该管的必须管好，该给的应当给足。

按照国家推行的公共财政政策，水利工程管理单位符合公共财政的公共特性，是公共财政的主要支持对象，要求其必须加快改革，彻底改变计划经济体制下所形成的思维方式和管理模式；市场经济条件下政府将对基础性事业进行扶持，特别是对工程实施规范的财政支持。这将给水利工程运行维护管理开辟正常的投入渠道，也将使水利管理单位出现新的发展转机。

推行管养分离是水管单位体制改革的重要工作之一。它能够理顺管理与维修养护的关系，明确管理职责，引入竞争机制，促进工程管理良性循环。管养分离可以将管理和维修养护职能分开。管理职能主要负责监督水利工程管理养护和安全运行，计划的安排、上报实施，工程技术的研究，管理设施新技术、新工艺的引进和应用，工程检查质量评价，对维修养护合同签订监督管理。而维修养护单位主要负责工程的维修养护、检查，防止、延缓工程的老化退化，保证工程的完整性以及工程设备的正常运行。管养分离可以引入竞争机制，提高工程的管理水平，提高维修养护水平，降低工程管理运行成本；提高管理和养护人员的积极性和主动性，发挥事前管理的作用，保证水利工程发挥应有的效益。

在对水管单位科学定岗和核定管理人员编制的基础上，将水利工程维修养护业务和养护人员从水管单位中剥离出来，独立或联合组建专业化的养护企业，以后逐步通过招标方式择优确定维修养护企业。通过对管养分离试点单位的调研，有以下几种模式可以借鉴。

1.物业管理公司

由水管单位内部分流出的人员组建注册成立物业管理公司，承担本单位的工程养护维修，人员身份暂不变，保留档案工资，按新的养护岗位定薪。随着改革深化和制度的完善，今后将进行企业化管理。管理单位同物业管理公司暂时按内部合同管理，由物业管理

公司承担工程的维修养护任务，由管理单位负责考核验收。

2.股份制养护有限公司

以单位、个人入股的方式注册成立股份制养护有限公司，分别组建多个养护实体来承担管理范围内的工程维修养护。内部实行招、投标。择优同中标公司签订合同，各公司股东风险共担，依股分成。

3.完全市场化运作

对于水管单位管理人员少、工程管理范围和维修养护量大、工程技术含量高的情况，可以实行维修养护完全的市场化的运作。按工程量、维修养护项目对外招投标，同有资质的中标单位签订承包合同，实行项目合同管理。

在实行管养分离时注意要分步实施，一步到位不利于水管单位体制改革的深入。管养分离应三步走：第一步，在水管单位内部实行管理与维修养护机构、人员、经费分离，即将工程维修养护业务从所属水管单位中剥离出来，把从事专业性强、技术要求高的工作人员和相关专业设备集中到一起，独立或者联合组建维修公司、实业公司或水利物业管理公司等专业化养护企业，主要承担原单位工程及设备的维修养护。维修养护人员的工资费用要逐步过渡到按维修养护工作量和定额标准，按岗定薪。对维修养护人员落实项目责任制，实行合同管理；对管理运行人员落实岗位责任制，实行目标管理。第二步，将维修养护部门与水管单位分离，但仍以承担原单位的养护任务为主。第三步，在确保水利工程维修养护资金足额到位时，将工程维修养护业务从所属水管单位中彻底剥离出来，水管单位通过招标方式择优确定维修养护企业，使水利工程维修养护走上社会化、市场化和专业化的道路。水行政主管部门及有关部门应努力创造条件，培育工程维修养护的市场主体，规范维修养护市场秩序。

（二）构建黄河新型水利工程管理模式

1.明确黄河水利工程管理单位的性质

根据水管单位承担的任务和收益状况，将现有水管单位分为三类：第一类是指承担防洪、排涝等水利工程管理运行维护任务的水管单位，称为纯水管单位，定性为事业单位。第二类是指承担既有防洪、排涝等任务，又有供水、水力发电等经营性功能的水利工程管理运行维护任务的水管单位，称为准水管单位。准水管单位依其经营收益情况确定性质，不具备自收自支条件的，定性为事业单位；具备自收自支条件的，定性为企业。目前已转制为企业的，维持企业性质不变。第三类是指承担城市供水、水力发电等水利工程管理运行维护任务的水管单位，称为经营性水管单位，定性为企业。水管单位的具体性质由机构编制部门会同同级财政和水行政主管部门负责确定。

黄河水利工程管理单位是指具体负责水利工程管理、运行和维护，具有独立法人资格、实行独立核算的水管单位。黄委下属的水管单位主要包括县（区）河务局、涵闸管理处和枢纽工程管理局，主要承担黄河堤防、控导、分泄洪闸与防洪、排涝等水利工程的管理和运行维护任务。黄河水利委员会是水利部在黄河流域和新疆、青海、甘肃、内蒙古内陆河区域内（以下简称流域内）的派出机构，代表水利部行使所在流域内的水行政主管职责，负责黄河的治理开发和管理，黄河水利委员会河务局现共有水管单位64个。因此，根据国务院实施的《关于水利工程管理体制改革实施意见》，应该定性为具有行政职能的事业单位。

2.界定好黄河水利工程管理单位的主要职责

水利工程管理单位应在原有县级河务局和水闸管理单位的基础上进行改革，不成立新的管理机构。其主要职责包括水行政管理和水利工程管理两大职责。

（1）水行政管理职责

①负责《水法》《防洪法》《河道管理条例》等法律、法规的实施和监督检查，负责管理范围内的水行政执法、水政监察，依法查处水事违法行为，负责调处水事纠纷。

②根据黄河治理开发总体规划，负责编制管理范围内的黄河综合规划和有关专业规划，规划批准后负责监督实施；组织开展管理范围内的水利建设项目的前期工作，编报水利投资的年度建设计划。

③负责管理范围内的水资源统一管理，组织拟定水量分配方案，实施统一调度和监督管理，根据授权实施取水许可制度。

④负责编制管理范围内防御黄河洪水预案并监督实施，指导、监督管理范围内蓄滞洪区的安全建设；负责管理范围内的防汛抗旱指挥部黄河防汛办公室的日常工作。

（2）水利工程管理职责

①负责管理范围内的黄河河道、堤防、险工、控导、涵闸等水利工程的管理、运行、调度和保护，保证水利工程安全和发挥效益。

②协助做好管理范围内水利工程建设项目的建设与管理。负责河道管理内建设项目的审查与监督；负责落实水利工程建设与管理标准。

③负责水利工程的资产管理。负责签订维修养护合同及监督检查维修养护合同的执行情况。

④负责管理范围内的黄河治理开发和管理的现代化建设。

⑤按照精简、高效的原则，水管单位内部要全面推行岗位管理制度，建立严格的目标考核制度。人员实行聘用制，签订聘用合同，执行国家统一的事业单位工资制度，同时鼓励在国家政策的指导下，探索符合市场经济规则、灵活多样的分配机制，把职工收入与工作责任和绩效紧密结合起来。

3.对黄河水利工程管理单位重新定岗、定员

事业性质的水管单位，其编制由机构编制部门会同同级财政部门和水行政主管部门核定。实行水利工程运行管理与维修养护分离（以下简称管养分离）后的维修养护人员、准水管单位中从事经营性资产运营和其他经营活动的人员，不再核定编制。各水管单位要根据国务院水行政主管部门和财政部门共同制定的《水利工程管理单位定岗标准》，在批准的编制总额内合理定岗。

《定岗标准》应以管理单一工程的基层水管单位（独立法人）为对象进行定岗定员。对一个管理单位同时管理多个水利工程的，实行集约化管理，水管单位的单位负责行政管理、技术管理、财务与资产管理、水政监察以及辅助类岗位应统一设置，合理归并。建立综合素质较高的管理队伍，降低工程管理成本，对其富余人员实行转岗分流。其次要全面实行聘用制，按岗聘人，竞争上岗，并建立严格的目标责任考核制度。在水管单位建立竞争激励机制，积极推行人事、劳动、分配制度改革。具体标准：同时管理水闸、泵站及1～4级河道堤防工程的管理单位，其单位负责、行政管理、技术管理、财务与资产管理及水政监察5类岗位的定员总数，以单个工程上述5类岗位的定员总数最大值为基数，乘以1.0～1.3的调整系数；运行、观测类岗位定员按各工程分别定员后累加，鼓励一人多岗，相近岗位予以归并。

4.加强黄河水利工程管理单位的经费管理

水管单位经费包括管理机构基本支出和水利工程维修养护支出。基本支出包括在职人员经费、离退休人员经费、公用经费；水利工程维修养护经费包括人工费、材料费、机械使用费、管理费和其他费用，不包括工程更新改造费用和特大洪水发生的防汛抢险和水毁工程修复费用。其经费来源主要为国家财政拨款。

基本支出预算的开支范围和标准应该按照《水利事业费管理办法》《财政预算收支科目》以及国家财政部、人事部和各省区财政厅、人事厅的文件测算。人数按照管养分离后定岗定员确定的管理人员数和离退休人数计算。预算编制方法：首先分别测算出在职人员、离退休人员、公用经费的年人均开支标准，根据管养分离后确定的管理单位人数，分别测算出本单位的在职人员经费、离退休人员经费、公用经费。

水利工程维修养护经费由管理单位以签订合同的方式与维修养护单位按照合同条款进行结算。

5.改革后水管单位与养护单位的关系

推行"管养分开"是提高工程管理水平和降低维护运行管理费用的有效办法。按照建管一致的原则和水利工程建设项目法人制，以县、市为单位成立水利工程项目法人（业主）统一建设和管理所属的水利工程，并实行"管养分开"，参照建设项目管理，由项目业主对水利工程的运行维护管理工作实行招标，以物业管理的方式将运行维护管理工作承

包给专业化的水利工程管理单位，同时对现有的水利工程管理单位进行改革，培育一批专业化的水利工程管理队伍走向市场，并逐步实行资质管理，确保维护运行管理队伍的素质。按照《水利工程管理体制改革实施意见》精神，水利工程实行管养分离改革后，要建立工程管理新的运行机制框架。

水利管理单位要加强对水利工程维修养护的日常管理和监督检查工作。水利工程管理单位要根据有关工程维修养护规范、规定和管养双方签订的维修养护合同，定期检查水利工程维修养护情况，包括施工进度、工程形象面貌、质量和完成的实物工作量。日常监督检查结果可以作为合同验收的主要依据之一。

第三节　黄河治理规划及已建大型水利水电工程

一、黄河综合治理规划与实施概况

黄河既是我国第二条大河，也是一条有名的"害河"，灾害频发，洪水经常泛滥成灾。黄河综合利用规划，是我国第一个大江大河综合利用规划，其目标与任务主要包括对广大黄土区域内的水土保持，防止下游严重的洪水灾害，发展工农业所必需的电力，广泛增加灌溉面积，发展航运事业。

实施黄河治理规划以来，在流域内已建成大、中、小型水库3147座，总库容574亿 m^3，引水工程4600多处，提水工程29000处。建成了"引黄济青""引黄济卫"等远距离跨流域调水工程，多次向天津市供水。

黄河治理在黄河上修建的大中型水利和水电枢纽，对黄河流域的防洪、灌溉和航运发挥了很大作用。"黄河上游水电基地"，从黄河上游鄂陵湖出口至宁夏青铜峡河段，全长2383km，规划建37～38座梯级水电站，总装机容量2543.9万千瓦，是全国著名的"富矿"。已经在黄河上游建成龙羊峡、尼拉、李家峡、直岗拉卡、康扬、公伯峡、苏只、刘家峡、盐锅峡、八盘峡、大峡、小峡、万家寨、青铜峡、班多、积石峡和拉西瓦等水电站。不仅满足了当地用电，还向华北地区输送大量电能。

二、黄河治理已建大型水利水电工程

下面介绍黄河治理在两省（区）界河上修建的大型水利水电工程——万家寨水电站、三门峡水利枢纽和龙口水利枢纽，其他已建大型水利水电工程纳入流域各省（区）

介绍。

（一）万家寨水电站

万家寨水电站位于山西省偏安县和内蒙古自治区准格尔旗境内黄河上，是一座以发电为主、兼有引水综合效益的大型水电站。坝址控制流域面积39.48万平方千米，多年平均流量637m³/s，多年平均径流量201亿立方米。水库正常蓄水位980m，死水位948m，水库总库容9.7亿立方米，有效库容6.5亿立方米，具有季调节能力。电站装机容量为108万千瓦，保证出力18.5万千瓦，多年平均发电量23.4亿千瓦·小时。坝址地基为石灰岩，地震基本烈度6度。黄河为多泥砂河流，万家寨工程设计多年平均输砂量为1.4亿吨，多年平均含砂量为6.6kg/m³，水库采用"蓄清排浑"的运行方式。枢纽建筑物设计，不仅要满足防洪、防凌、发电及供水要求，而且要考虑排砂问题。水库排砂期最低运行水位为952m时，下泄流量为5380m³/s；水库冲砂水位为948m时，要求下泄流量大于3380m³/s。枢纽建筑物由拦河大坝、发电厂房、引水闸等组成。枢纽属一等大（1）型工程，拦河大坝为1级水工建筑物。枢纽按千年一遇洪水设计，万年一遇洪水校核，相应洪水入库流量分别为16500m³/s和21200m³/s，下泄流量分别为7899m³/s和8326m³/s。枢纽河谷呈扁"U"型，两岸顺直，岸坡陡立。拦河大坝为混凝土重力坝，最大坝高90m。坝后式厂房布置在河床右侧，泄水建筑物布置在河床左侧。枢纽采取坝身泄洪方式，泄水建筑物由8个底孔、4个中孔和1个表孔组成。此外，在电站坝段还设有5个排砂孔。底孔为压力短管式无压坝身泄水孔，布置在河床左侧5～8号坝段，临近引黄取水口。每个坝段布置2孔，孔口尺寸宽4m、高6m，进口底槛高程915m，比引黄取水口低37m，比电站进水口低17m，为枢纽主要泄洪排砂建筑物。底孔工作门为弧形钢闸门，由摇摆式液压启闭机操作。事故检修门为平板门，由坝顶双向门式起重机启闭。底孔在库水位970m时，单孔泄流量约为660m³/s，压力段出口流速为29.3m/s，反弧段最大流速为35m/s。中孔为压力短管式，布置在河床中部9号和10号坝段，每个坝段布置2孔，孔口尺寸为宽4m、高8m，进口底槛高程946m，为枢纽泄洪、排砂、排漂建筑物。孔口设事故检修门和工作门各一道，均采用平板门，由坝顶2500kN双向门式起重机启闭。中孔在库水位970m时，单孔泄流量约为540m³/s，压力段出口流速为22m/s，反弧段最大流速为33m/s。表孔为开敞式溢流孔口，布置在河床左侧4号坝段，孔口净宽14m，堰顶高程970m，堰面采用WES曲线，担负枢纽排冰和排泄超标准洪水任务。孔口设工作门一道，由坝顶双向门式起重机启闭。电站坝段排砂孔为坝内压力钢管，布置在河床右侧13～17号电站坝段。进口高程912m，排砂孔进口段长14m，断面宽2.4m、高3m，后接压力钢管，长约122m，管径2.7m。出口断面宽1.4m、高1.6m，在进口坝前设平板检修闸门，坝内设平板事故检修门，均由坝顶双向门式起重机启闭。出口设平板工作闸门，由液压启闭机启闭。出口检修闸门与电站尾水闸门共用。底、中、表孔下游消能均采用长护坦末端设挑流鼻坎的消能形式。

（二）三门峡水利枢纽

三门峡水利枢纽位于黄河中游下段、河南省三门峡市和山西省平陆县的交界河段，是一座以防洪为主，兼有发电综合效益的水利工程。坝址控制流域面积68.4万平方千米，占全黄河流域面积的92%。黄河平均年输砂量15.7亿吨，是世界上泥砂最多的河流。黄河下游河道不断淤积，高出两岸地面，成为"地上河"，全靠堤防防洪，黄河洪水对下游平原地区威胁很大。三门峡坝址地形地质条件优越，所处河段是坚实的花岗岩，河中石岛可以抵住急流的冲击而屹立不动，同时可把河水分成人门、神门、鬼门三道水流，故称为三门峡。三门峡坝址是兴建高坝的良好坝址，三门峡以上至潼关为峡谷河段，潼关以上地形开阔，可以形成很大的水库。在三门峡建坝很早就提出过，日本帝国主义侵占我国时曾提出过开发方案，国民党统治时期也曾邀请美国专家来查勘过，但对如何处理黄河泥砂问题都没有深入进行研究。新中国成立后，三门峡工程的建设才真正提上日程。在对三门峡坝址做了大量勘测工作的基础上，于1955年委托当时的苏联列宁格勒设计院进行设计，1957年完成初步设计。三门峡水库正常蓄水位研究了350m、360m、370m三个方案，推荐360m。在设计过程中，我国泥砂专家针对黄河泥砂情况和排砂要求对泄水深孔底高程提出意见，将原设计底孔高程由320m降至310m，后又降至300m。因此水库可起到防洪、防凌、拦砂、灌溉、发电、改善下游航运等巨大作用。

三门峡水利枢纽建筑物由拦河大坝、坝后地面厂房、灌溉取水建筑物和开关站等组成，枢纽采用坝身泄洪。拦河大坝为混凝土重力坝，高106m，坝顶长713m。坝后地面厂房长223.9m、宽40.5m、高48.8m，当时拟安装8台单机容量为15万千瓦的水轮发电机组，总装机容量为120万千瓦。三门峡工程开工不久，1958年初周总理在三门峡工地召开现场会议，对设计方案又进行了研究，确定正常蓄水位按360m设计，350m施工，初期运行水位不超过335m。350m以下总库容为360亿立方米。国家计委组织审查通过后，由水利部和电力工业部共同组成的三门峡工程局负责施工。工程于1957年开工，1960年大坝建成。1960年大坝封堵导流底孔蓄水后就发现泥砂淤积很严重，潼关河床很快淤高，渭河汇入黄河处出现"拦门砂"，淤积沿渭河向上游迅速发展，即所谓洪水"翘尾巴"，不仅影响渭河两岸农田的种植，甚至还威胁到西安的防洪安全。1964年，周总理主持召开"治黄"会议，决定对三门峡工程进行改建（第一次改建）。第一次改建工程实施两洞四管泄洪排砂方案，于20世纪60年代进行，由北京勘测设计院设计，三门峡工程局施工。首先将4根发电引水钢管改为泄洪排砂钢管，接着在大坝左岸开挖2条宽8m、高8m的泄洪排砂洞，进口底高程290m，使其能在较低水位时加大泄量。1967年黄河干流洪水较大，渭河出流受到顶托，导致泥砂排不出去，汛后发现渭河下段几十千米河槽全被淤满。如不及时处理，将严重威胁次年渭河两岸的防洪安全。经过勘查研究决定，由陕西省在当年冬天组织人力，在新淤积的河槽内开挖小断面引河，待春汛时把河道冲开。第二次改建工程于20世纪70年代初进行。改建工程由中国水利水电第十一工程局有限公司（原三门峡工程局）的勘测设计院设计，并由该局负责施工。改建工程包括打开原来用于施工导流用的高程为280m的8个底孔和高程为300m的7个深孔（1960年水库蓄水时，这些孔口都被混凝土严实封堵）；将原来用于发电的5个进水口高程由原来的300m降低至287m，安装5台单机容量为5万千瓦的低水头水轮发电机组。改建后的三门峡水利枢纽，装机容量为25万千瓦，于1973年开始发电。库水位为315m时的泄洪能力，由原来的3080m³/s增加到10000m³/s（相当于黄河常年较大洪水流量）。随着低水位时泄洪能力加大和排砂能力增加，不仅使库容得到保持，而且使库内淤积泥砂也逐渐排走，改善了库区周围的生产条件。改建后的三门峡水利枢纽，仍能起到防洪、防凌、发电、灌溉等综合利用作用。当大洪水危及下游防洪安全时，可利用水库拦洪（设计洪水位为340m时，总库容为162亿立方米）；凌汛期水库控制泄量，可解除下游融冰时可能造成的冰坝危害；结合凌汛蓄水可适当补充下游灌溉用水，下游沿黄河两岸可发展放淤灌溉，利用泥砂肥力；每年还可利用20~30m落差进行径流发电，可获得10亿千瓦·小时左右的电量。

（三）龙口水利枢纽

龙口水利枢纽位于黄河北干流托龙河段的尾部，库坝区左岸为山西省偏关县和河曲县，右岸为内蒙古自治区的准格尔旗，是黄河北干流托龙河段，万家寨蓄水式开发和龙口径流式开发，组合梯级开发方案的组成部分。以发电为主，兼有防洪、供水等综合效益。水库正常蓄水位898m，总库容1.957亿立方米，调节库容0.71亿立方米，电站装机容量50万千瓦，在电力系统中担任调峰任务。枢纽建筑物主要由拦河大坝、河床式电站厂房、泄水排砂建筑物、开关站等组成。河床式电站厂房布置在左岸，泄水排砂建筑物布置在右岸。拦河大坝为混凝土重力坝，最大坝高51m，坝顶长429m。大坝自左至右共分为20个坝段：1、2号坝段为左岸非溢流坝段；3、4号坝段为厂房主安装间坝段；5~9号坝段为电站厂房、坝段，每个机组段布置有两个宽1.9m、高1.9m的排砂孔；10号坝段为隔墩坝段，坝段下游靠电站一侧布置副安装间；11~15号坝段为底孔坝段，每个坝段布置有两个宽4.5m、高6.5m的泄水排砂孔；16号坝段为隔墩坝段；17、18号坝段为表孔坝段，每个坝段布置有1个宽10m、高12m的溢流表孔；20号坝段为右岸非溢流坝段。底孔和表孔泄水时采用二级底流式消力池消能。电站厂房内安装5台单机容量为10万千瓦的轴流转桨式水轮发电机组，多年平均发电量12.89亿千瓦·小时。

参考文献

[1] 屈军宏.水利工程现代化与精细化管理方法探讨[J].杨凌职业技术学院学报，2020，19
（04）：17-19.

[2] 郝红科，张迪，李特."双高计划"水利工程专业群建设的内容与举措[J].杨凌职业技术学院学报，2020，19（04）：64-67.

[3] 董凌伯.浅议水利水电工程施工管理中突出问题及对策[J].绿色环保建材，2020
（11）：161-162.

[4] 曾晓兰.浅谈水利工程施工管理的重要性和对策措施[J].科技风，2020（31）：193-194.

[5] 黎堂生.水资源管理中水利信息化技术的应用[J].技术与市场，2020，27（11）：120-121.

[6] 孙永峰.水利工程与河流水质演变关系分析[J].黑龙江水利科技，2020，48（10）：105-106.

[7] 赵宝连.新时代农田水利工程建设与管理途径探索[J].黑龙江水利科技，2020，48
（10）：109-110.

[8] 赵越.水利工程精细化与现代化管理建设探析[J].黑龙江水利科技，2020，48（10）：156-158.

[9] 张四维.水利工程施工（第3版）[M].北京：中国水利水电出版社，1996.

[10] 杨康宁.水利水电工程施工技术（第2版）[M].北京：中国水利水电出版社，2004.

[11] 吴安良.水利工程施工[M].北京：中国水利电力出版社，1991.

[12] 朱谷昌.抢抓机遇，主动作为，做大做强企业——庆祝北京中色资源环境工程股份有限公司成立二十周年[J].矿产勘查，2019，10（11）：2719-2720.

[13] 贾继文，诸葛玉平，刘之广，等.高等学校骨干学科教学实验中心建设研究——以山东农业大学土肥资源环境工程教学实验中心为例[J].山东农业大学学报（社会科学版），2016，18（04）：95-98.

[14] 刘培启，耿发贵，刘岩，等.碳纤维增强环氧树脂复合材料修复N80Q钢管的力学性能[J].复合材料学报，2020，37（04）：808-815.

[15] 韩士群，杨莹，周庆，等. 蒸汽爆破对芦苇纤维及其木塑复合材料性能的影响[J]. 南京林业大学学报（自然科学版），2017，41（01）：136-142.

[16] 阚大学，吕连菊. 中国城镇化和水资源利用的协调性分析——基于熵变方程法和状态协调度函数[J]. 中国农业资源与区划，2019，40（12）：1-9.

[17] 佟长福，李和平，刘海全，等. 水资源高效利用实践与可持续利用对策——以鄂尔多斯杭锦旗为例[J]. 中国农村水利水电，2019（10）：70-74，80.

[18] 尉意茹，戴长雷，张晓红，等. 第12届"寒区水资源及其可持续利用"学术研讨会综述[J]. 水利科学与寒区工程，2019，2（05）：58-63.

参考文献